海蛞蝓图鉴 珊瑚三角区

〔俄罗斯〕安德鲁·瑞安斯基　〔俄罗斯〕尤里·日瓦诺夫◎著
王金燕　周　晓◎译　张　弛　曾晓起◎审订

Nudibranchs of the Coral Triangle

Reef ID Books

北京科学技术出版社

著作权合同登记号　图字：01-2020-1083

图书在版编目（CIP）数据

海蛞蝓图鉴：珊瑚三角区 /（俄罗斯）安德鲁·瑞安斯基，（俄罗斯）尤里·日瓦诺夫著；王金燕，周晓译. —北京：北京科学技术出版社，2023.3
书名原文：Nudibranchs of the Coral Triangle
ISBN 978-7-5714-2574-6

Ⅰ. ①海…　Ⅱ. ①安…　②尤…　③王…　④周…　Ⅲ. ①后鳃目—世界—图集
Ⅳ. ① Q959.212.08-64

中国版本图书馆 CIP 数据核字（2022）第 172529 号

策划编辑：李　玥　王宇翔
责任编辑：汪　昕
文字编辑：付改兰
图文制作：天露霖文化
责任印制：李　茗
出 版 人：曾庆宇
出版发行：北京科学技术出版社
社　　址：北京西直门南大街16号
邮政编码：100035
ISBN 978-7-5714-2574-6

电　　话：0086-10-66135495（总编室）
　　　　　0086-10-66113227（发行部）
网　　址：www.bkydw.cn
印　　刷：北京宝隆世纪印刷有限公司
开　　本：710 mm × 1000 mm　1/16
字　　数：125千字
印　　张：11.5
版　　次：2023年3月第1版
印　　次：2023年3月第1次印刷

定　　价：158.00元

裸鳃类生物聚集区

印度尼西亚　巴厘岛图蓝本

- 旺季：4 月至 11 月。
- 淡季：当年 12 月至次年 2 月（雨季）。
- 水温：26 ~ 28 ℃。
- 交通：乘飞机至登巴萨，然后转乘汽车（3 小时）。
- 特色：交通便利，水螅类生物资源丰富，有多家专业的潜店和经验丰富的潜导。
- 特殊考量：有时大浪会导致数天无法进行潜水活动。

印度尼西亚　科莫多岛

- 旺季：4 月至 11 月。
- 淡季：当年 12 月至次年 3 月（雨季）。
- 水温：25 ~ 28 ℃。
- 交通：乘飞机至登巴萨，然后转乘境内航班至拉布安巴焦或比马 (1 小时）。
- 特色：生物栖息地多样，从峭壁潜到垃圾潜，潜水体验丰富。
- 特殊考量：地处偏远，需提前安排潜水行程。

印度尼西亚　蓝碧

- 旺季：8 月至 11 月（水温较低）。
- 淡季：当年 12 月至次年 3 月（雨季）。
- 水温：25 ~ 28 ℃。
- 交通：乘飞机至万鸦老，或乘飞机至雅加达后转乘境内航班至万鸦老（3.5 小时），再转乘汽车至比通（2 小时）。
- 特色：生物栖息地多样，有多家专业的潜店和经验丰富的潜导。
- 特殊考量：交通不便。

巴布亚新几内亚　米尔恩湾

- 旺季：9 月至 11 月。
- 淡季：1 月至 2 月（大风）。
- 水温：26 ~ 28 ℃。
- 交通：乘飞机至莫尔斯比港，然后转乘境内航班至阿洛陶 （1 小时）。
- 特色：生物栖息地多样。
- 特殊考量：潜店的选择较少，地处偏远，潜水受到地方法规的限制。

菲律宾　阿尼洛

- 旺季：4 月至 5 月。
- 淡季：6 月至 9 月 (雨季伴有大风)。
- 水温：25 ~ 28 ℃。
- 交通：乘飞机至马尼拉，然后转乘汽车至阿尼洛（3 小时）。
- 特色：生物栖息地多样，有经验丰富的潜导，交通便利。
- 特殊考量：潜水船以小船居多，船上配套设施少，潜点间的距离较远。

前　言

裸鳃类生物分布于世界各地的海域，出现在很多海洋栖息地，其中珊瑚礁三角区的种类最丰富。珊瑚礁三角区简称“珊瑚三角区”，指印度尼西亚、菲律宾、巴布亚新几内亚和所罗门群岛之间呈三角形的水域。这片水域面积仅占全球海洋面积的 1.6%，却是世界公认的海洋生物多样性水平最高的地带，吸引着大量潜水爱好者和水下摄影师，其中就包括裸鳃类生物爱好者。

本书专为潜水爱好者和水下摄影师撰写，能够帮助他们辨识珊瑚三角区的裸鳃类生物。此外，对海洋生物爱好者来说，本书也有非常重要的参考价值。书中收录了 1000 多种裸鳃类生物，根据书中提供的信息，通过休闲潜水的方式，你就有可能找到对应的生物。书中的照片展示了裸鳃类生物体色和年龄的差异。

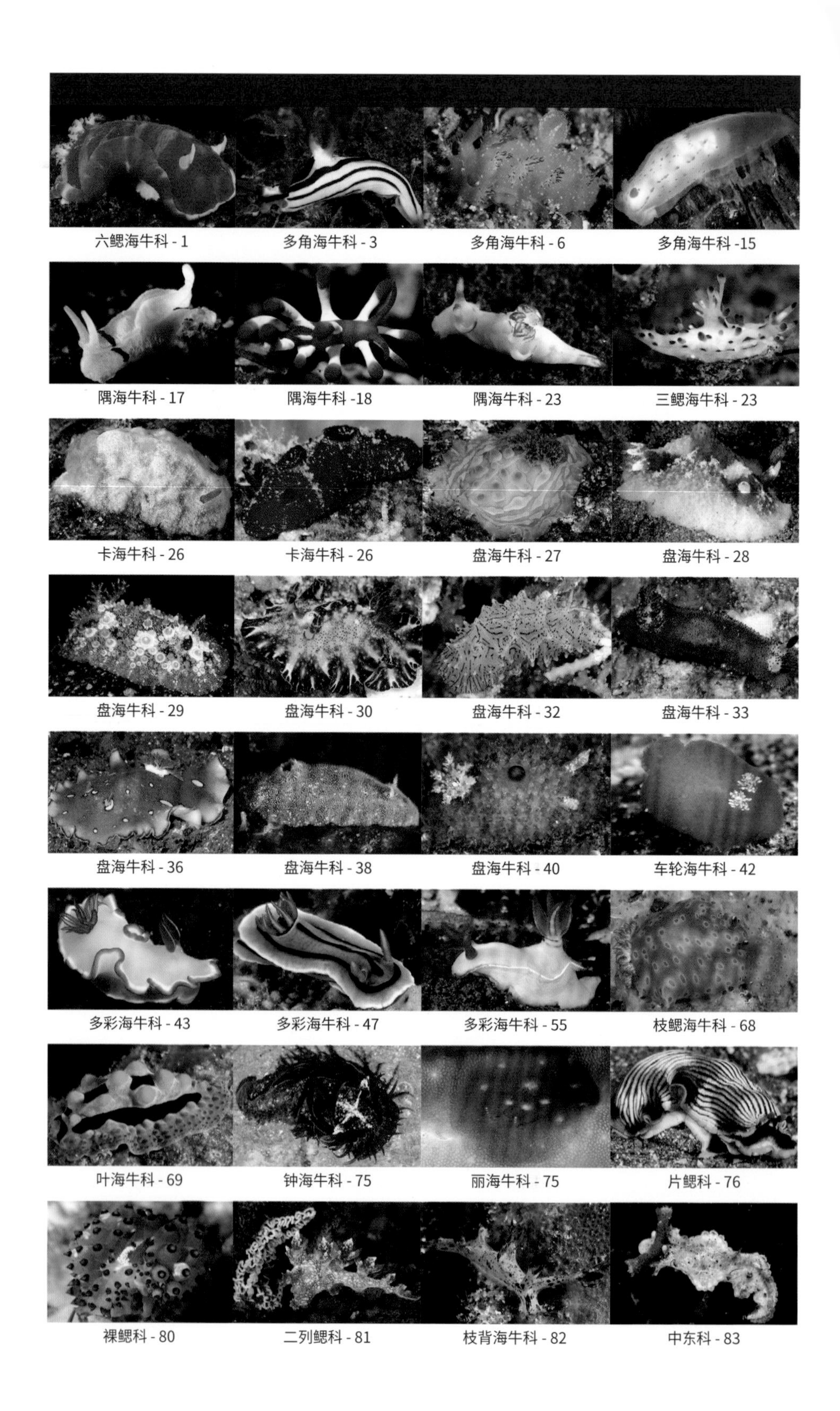
六鳃海牛科 - 1
多角海牛科 - 3
多角海牛科 - 6
多角海牛科 -15
隅海牛科 - 17
隅海牛科 -18
隅海牛科 - 23
三鳃海牛科 - 23
卡海牛科 - 26
卡海牛科 - 26
盘海牛科 - 27
盘海牛科 - 28
盘海牛科 - 29
盘海牛科 - 30
盘海牛科 - 32
盘海牛科 - 33
盘海牛科 - 36
盘海牛科 - 38
盘海牛科 - 40
车轮海牛科 - 42
多彩海牛科 - 43
多彩海牛科 - 47
多彩海牛科 - 55
枝鳃海牛科 - 68
叶海牛科 - 69
钟海牛科 - 75
丽海牛科 - 75
片鳃科 - 76
裸鳃科 - 80
二列鳃科 - 81
枝背海牛科 - 82
中东科 - 83

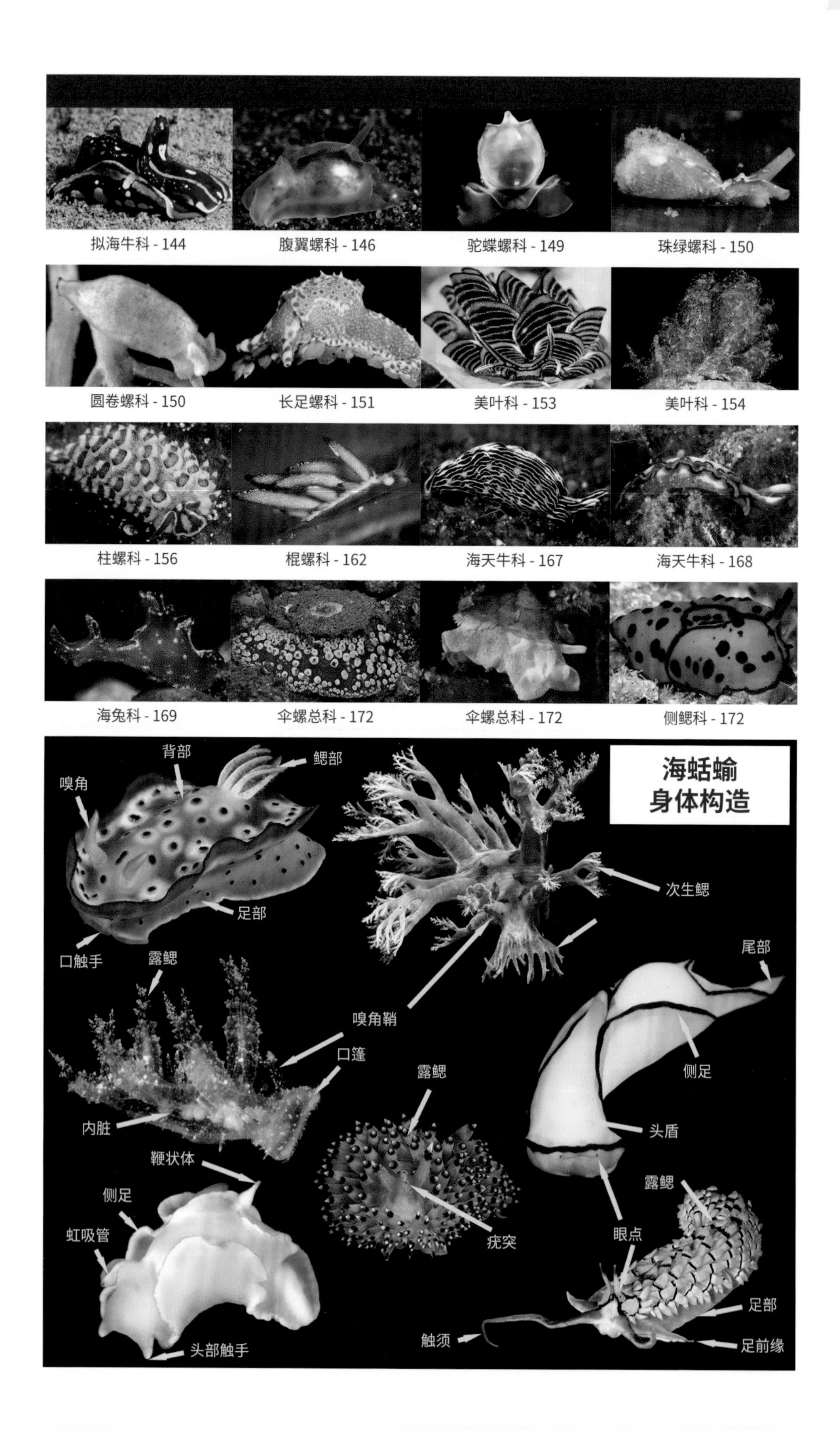
拟海牛科 - 144
腹翼螺科 - 146
驼蝶螺科 - 149
珠绿螺科 - 150
圆卷螺科 - 150
长足螺科 - 151
美叶科 - 153
美叶科 - 154
柱螺科 - 156
棍螺科 - 162
海天牛科 - 167
海天牛科 - 168
海兔科 - 169
伞螺总科 - 172
伞螺总科 - 172
侧鳃科 - 172
海蛞蝓
身体构造
背部
鳃部
嗅角
足部
口触手
次生鳃
尾部
露鳃
嗅角鞘
口篷
侧足
内脏
露鳃
头盾
鞭状体
露鳃
侧足
虹吸管
疣突
眼点
足部
触须
足前缘
头部触手

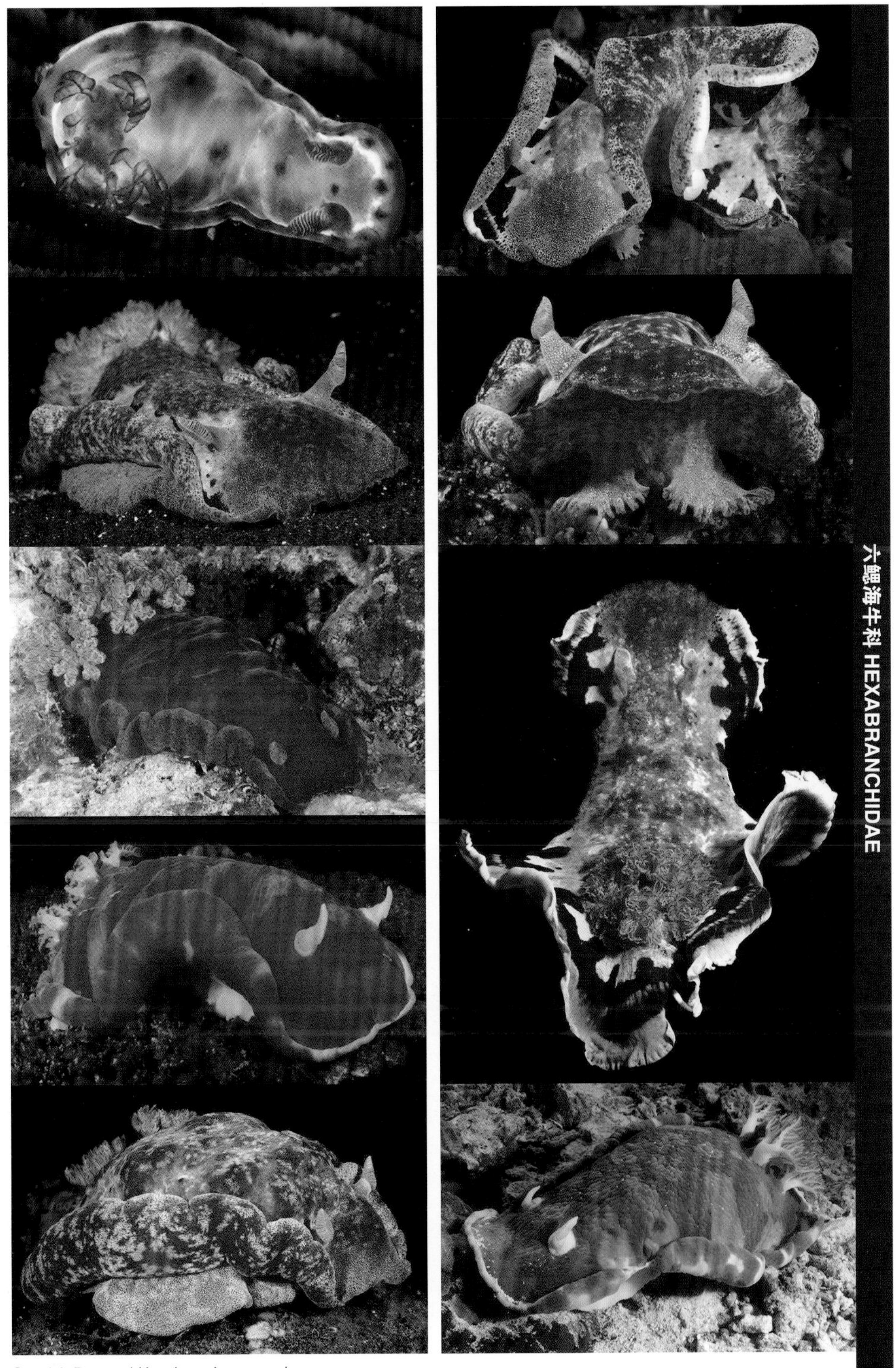

Spanish Dancer / *Hexabranchus sanguineus*

血红六鳃海蛞蝓分布于印度洋–太平洋海域，600 mm。能够靠卷曲身体和摆动外套膜来游动。身体后部有 6 个独立的鳃叶，不能缩回鳃囊中。第一张图中为幼体。

Elongate Martadoris / *Martadoris limaciformis*

长体多角海蛞蝓分布于印度洋–太平洋海域，20 mm。身体呈橘色或红色，体表有白色斑点。嗅角和裸鳃呈白色，尖端呈紫色。左图中的个体正在摄食苔藓虫，这种有大白斑的体色型可能为另一个种。

Chamberlan's Nembrotha / *Nembrotha chamberlaini*

张伯伦多角海蛞蝓分布于印度洋–太平洋海域，60 mm。身体呈白色或浅蓝色，体表有深色斑块。嗅角和裸鳃呈红色。左图中的个体正在产卵。

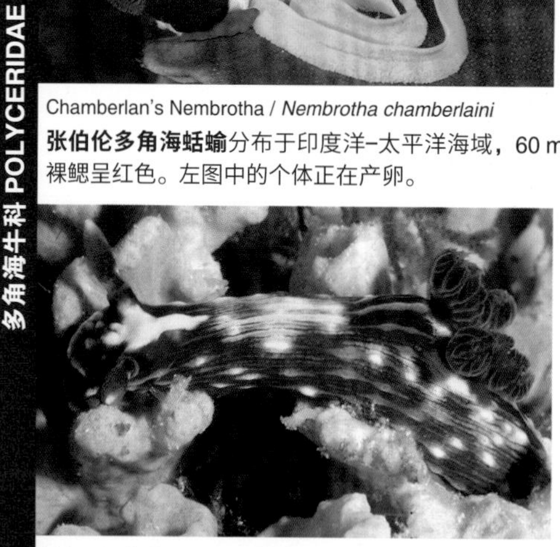

Livingston's Nembrotha / *Nembrotha livingstonei*

十字多角海蛞蝓分布于西太平洋海域，40 mm。嗅角间有十字形的白色斑纹。

Crested Nembrotha / *Nembrotha cristata*

鸡冠多角海蛞蝓分布于印度洋–太平洋海域，120 mm，身体呈黑色，体表有深绿色疣突。

Lined Neon Slug / *Nembrotha lineolata*

条纹多角海蛞蝓分布于印度洋–太平洋海域，40 mm。身体呈白色，体表有深褐色线纹。成体嗅角和裸鳃的基部呈黄色和蓝色。左图中的幼体（2 mm）正在摄食苔藓虫。

Black-Gill Nembrotha / *Nembrotha* sp.

多角海蛞蝓（未定种）分布于菲律宾海域，40 mm。嗅角和裸鳃呈深灰色。

Variable Neon Slug / *Nembrotha kubaryana*

库伯利多角海蛞蝓分布于印度洋–太平洋海域，120 mm。裸鳃呈橘色或绿色，嗅角呈橘色。

Mulliner's Nembrotha / *Nembrotha mullineri*

棕色多角海蛞蝓分布于西太平洋海域，100 mm。以海鞘为食。体色多变。嗅角和裸鳃呈褐色，基部色浅。右图中为亚成体。

Milleri's Nembrotha / *Nembrotha milleri*

米勒多角海蛞蝓分布于印度洋–西太平洋海域，100 mm。身体呈绿色，嗅角和裸鳃色深。

Pale-Gill Nembrotha / *Nembrotha* sp.

多角海蛞蝓（未定种）分布于西太平洋海域，30 mm。嗅角和裸鳃呈灰白色或浅蓝色。

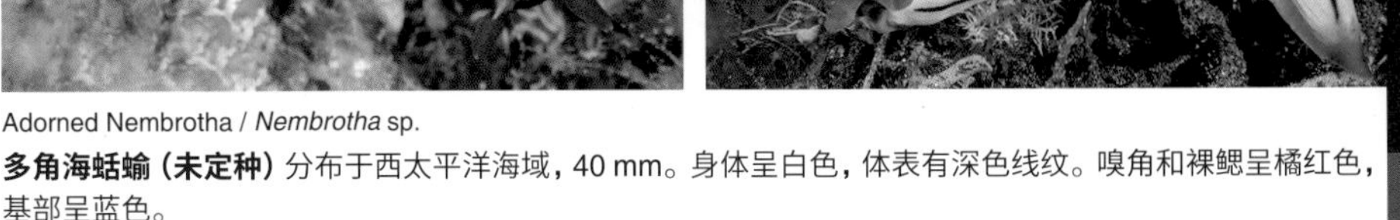

Adorned Nembrotha / *Nembrotha* sp.

多角海蛞蝓（未定种）分布于西太平洋海域，40 mm。身体呈白色，体表有深色线纹。嗅角和裸鳃呈橘红色，基部呈蓝色。

White-Spotted Nembrotha / *Nembrotha* sp.

多角海蛞蝓（未定种）分布于西太平洋海域，30 mm。体表有白色椭圆形斑，嗅角和裸鳃呈浅红色。

Red-Spotted Nembrotha / *Nembrotha* sp.

多角海蛞蝓（未定种）分布于西太平洋海域，30 mm。嗅角间有白色十字形斑。

Green-Gill Nembrotha / *Nembrotha* sp.

多角海蛞蝓（未定种）分布于巴布亚新几内亚海域，40 mm。嗅角间有白斑。

Yonow's Nembrotha / *Nembrotha yonowae*

优瑙多角海蛞蝓分布于西太平洋海域，100 mm。疣突呈黄色或绿色。

Slender Roboastra / *Roboastra gracilis*

细长多角海蛞蝓分布于印度洋-太平洋海域，30 mm。身体呈橘红色，嗅角和裸鳃呈浅蓝色。

Brown-Lined Roboastra / *Roboastra* sp.

多角海蛞蝓（未定种）分布于印度尼西亚海域，10 mm。裸鳃尖端呈紫色。

Tentacular Roboastra / *Roboastra tentaculata*

触手多角海蛞蝓分布于西太平洋海域，30 mm。口触手延长，色深。

Blue-Gilled Tambja / *Tambja kava*

蓝鳃多角海蛞蝓分布于西太平洋海域，20 mm。体色多变，嗅角和裸鳃的尖端呈蓝色。

Gabriela's Tambja / *Tambja gabrielae*

加夫列拉多角海蛞蝓分布于印度尼西亚、菲律宾及巴布亚新几内亚海域，65 mm。身体呈深绿色，体表有黄斑。外套膜边缘有黄色条带，嗅角基部呈黑色。

Gloomy Tambja / *Tambja morosa*

蓝纹多角海蛞蝓分布于印度洋–太平洋海域，100 mm。体色多变，从绿色至黑色均有。非蓝色个体尾部常有蓝色斑点。

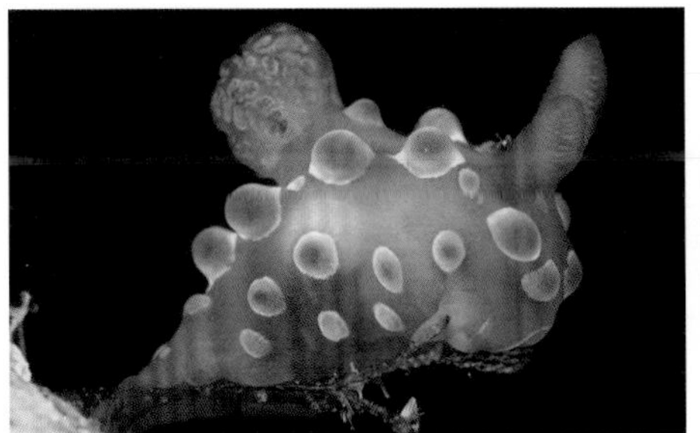

Bubble Tambja / *Tambja* sp.

多角海蛞蝓（未定种）分布于西太平洋海域，10 mm。体表的浅色圆形突起较大，中心是粉色的。

Neon-Mark Tambja / *Tambja* sp.

多角海蛞蝓（未定种）分布于印度尼西亚海域，40 mm。嗅角间有浅蓝绿色斑纹。

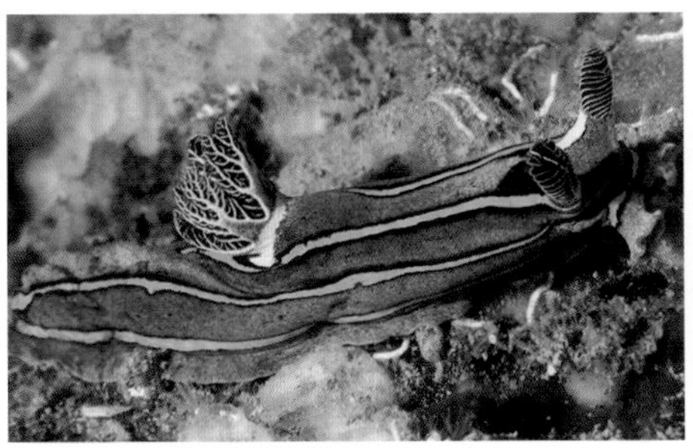

Yellow-Chin Tambja / *Tambja* sp.

多角海蛞蝓（未定种）分布于西太平洋海域，60 mm。嗅角间有浅色 V 形斑。

Yellow-Lined Polycerid / *Tyrannodoris luteolineata*

黄纹多角海蛞蝓分布于印度洋–西太平洋海域，60 mm。以其他多角海蛞蝓为食。

Blue-Horned Polycerid / *Tyrannodoris nikolasi*

尼古拉斯多角海蛞蝓分布于印度洋–西太平洋海域，15 mm。嗅角和裸鳃呈深蓝色。

Ornate Kalinga / *Kalinga ornate*

华丽多角海蛞蝓分布于印度洋–太平洋海域，130 mm。夜行性生物，以小小的蛇尾海星为食。

Pointed Kaloplocamus / *Kaloplocamus acutus*

尖多角海蛞蝓分布于印度洋–太平洋海域，15 mm。体色多变，从黄色至红色都有。体侧有半透明、带分枝、尖端呈红色的长疣突。

Hairy Kaloplocamus / *Kaloplocamus peludo*

毛多角海蛞蝓分布于印度洋–西太平洋海域，从坦桑尼亚至马绍尔群岛均有，15 mm。身体通常呈橘色，背部有褐色斑点和不规则的白色线纹，体侧的疣突上有毛状细丝。

Tasseled Kaloplocamus / *Kaloplocamus ramosus*

饰妆多角海蛞蝓分布于印度洋–太平洋和大西洋海域，25 mm。身体呈橘色或红色，背部有 4 对带分枝的疣突。可能为复合种。

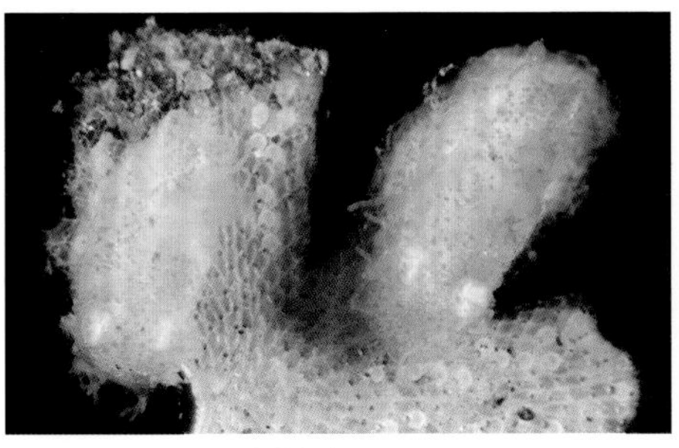

Lumpy Kaloplocamus / *Kaloplocamus* sp.

多角海蛞蝓（未定种）分布于印度尼西亚海域，10 mm。身体呈浅色，体表有橘色斑点，背部隆起。以苔藓虫为食。右图中的个体正在捕食。

Long-Branch Kaloplocamus / *Kaloplocamus* sp.

多角海蛞蝓（未定种）分布于印度尼西亚海域，30 mm。身上有带分枝的疣突。

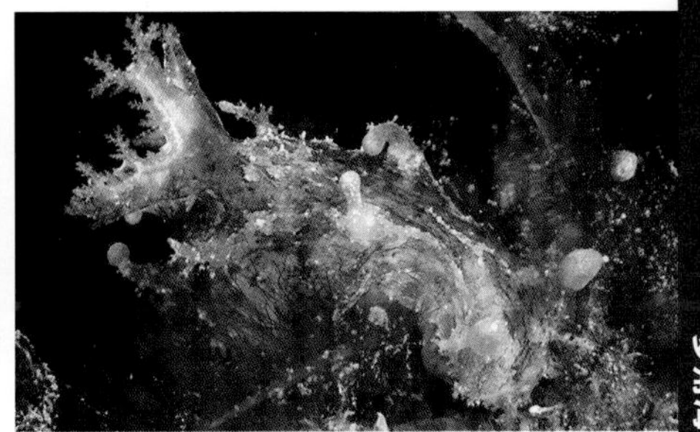

Ceylone Plocamopherus / *Plocamopherus ceylonicus*

锡兰多角海蛞蝓分布于印度洋–太平洋海域，20 mm。身上有 4 个顶端为球形的浅粉色突起。

Spotted-Foot Plocamopherus / *Plocamopherus maculapodium*

斑点多角海蛞蝓分布于印度洋–太平洋海域，40 mm。身体呈浅红色，体表有白色斑点。

Pearl Plocamopherus / *Plocamopherus margaritae*

珍珠多角海蛞蝓分布于印度洋–西太平洋海域，70 mm。体表有深红色斑点和浅粉色疣突。

Freckled Plocamopherus / *Plocamopherus pecoso*

橘点多角海蛞蝓分布于西太平洋海域，20 mm。身体呈白色，半透明，体表密布橘色斑点。

Orange Plocamopherus / *Plocamopherus* sp.

多角海蛞蝓（未定种）分布于印度尼西亚海域，25 mm。身体呈橘色，体表有白斑。

Wormwood Plocamopherus / *Plocamopherus tilesii*

蒂尔多角海蛞蝓分布于西太平洋海域，60 mm。身上密布斑点。

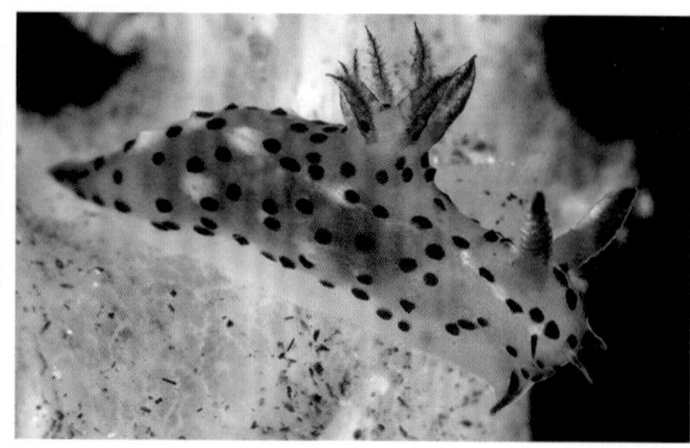

Pale Polycera / *Polycera abei*

阿倍多角海蛞蝓分布于印度洋–太平洋海域，20 mm。身体呈橘色，体表有许多深色斑点。

Black-Dash Polycera / *Polycera* sp.

多角海蛞蝓（未定种）分布于西太平洋海域，12 mm。身体呈白色，半透明，体表有黑色斑点和线纹，嗅角和裸鳃的尖端呈橘色。以苔藓虫为食。左图中的个体正在捕食。

White-Lined Polycera / *Polycera* sp.

多角海蛞蝓（未定种）分布于西太平洋海域，12 mm。体表有白色纵向细条纹、白色疣突和深色斑点。以苔藓虫为食。

Black-Spotted Polycera / *Polycera* sp.

多角海蛞蝓（未定种）分布于西太平洋海域，7 mm。身体呈浅黄色，局部呈白色。

Yellow Polycera / *Polycera risbeci*

里斯贝克多角海蛞蝓分布于印度洋–西太平洋海域，8 mm。身体呈黄褐色，体表有深色条纹。

Yellow-Horn Polycera / *Polycera* sp.

多角海蛞蝓（未定种）分布于印度尼西亚海域，10 mm。嗅角、裸鳃和口触手均局部呈黄色。

White-Dotted Polycera / *Polycera* sp.

多角海蛞蝓（未定种）分布于西太平洋海域，9 mm。身体呈橘色，体表密布白色斑点。

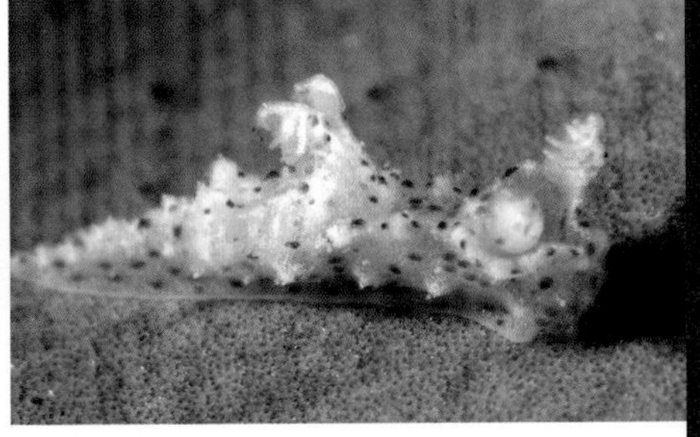

Brown-Dotted Polycera / *Polycera* sp.

多角海蛞蝓（未定种）分布于菲律宾海域，8 mm。身体呈白色，体表密布褐色和绿色斑点。

Pacific Thecacera / *Thecacera pacifica*

太平洋多角海蛞蝓分布于印度洋–太平洋海域，50 mm。身体呈橘色，疣突尖端呈黑色和珍珠蓝色。右图中的个体正在交配。

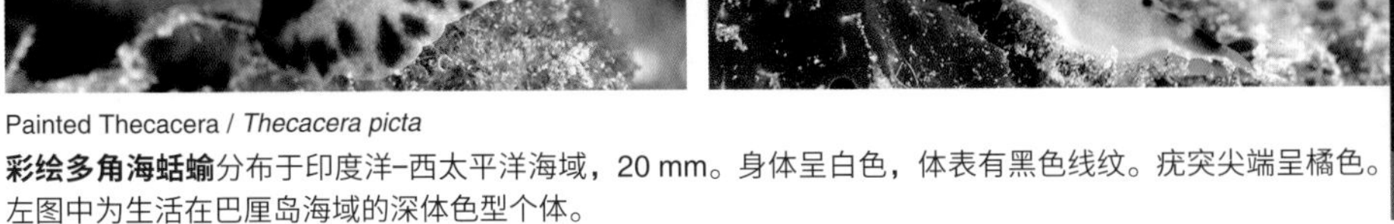

Painted Thecacera / *Thecacera picta*

彩绘多角海蛞蝓分布于印度洋–西太平洋海域，20 mm。身体呈白色，体表有黑色线纹。疣突尖端呈橘色。左图中为生活在巴厘岛海域的深体色型个体。

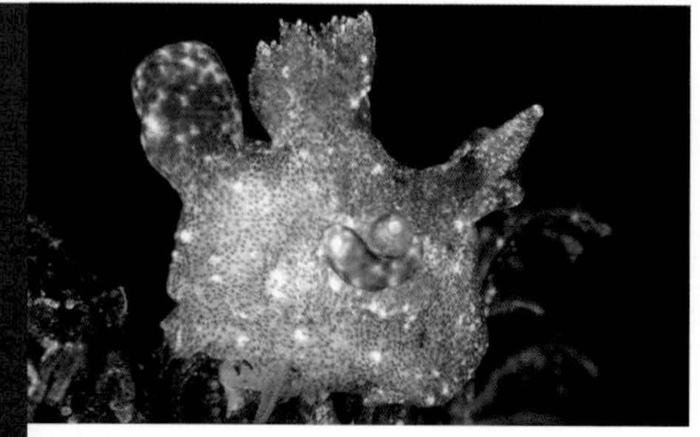

Dotted Thecacera / *Thecacera* sp.

多角海蛞蝓（未定种）分布于印度尼西亚海域，7 mm。身体半透明，体表密布褐色斑点。

Black-Horn Thecacera / *Thecacera* sp.

多角海蛞蝓（未定种）分布于西太平洋海域，40 mm。嗅角和疣突的尖端呈黑色。

Thecacera Pikachu / *Thecacera* sp.

多角海蛞蝓（未定种）分布于西太平洋海域，40 mm。身体呈白色、橘色等，半透明，体表有深色斑点。嗅角和疣突的尖端呈黄色。

Yellow-Spotted Thecacera / *Thecacera* sp.

多角海蛞蝓（未定种）分布于印度尼西亚海域，10 mm。身体半透明，体表有黑色和黄色斑点。

Black-Orange Thecacera / *Thecacera* sp.

多角海蛞蝓（未定种）分布于西太平洋海域，40 mm。身体呈深灰色，嗅角和疣突的尖端呈橘色。

Black-Tipped Thecacera / *Thecacera* sp.

多角海蛞蝓（未定种）分布于西太平洋海域，20 mm。身体呈橘色，疣突尖端呈黑色。

Purple Picachu / *Thecacera* sp.

多角海蛞蝓（未定种）分布于菲律宾海域，40 mm。身体呈浅紫色，体表有橘色圆斑。

Yellow-Spotted Thecacera / *Thecacera* sp.

多角海蛞蝓（未定种）分布于菲律宾及中国台湾海域，8 mm。身体半透明，体表有黄色斑点。

Leopard Thecacera / *Thecacera* sp.

多角海蛞蝓（未定种）分布于印度尼西亚海域，20 mm。疣突尖端呈白色，下部有蓝色条带。

White-Tipped Thecacera / *Thecacera* sp.

多角海蛞蝓（未定种）分布于印度尼西亚海域，10 mm。疣突尖端呈白色。

Black Thecacera / *Thecacera* sp.

多角海蛞蝓（未定种）分布于印度尼西亚海域，15 mm。体色以深灰色为主。

Jujube Thecacera / *Thecacera* sp.

多角海蛞蝓（未定种）分布于西太平洋海域，10 mm。嗅角上有橘色条带。

Orange-Lined Thecacera / *Thecacera* sp.

多角海蛞蝓（未定种）分布于西太平洋海域，20 mm。身体呈白色，半透明，体表有橘色条纹。

Dark-Spotted Thecacera / *Thecacera* sp.

多角海蛞蝓（未定种）分布于印度尼西亚海域，20 mm。身体通常呈灰色，有深色斑点，嗅角和疣突的尖端呈黄色。以苔藓虫为食。左图中的个体正在捕食。

Strawberry Gymnodoris / *Gymnodoris aurita*

金色裸海蛞蝓分布于印度洋–西太平洋海域，100 mm。身体呈红色，体表有黄色疣突。以其他海蛞蝓为食。左图中的个体正在捕食树状崔坦海蛞蝓（*Marionia arborescens*）。

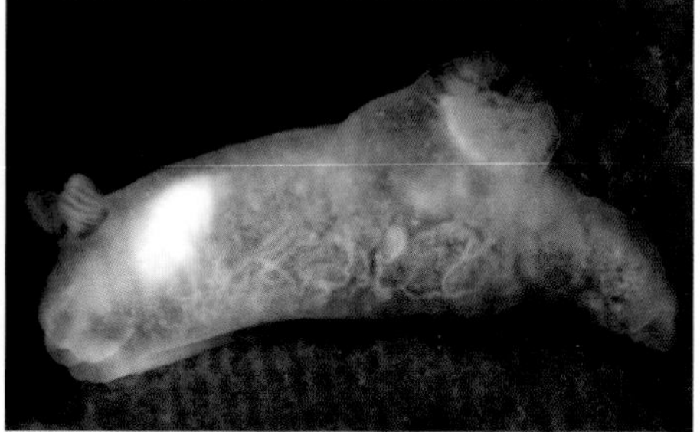

Translucent Gymnodoris / *Gymnodoris* sp.

裸海蛞蝓（未定种）分布于菲律宾海域，15 mm。身体半透明，嗅角呈白色，裸鳃近圆形。

Ceylon Gymnodoris / *Gymnodoris ceylonica*

锡兰裸海蛞蝓分布于印度洋–太平洋海域，120 mm。身体呈白色，体表有红色斑点。裸鳃呈白色，边缘有红色线纹。右图中的个体正在交配。

锡兰裸海蛞蝓正在捕食线纹海兔（*Stylocheilus striatus*）。

Yellow-Guts Gymnodoris / *Gymnodoris* aff. *citrina*

黄裸海蛞蝓（近似种）分布于西太平洋海域，30 mm。与黄裸海蛞蝓（下页）外形相似。

Lemon Gymnodoris / *Gymnodoris citrina*

黄裸海蛞蝓分布于印度洋–西太平洋海域，30 mm。身体呈白色或浅黄色，裸鳃呈圆形，头前部的边缘呈锯齿状。

Unadorned Gymnodoris / *Gymnodoris inornata*

无饰裸海蛞蝓分布于西太平洋海域，60 mm。身体呈橘色，体表有浅红色疣突。

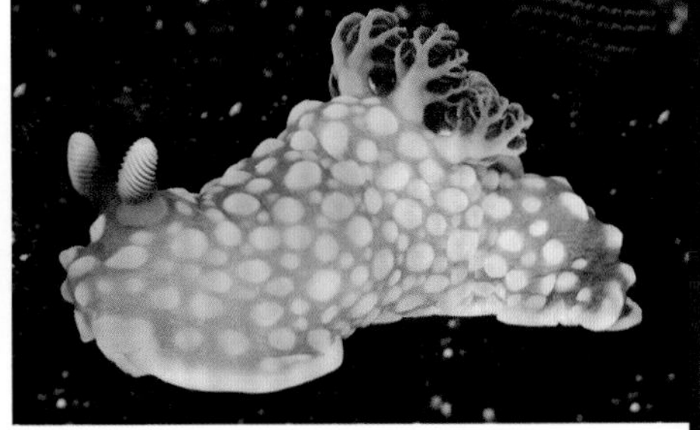

Common Gymnodoris / *Gymnodoris plebeia*

普通裸海蛞蝓分布于西太平洋海域，30 mm。身体呈浅褐色，体表有黄色圆形疣突。

Dark Gymnodoris / *Gymnodoris nigricolor*

暗色裸海蛞蝓分布于西太平洋海域，8 mm。通体深灰色或黑色。以鱼类的鳍组织为食，会紧紧地贴在虾虎鱼的鳍上。

Red Bumpy Gymnodoris / *Gymnodoris rubropapulosa*

红丘裸海蛞蝓分布于印度洋–西太平洋海域，60 mm。身体呈乳白色，嗅角和裸鳃呈橘色。以不同的多彩海蛞蝓为食。右图中的个体正在捕食。

Tasseled Gymnodoris / *Gymnodoris* sp.

裸海蛞蝓（未定种）分布于印度洋–西太平洋海域，25 mm。体表密布橘色斑点，头前部有疣突。

White-Gill Gymnodoris / *Gymnodoris* sp.

裸海蛞蝓（未定种）分布于印度尼西亚海域，20 mm。裸鳃基部呈白色，球形嗅角紧挨在一起。

Orange-Tipped Gymnodoris / *Gymnodoris* sp.

裸海蛞蝓（未定种）分布于西太平洋海域，30 mm。裸鳃小，呈白色。嗅角尖端呈橘色。

Orange-Dotted Gymnodoris / *Gymnodoris* sp.

裸海蛞蝓（未定种）分布于西太平洋海域，20 mm。身体上有成排的橘色斑点，裸鳃呈橘色。

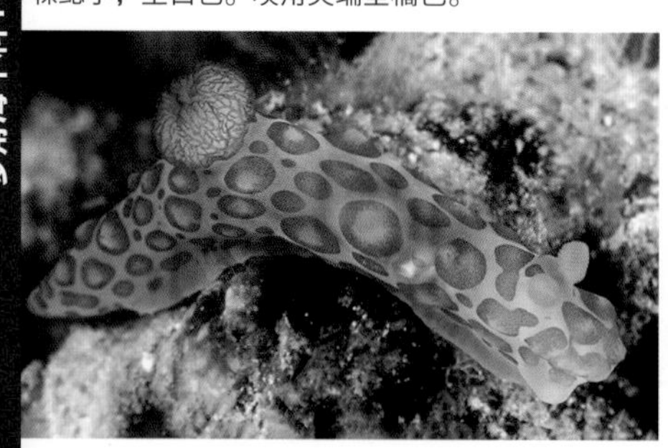

Pink-Spotted Gymnodoris / *Gymnodoris* sp.

裸海蛞蝓（未定种）分布于西太平洋海域，30 mm。身体呈白色，体表有橘粉色圆斑。

White Gymnodoris / *Gymnodoris* sp.

裸海蛞蝓（未定种）分布于西太平洋海域，12 mm。身体呈白色，体表有稀疏的黄色斑点。

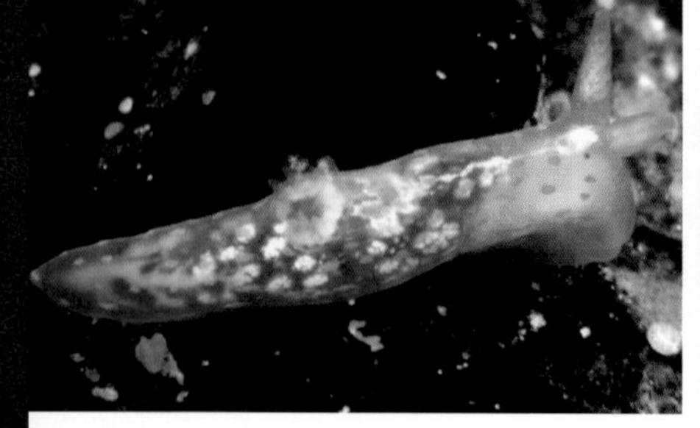

Saddled Gymnodoris / *Gymnodoris* sp.

裸海蛞蝓（未定种）分布于印度洋–太平洋海域，15 mm。嗅角尖端呈橘色，身上有黄色斑点。

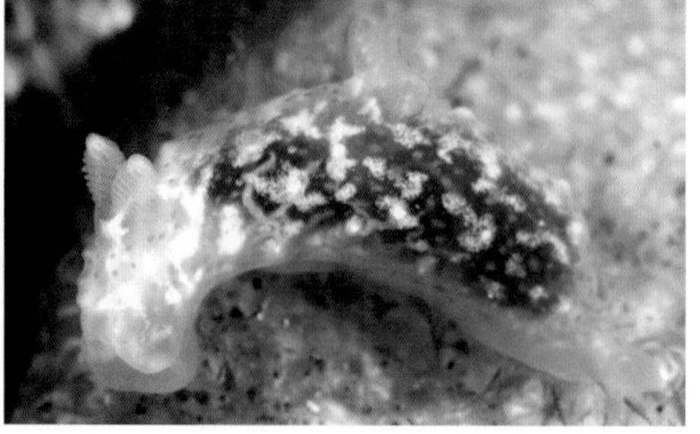

Dark-Blotch Gymnodoris / *Gymnodoris* sp.

裸海蛞蝓（未定种）分布于西太平洋海域，10 mm。嗅角呈球形，尖端不带橘色。

Stern-Gill Gymnodoris / *Gymnodoris* sp.

裸海蛞蝓（未定种）分布于西太平洋海域，10 mm。白色裸鳃位于身体后半部，尖端呈橘色。

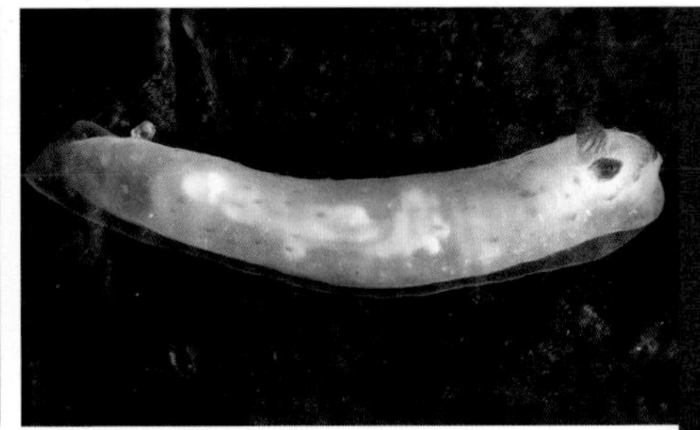

Dark-Horned Gymnodoris / *Gymnodoris* sp.

裸海蛞蝓（未定种）分布于印度尼西亚海域，12 mm。体色浅，嗅角呈黑色，裸鳃隐藏。

Red-Dash Gymnodoris / *Gymnodoris* sp.

裸海蛞蝓（未定种）分布于菲律宾海域，12 mm。身上有橘色细条纹和乳白色大斑点，嗅角边缘呈橘色。

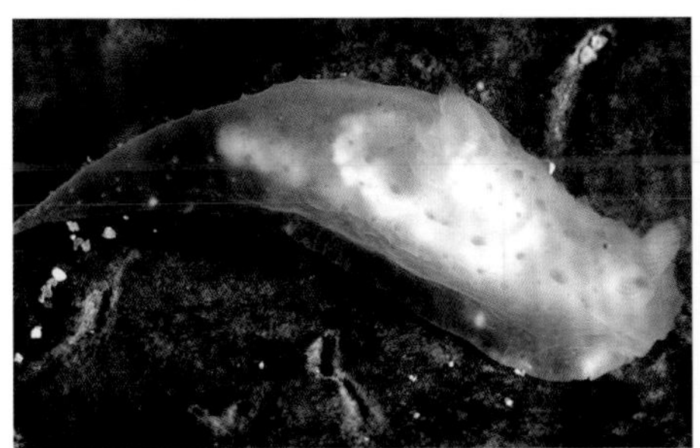

Brownish Gymnodoris / *Gymnodoris brunnea*

褐裸海蛞蝓分布于菲律宾海域，8 mm。裸鳃下方的内脏隐约可见。

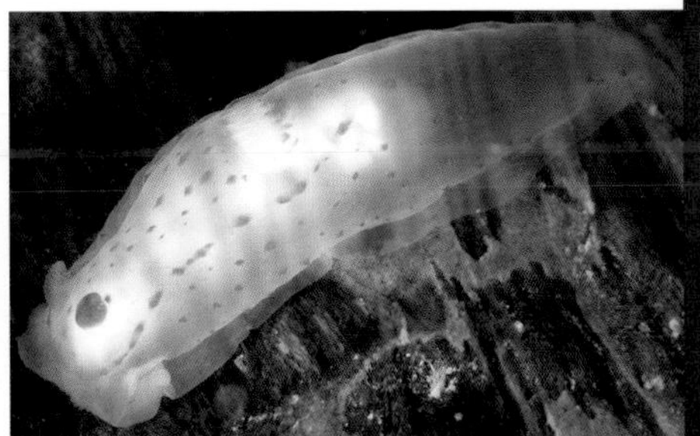

Orange-Spotted Gymnodoris / *Gymnodoris* sp.

裸海蛞蝓（未定种）分布于西太平洋海域，15 mm，嗅角呈橘色，身体上有成排的疣突。

Sharp-Keel Gymnodoris / *Gymnodoris* sp.

裸海蛞蝓（未定种）分布于西太平洋海域，30 mm。身体呈白色，体表有橘色斑点。裸鳃呈白色，嗅角尖端呈橘色。左图中的个体正在交配。

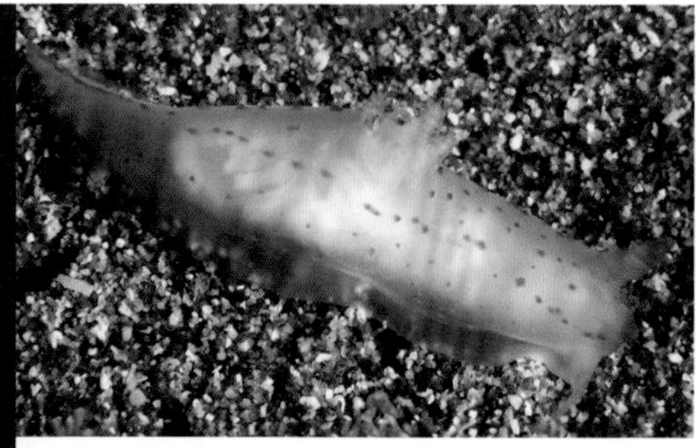

Pimpled Gymnodoris / *Gymnodoris* sp.

裸海蛞蝓（未定种）分布于西太平洋海域，15 mm，身上有橘色锥形疣突，嗅角尖端呈橘色。

Orange-Horned Gymnodoris / *Gymnodoris* sp.

裸海蛞蝓（未定种）分布于西太平洋海域，10 mm。裸鳃位于身体后 1/3 处，身上有成排的橘色斑点。

Dark-Horned Gymnodoris / *Gymnodoris* sp.

裸海蛞蝓（未定种）分布于西太平洋海域，10 mm。身体呈青黄色，嗅角颜色较深。

Orange-Lined Gymnodoris / *Gymnodoris* sp.

裸海蛞蝓（未定种）分布于菲律宾海域，30 mm。裸鳃的分枝排列成行。

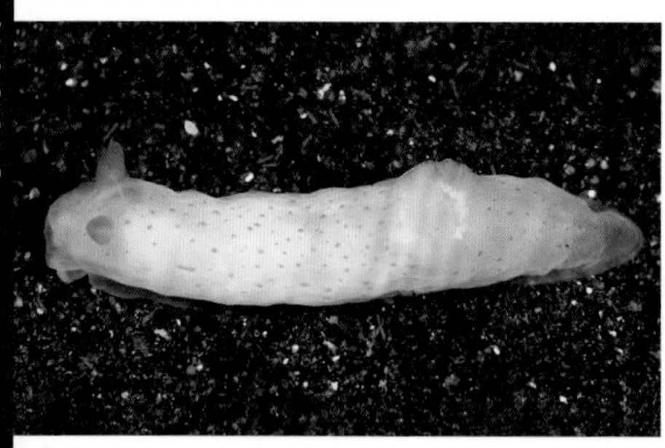

Pale Gymnodoris / *Gymnodoris* sp.

裸海蛞蝓（未定种）分布于印度尼西亚海域，20 mm。通体浅黄色，裸鳃呈圆形。

Ridged Gymnodoris / *Gymnodoris* sp.

裸海蛞蝓（未定种）分布于西太平洋海域，20 mm。身体呈橘黄色，半透明。裸鳃呈黄色。

Tuberous Gymnodoris / *Gymnodoris tuberculosa*

瘤突裸海蛞蝓分布于西太平洋海域，55 mm。身体呈白色，半透明，体表有圆形大突起。裸鳃呈圆形。

Yellow-Margin Goniodorid / *Goniodoridella savignyi*

萨维尼隅海蛞蝓分布于印度洋–西太平洋海域，10 mm。身体呈白色，外套膜边缘呈黄色。

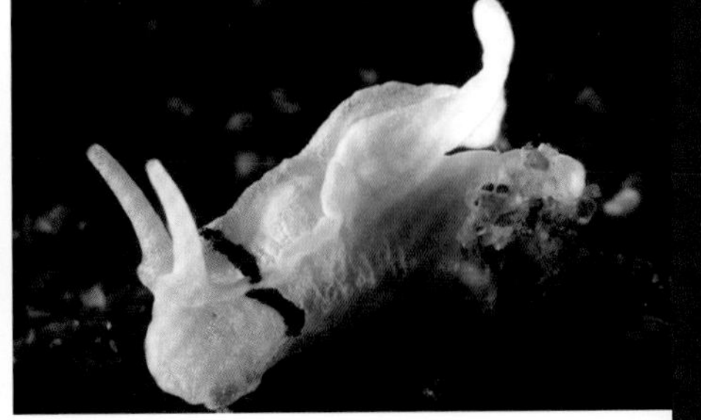

Brown-Collar Goniodorid / *Goniodoridella* sp.

隅海蛞蝓（未定种）分布于印度洋–西太平洋海域，6 mm。身体呈白色，光滑，体表有显眼的深色条纹。

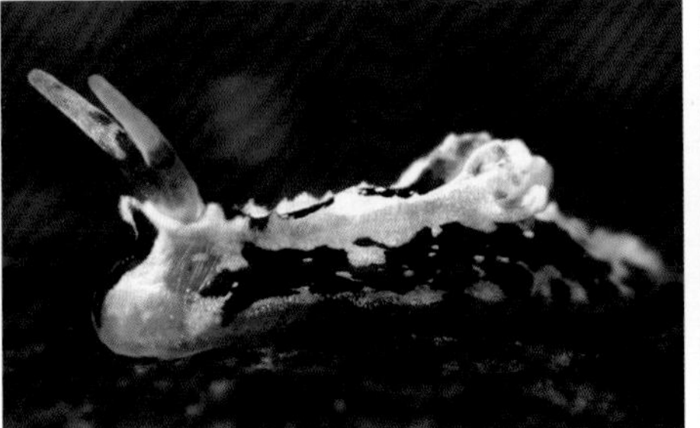

Brown-Top Goniodorid / *Goniodoridella* sp.

隅海蛞蝓（未定种）分布于西太平洋海域，5 mm。身体呈白色，局部呈褐色，背部边缘呈浅黄色。

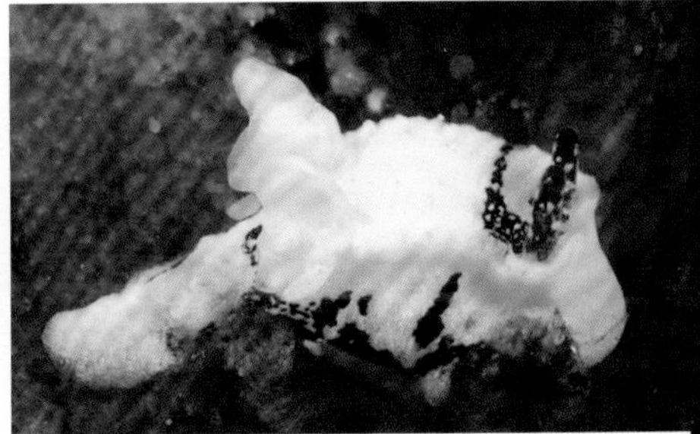

White-Top Goniodorid / *Goniodoridella* sp.

隅海蛞蝓（未定种）分布于西太平洋海域，5 mm。身体呈白色，体表有褐色斑块。

White-Dotted Goniodorid / *Goniodoridella* sp.

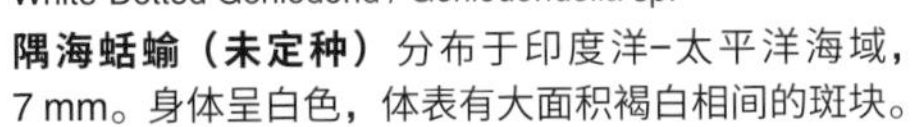

隅海蛞蝓（未定种）分布于印度洋–太平洋海域，7 mm。身体呈白色，体表有大面积褐白相间的斑块。

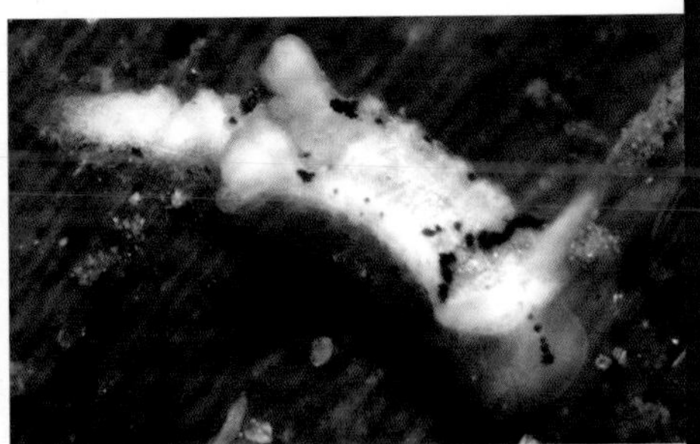

Brown-Band Goniodorid / *Goniodoridella* sp.

隅海蛞蝓（未定种）分布于西太平洋海域，6 mm。身体呈白色，体表有绒毛，嗅角后方有褐色条带。

Joubini's Goniodoris / *Goniodoris joubini*

裘氏隅海蛞蝓分布于印度洋–太平洋海域，12 mm。身体呈浅褐色，体表有细密的白斑和较大的黄斑。

Swollen-Edge Goniodoris / *Goniodoris* sp.

隅海蛞蝓（未定种）分布于西太平洋海域，8 mm。背部靠近裸鳃处膨大。

White Goniodoris / *Goniodoris felis*

猫隅海蛞蝓分布于西太平洋海域，10 mm。裸鳃呈白色，上面有褐色线纹。

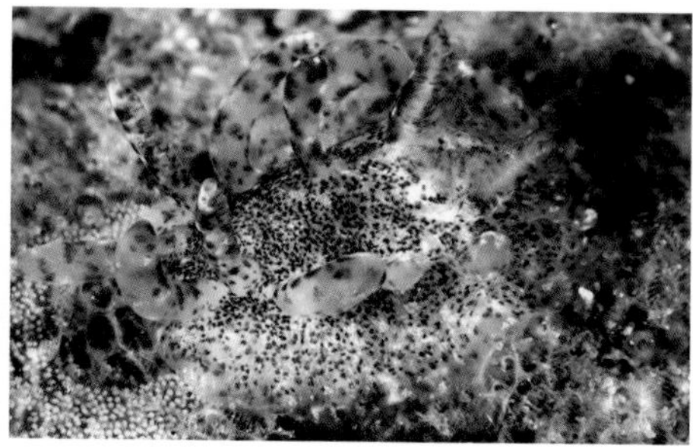

Flat Okenia / *Okenia plana*

平坦隅海蛞蝓分布于西太平洋海域，10 mm。身体半透明，体表密布深褐色斑点。

Brown-Tipped Goniodoris / *Goniodoris* sp.

隅海蛞蝓（未定种）分布于印度洋–西太平洋海域，7 mm。外套膜边缘呈橘色，内侧呈黄色。

Brown-Horned Goniodoris / *Goniodoris* sp.

隅海蛞蝓（未定种）分布于菲律宾海域，6 mm。嗅角呈褐色，上面有白色条纹。

Brown-Spotted Okenia / *Okenia brunneomaculata*

褐斑隅海蛞蝓分布于西太平洋海域，10 mm。身体呈白色，体表有褐色斑点。

Brown-Lined Okenia / *Okenia* sp.

隅海蛞蝓（未定种）分布于印度尼西亚海域，7 mm。身体呈白色，中心区域呈浅黄色，上面有褐色线纹。

Nakamoto Okenia / *Okenia nakamotoensis*

中本隅海蛞蝓分布于印度洋–太平洋海域，20 mm。背部有 5 对疣突。

Red Okenia / *Okenia kondoi*

近藤隅海蛞蝓分布于菲律宾海域，15 mm。背部有 4 对疣突。

Stellar Okenia / *Okenia stellata*

星隅海蛞蝓分布于巴布亚新几内亚及澳大利亚海域，15 mm。背部有红色细条纹。

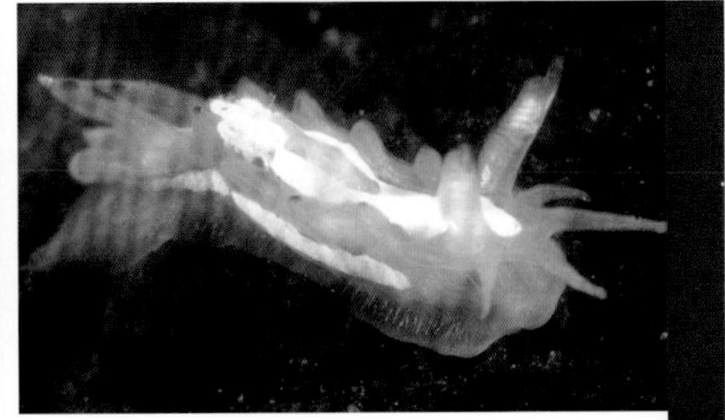

Small Okenia / *Okenia liklik*

袖珍隅海蛞蝓分布于西太平洋海域，7 mm。体表有橘色乳头状突起，尖端呈褐色。

Pink Okenia / *Okenia* cf. *liklik*

袖珍隅海蛞蝓（近似种）分布于印度洋–太平洋海域，6 mm，体侧的白色乳头状突起尖端不呈褐色。图中的个体正在模仿涡虫。

Sweet Okenia / *Okenia kendi*

糖果隅海蛞蝓分布于西太平洋海域，25 mm。体色以白色 + 褐色为主。左图中的个体为白色加浅粉色的体色型，可能为另一个种。

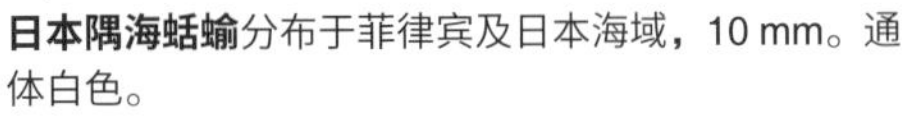

Japanese Okenia / *Okenia japonica*

日本隅海蛞蝓分布于菲律宾及日本海域，10 mm。通体白色。

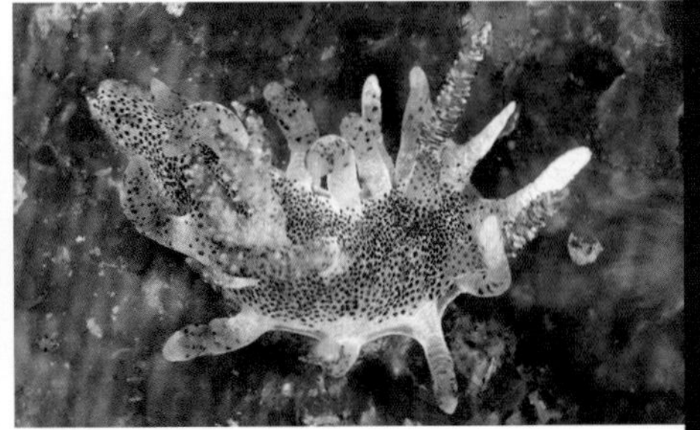

Dark-Dotted Okenia / *Okenia* sp.

隅海蛞蝓（未定种）分布于印度尼西亚海域，10 mm。体表有淡紫色疣突。

Brown-Speckled Okenia / *Okenia* sp.

隅海蛞蝓（未定种）分布于印度尼西亚海域，6 mm。身体半透明，体表有白色和褐色斑点。

Orange-Hat Okenia / *Okenia* sp.

隅海蛞蝓（未定种）分布于印度尼西亚海域，6 mm。嗅角和裸鳃呈橘色，裸鳃尖端呈白色。

Brown-Tipped Okenia / *Okenia* sp.

隅海蛞蝓（未定种）分布于西太平洋海域，10 mm。疣突尖端呈橘褐色。

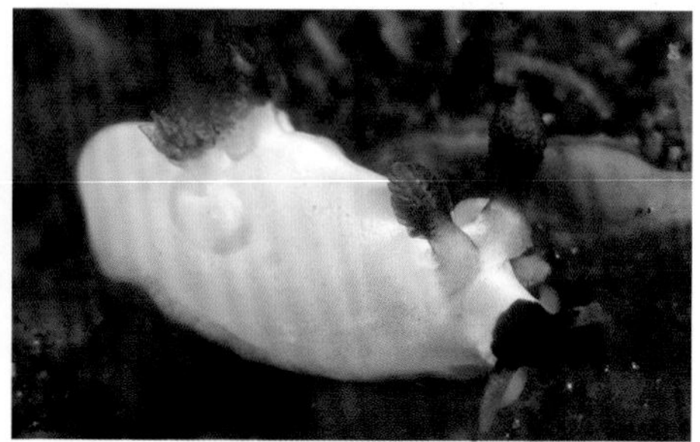

Black-Chin Trapania / *Trapania* sp.

隅海蛞蝓（未定种）分布于印度尼西亚海域，10 mm。黄色的口触手间有一大块深色斑。

Bluish Trapania / *Trapania caerulea*

蓝隅海蛞蝓分布于印度尼西亚海域，7 mm。外套膜边缘有褐色条纹，背部局部呈浅蓝色。

Mosaic Trapania / *Trapania miltabrancha*

赤鳃叶隅海蛞蝓分布于西太平洋海域，10 mm。身体呈亮橘色，体表有黑白双色斑纹。

Widespread Trapania / *Trapania euryeia*

广布隅海蛞蝓分布于印度洋–太平洋海域，10 mm。身体底色为浅黄色，褐色斑块上有黄色斑点。

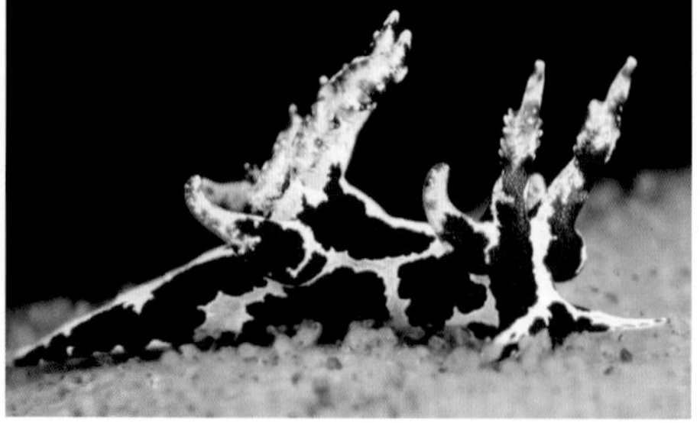

Brown-Patched Trapania / *Trapania* sp.

隅海蛞蝓（未定种）分布于印度尼西亚海域，7 mm。身体底色为白色，上面有红褐色大斑块。

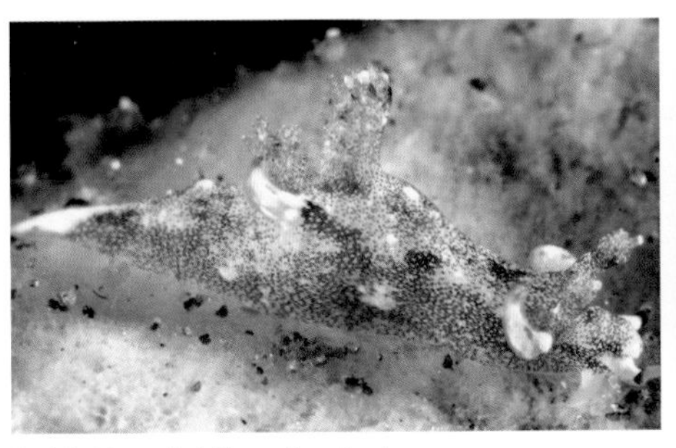
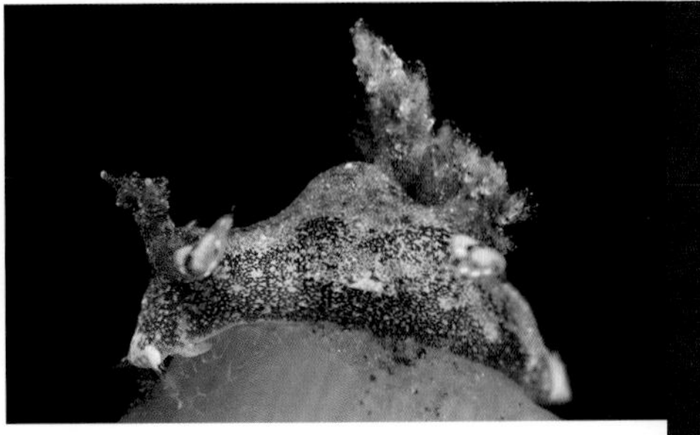

Paddle Trapania / *Trapania palmula*

桨状隅海蛞蝓分布于西太平洋海域，8 mm。疣突上有蓝色条带，口触手呈黄色。右图中的个体疣突上无蓝色条带，可能为另一个种。

Reticulate Trapania / *Trapania reticulata*

网纹隅海蛞蝓分布于印度尼西亚及澳大利亚海域，18 mm。身体呈浅褐色，体表有深褐色网纹。

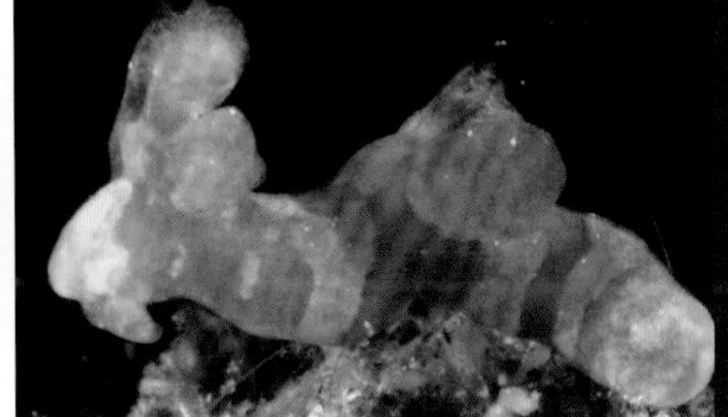

Caterpillar Trapania / *Trapania* sp.

隅海蛞蝓（未定种）分布于西太平洋海域，12 mm。身体呈黄色，体表有褐色鞍状斑。

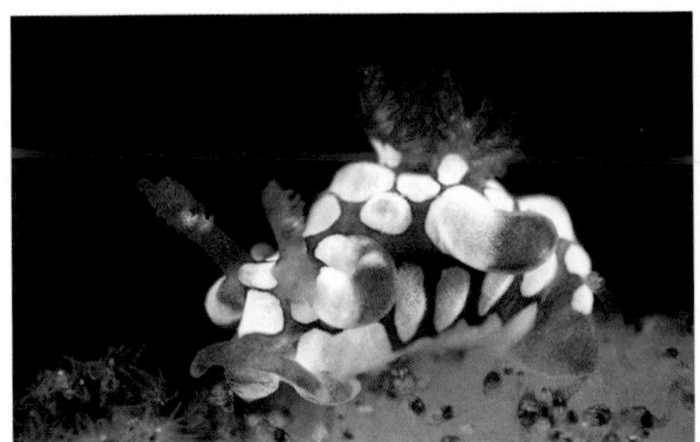

Jester Trapania / *Trapania scurra*

小丑隅海蛞蝓分布于西太平洋海域，15 mm。身体呈紫色，体表有白色大圆斑。

Fox Trapania / *Trapania* sp.

隅海蛞蝓（未定种）分布于西太平洋海域，5 mm。身体呈橘色，体表有黑色口触手和裸鳃，疣突呈白色。

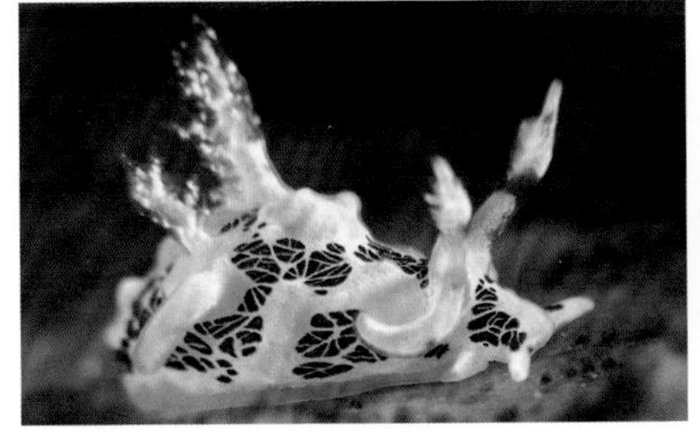

Round-Bulge Trapania / *Trapania tora*

圆突隅海蛞蝓分布于印度尼西亚海域，15 mm。

White-Spotted Trapania / *Trapania* sp.

隅海蛞蝓（未定种）分布于西太平洋海域，7 mm。身体呈红褐色，体表有白斑。嗅角尖端呈白色。

Brown-Spotted Trapania / *Trapania* sp.

隅海蛞蝓（未定种）分布于印度洋-太平洋海域，6 mm。身体呈白色，体表有黑色斑块。

Brown-Horned Trapania / *Trapania* sp.

隅海蛞蝓（未定种）分布于西太平洋海域，15 mm。红褐色嗅角的尖端呈白色。

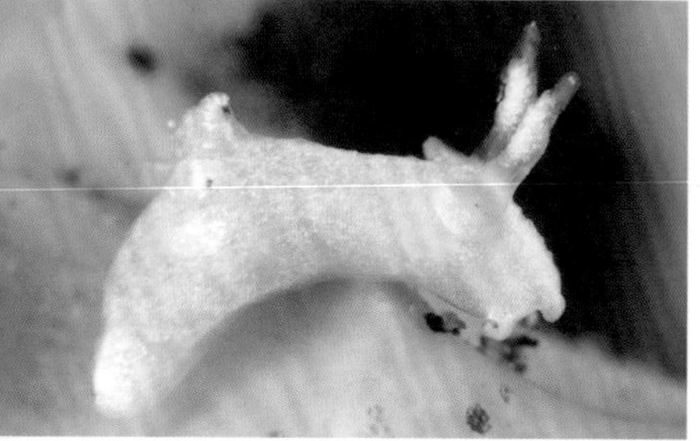

Red-Tipped Trapania / *Trapania* sp.

隅海蛞蝓（未定种）分布于印度尼西亚海域，6 mm。口触手、嗅角和裸鳃的尖端均有红色斑点。

Yellowish Trapania / *Trapania* sp.

隅海蛞蝓（未定种）分布于印度尼西亚海域，7 mm。身体呈黄色，体表有深色斑点。

Fish-Scaled Trapania / *Trapania squama*

鳞纹隅海蛞蝓分布于西太平洋海域，10 mm。身体呈浅粉褐色，体表有深色网纹。

Soft Coral Trapania / *Trapania* sp.

隅海蛞蝓（未定种）分布于菲律宾海域，7 mm。图中个体正在模仿软珊瑚。

White-Face Trapania / *Trapania* cf. *toddi*

托德隅海蛞蝓分布于印度尼西亚海域，7 mm。身体呈白色，褐色斑块上有白色斑点。

Long-Horned Trapania / *Trapania* sp.

隅海蛞蝓（未定种）分布于印度尼西亚海域，6 mm。身体呈褐色，体表密布白色斑点。

Gilded Trapania / *Trapania aurata*

橘鳃隅海蛞蝓分布于西太平洋海域，10 mm。身体呈白色，长疣突边缘呈橘色。

Trapania Filetto / *Trapania vitta*

橘边隅海蛞蝓分布于西太平洋海域，12 mm。身体呈白色。

Shaggy Aegires / *Aegires villosus*

端紫三鳃海蛞蝓分布于西太平洋海域，12 mm。疣突尖端呈红色或深紫色，且呈球形。

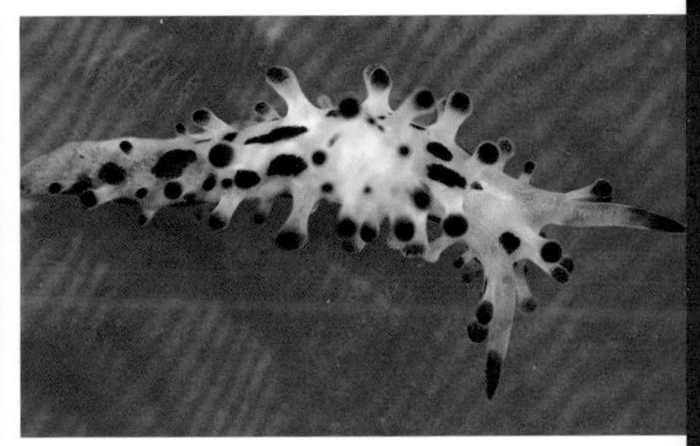

Black-Balls Aegires / *Aegires* sp.

三鳃海蛞蝓（未定种）分布于西太平洋海域，15 mm。背部局部呈黄色，疣突尖端呈黑色。

Blue-Dotted Aegires / *Aegires exeches*

蓝斑三鳃海蛞蝓分布于西太平洋海域，7 mm。身上有亮蓝色斑点。

White Aegires / *Aegires hapsis*

网状三鳃海蛞蝓分布于西太平洋海域，6 mm。身体呈白色，线纹和嗅角颜色略深。

Brown Aegires / *Aegires malinus*

果绿三鳃海蛞蝓分布于西太平洋海域，15 mm。身上有白色线纹，嗅角上有褐色斑点。

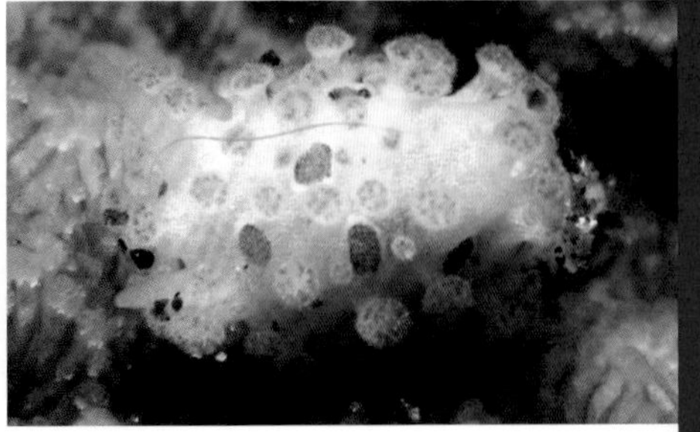

Petal Aegires / *Aegires petalis*

花瓣三鳃海蛞蝓分布于巴布亚新几内亚海域，5 mm。身体呈白色或浅黄色，体表有扁平大突起。

Flower Aegires / *Aegires flores*

花环三鳃海蛞蝓分布于西太平洋海域，15 mm。裸鳃周围有扁平的突起。

Gill-Hiding Aegires / *Aegires* sp.

三鳃海蛞蝓（未定种）分布于西太平洋海域，3 mm。身体呈粉色或浅紫灰色，体表有浅黄色疣突。

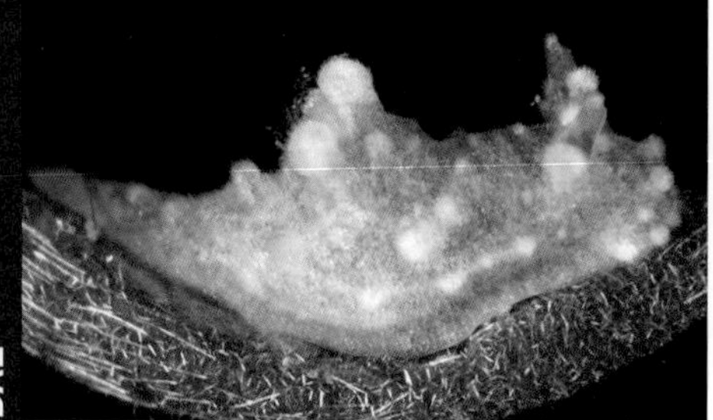

Shaggy Aegires / *Aegires* sp.

三鳃海蛞蝓（未定种）分布于西太平洋海域，6 mm。身体呈浅粉色，长有红色嗅角和圆形突起。

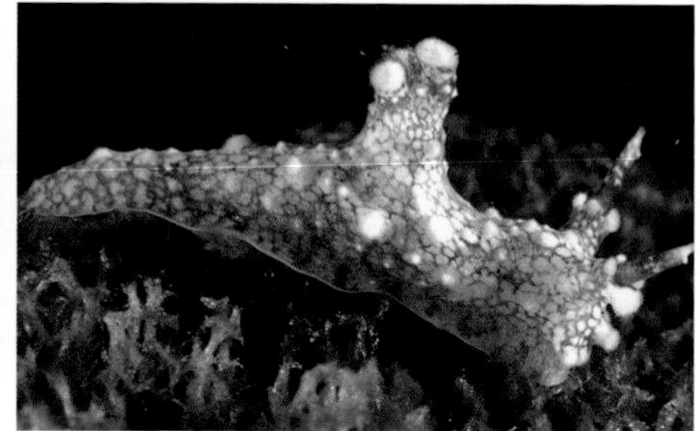

Reticulate Aegires / *Aegires* sp.

三鳃海蛞蝓（未定种）分布于西太平洋海域，6 mm。身上有少量绒毛，体表有褐色网纹。

Yellowish Aegires / *Aegires* sp.

三鳃海蛞蝓（未定种）分布于菲律宾海域，20 mm。身体呈黄色，体表散布褐色斑点。

Pruvot-Fol's Aegires / *Aegires pruvotfoliae*

普吕沃三鳃海蛞蝓分布于印度洋–太平洋海域，8 mm。身体呈黄色，体表有浅褐色斑块。

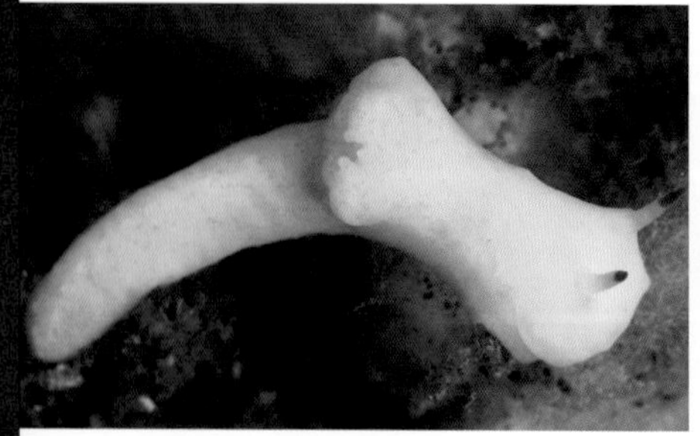

Lemon Notodoris / *Notodoris citrina*

柠黄三鳃海蛞蝓分布于西太平洋海域，50 mm。通体黄色，较小的个体嗅角尖端呈黑色。

Serena's Notodoris / *Notodoris serenae*

塞蕾娜三鳃海蛞蝓分布于西太平洋海域，90 mm。嗅角呈黄色，裸鳃呈浅绿色。

Gardiner's Banana Nudibranch / *Notodoris gardineri*

加德纳三鳃海蛞蝓分布于印度洋-太平洋海域，80 mm。身体呈黄色，体表有深色斑块。

Banana Nudibranch / *Notodoris minor*

袖珍三鳃海蛞蝓分布于印度洋-西太平洋海域，100 mm。身体呈黄色，体表有黑色线纹。

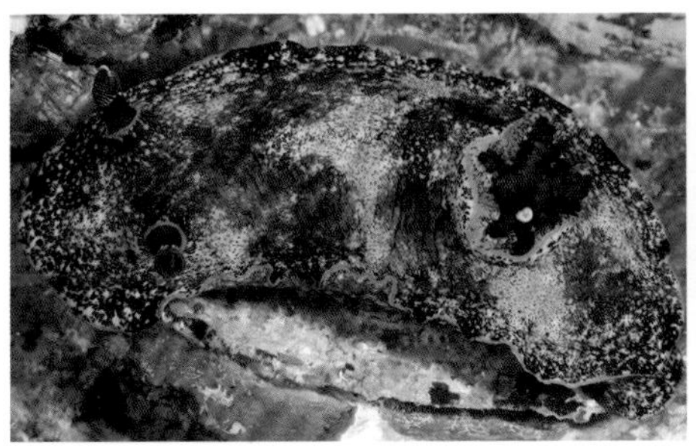

Brownish Aphelodoris / *Aphelodoris* sp.

海牛海蛞蝓（未定种）分布于西太平洋海域，40 mm。鳃囊、嗅角鞘边缘呈黄色。

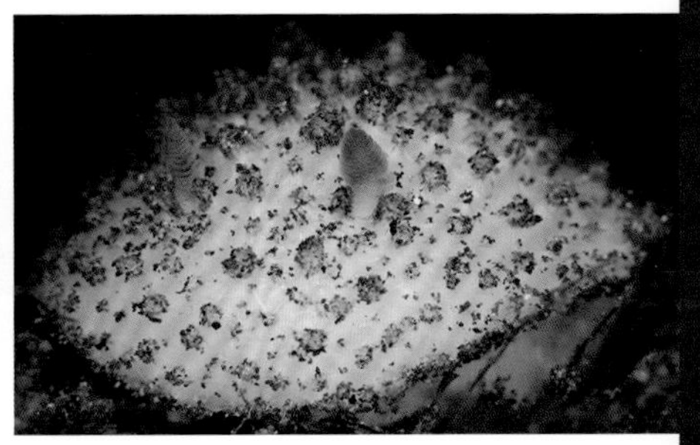

Yellow Doris / *Doris* sp.

海牛海蛞蝓（未定种）分布于印度尼西亚及马绍尔群岛海域，30 mm。身上有黑色疣突。

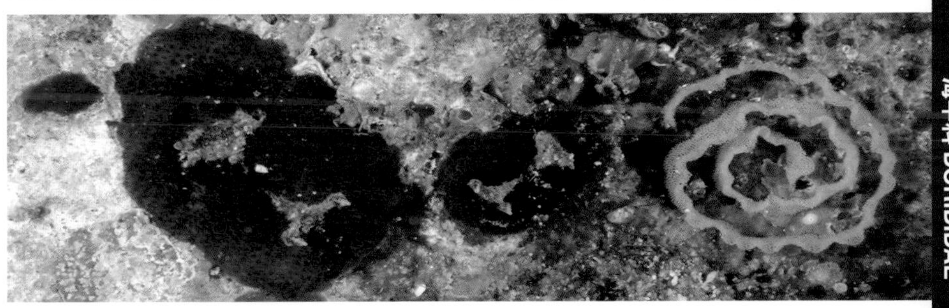

Blue-Sponge Doris / *Doris nucleola*

海绵海牛海蛞蝓分布于印度洋-太平洋海域，30 mm。以蓝海绵为食，能完美模仿蓝海绵。外套膜和裸鳃呈深蓝色，裸鳃和嗅角间有浅色斑。

Blue Doris / *Doris pecten*

海扇海牛海蛞蝓分布于西太平洋海域，20 mm。通体蓝色，常隐藏在蓝海绵上。

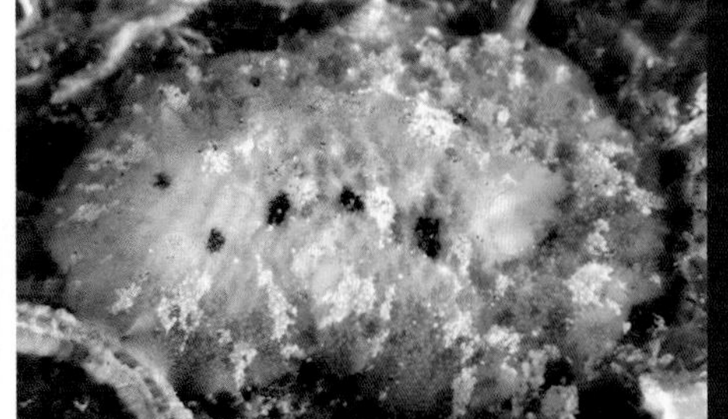

Dark-Spotted Doris / *Doris* sp.

海牛海蛞蝓（未定种）分布于巴布亚新几内亚海域，15 mm。身体呈浅黄色，体表有白色和深褐色斑。

Orange Doris / *Doris* sp.

海牛海蛞蝓（未定种）分布于西太平洋海域，40 mm。身体呈橘色，嗅角呈红色。

Pink Doris / *Doris* sp.

海牛海蛞蝓（未定种）分布于西太平洋海域，20 mm。身体呈浅粉色，裸鳃和嗅角颜色略深。

Williams Aldisa / *Aldisa williamsi*

威廉仿海蛞蝓分布于西太平洋海域，18 mm。身上有黑色条纹和白色球状突起。

Double Pit Aldisa / *Aldisa fragaria*

草莓仿海蛞蝓分布于印度洋–太平洋海域，50 mm。身体呈红色，疣突被亮色条纹环绕。

Blue Aldisa / *Aldisa albatrossae*

信天翁仿海蛞蝓分布于西太平洋海域，20 mm。能模仿叶海牛。

Ridged Aldisa / *Aldisa pikokai*

脊仿海蛞蝓分布于西太平洋中部海域，20 mm。体色从粉色至红色均有。可用身上的凹坑模仿海绵。

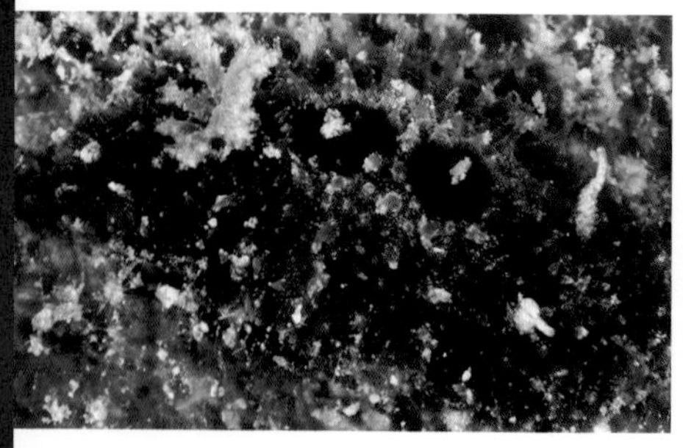

Shaggy Aldisa / *Aldisa* sp.

仿海蛞蝓（未定种）分布于巴布亚新几内亚海域，15 mm。身上有 2 个凹坑，嗅角和裸鳃呈白色。

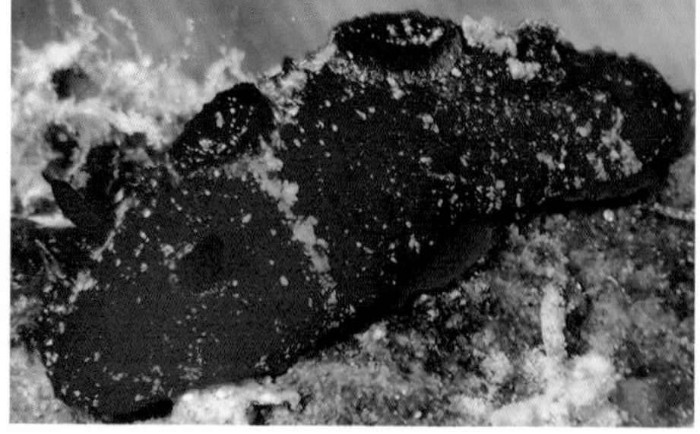

Red Aldisa / *Aldisa zavorensis*

莫桑比克仿海蛞蝓分布于西太平洋海域，15 mm。体色从浅粉色至红色均有，局部有白斑。

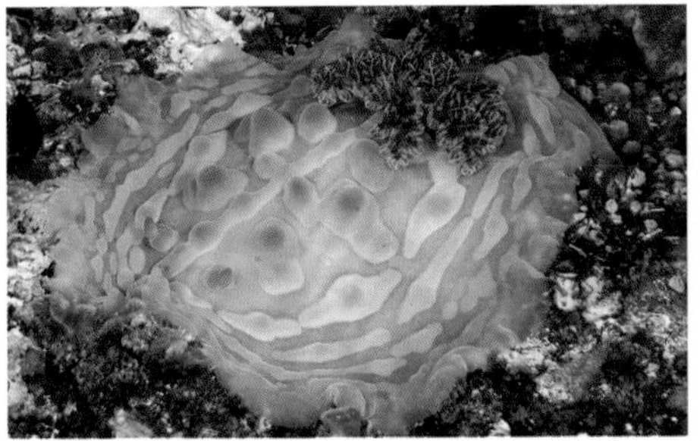

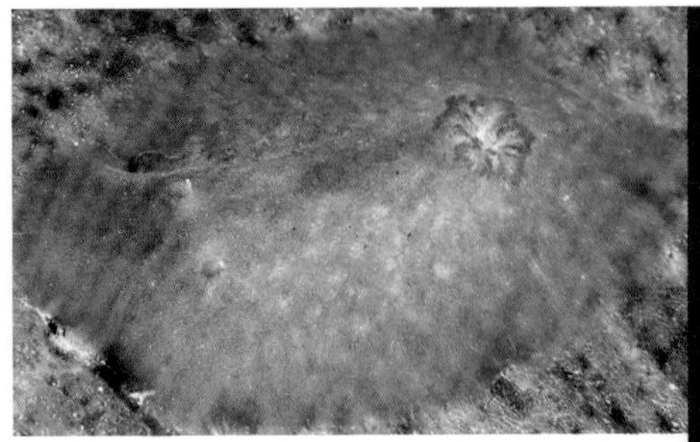

Lumpy Asteronotus / *Asteronotus cespitious*

结节盘海蛞蝓分布于印度洋-太平洋海域，400 mm。背部突起呈线状或环状排布。

Sponge Asteronotus / *Asteronotus spongicolus*

绵居盘海蛞蝓分布于印度洋-太平洋海域，30 mm。隐居于象耳海绵下。

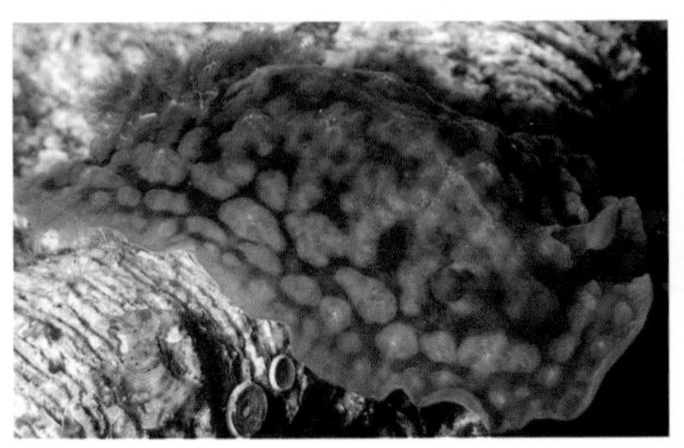

Liver-Colored Asteronotus / *Asteronotus hepaticus*

紫盘海蛞蝓分布于西太平洋海域，600 mm。夜行性生物，身体呈深红色。裸鳃呈浅粉色，上面有白色条纹。左图中为幼体，右图中为成体。

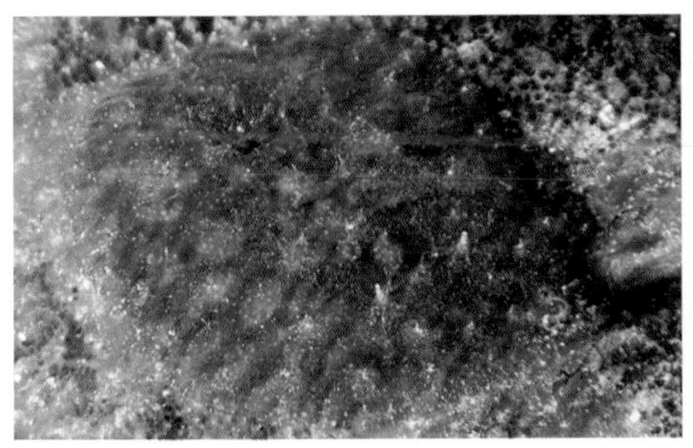

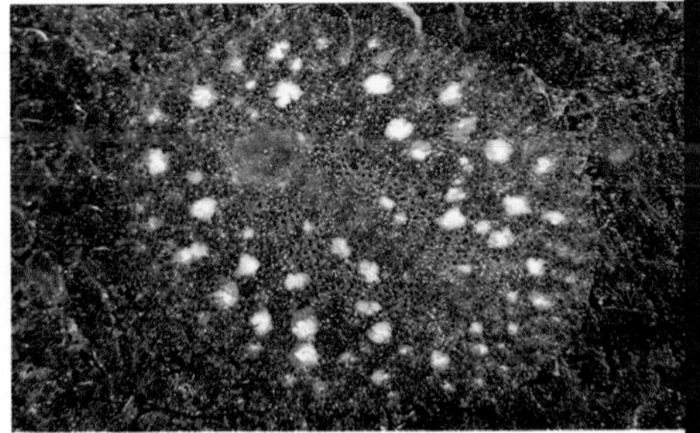

Mimic Asteronotus / *Asteronotus mimeticus*

类盘海蛞蝓分布于西太平洋海域，40 mm。嗅角尖端呈白色。隐居于海绵下。

White-Spot Asteronotus / *Asteronotus* sp.

盘海蛞蝓（未定种）分布于西太平洋海域，20 mm。隐居于海绵下。

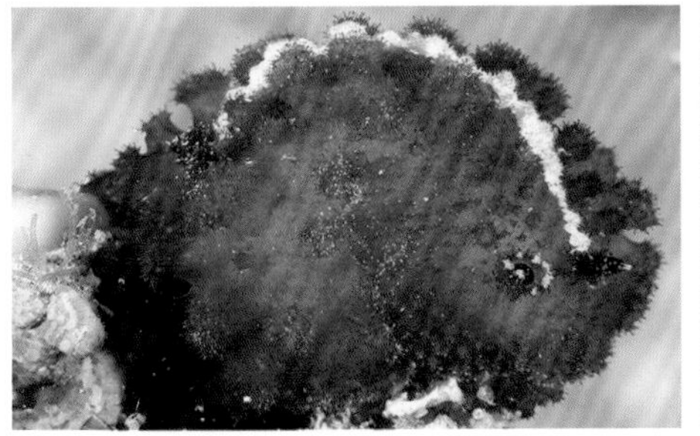

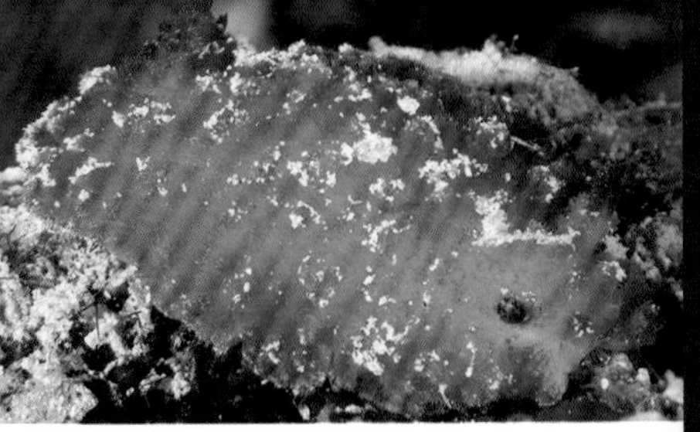

White Stripe Atagema / *Atagema intecta*

无覆盘海蛞蝓分布于印度洋-太平洋海域，80 mm。体背中间有一白色条带，疣突呈褐色。右图中的个体背部中间无白色条带，可能为另一个种。

Yellow-Horned Atagema / *Atagema* sp.

盘海蛞蝓（未定种）分布于菲律宾海域，20 mm。身体呈浅褐色，嗅角呈黄色。

White-Tipped Atagema / *Atagema* sp.

盘海蛞蝓（未定种）分布于西太平洋海域，35 mm。身体呈浅粉褐色，体表有颜色略深的斑块。

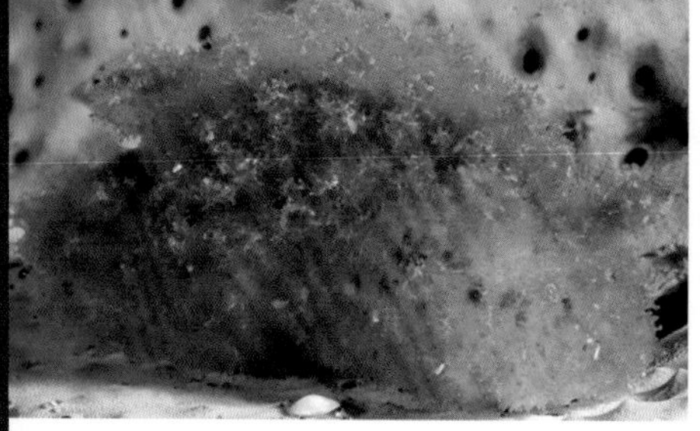

Shaggy Atagema / *Atagema* sp.

盘海蛞蝓（未定种）分布于菲律宾海域，40 mm。身体呈浅褐色，具感知功能的突起呈簇状。

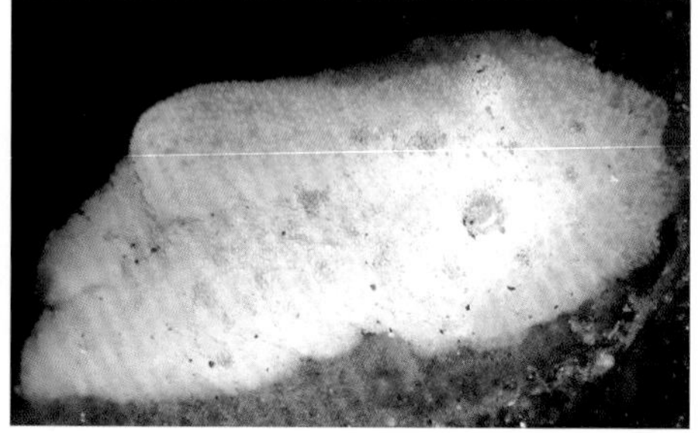

White Atagema / *Atagema* sp.

盘海蛞蝓（未定种）分布于西太平洋海域，20 mm。背部隆起，鳃囊朝向身体后方。

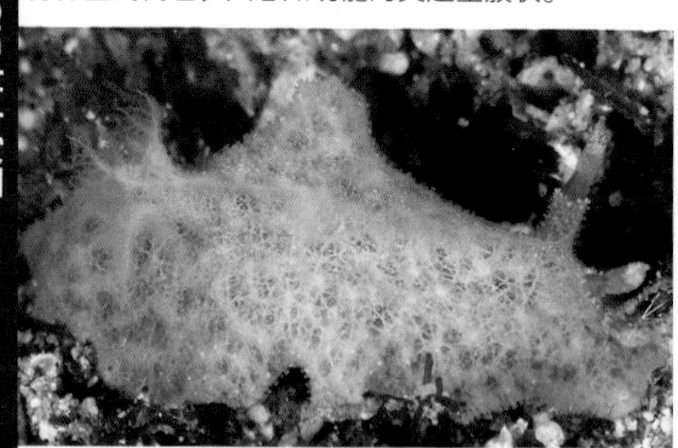

White-Dotted Atagema / *Atagema* sp.

盘海蛞蝓（未定种）分布于印度洋–西太平洋海域，20 mm。身体呈灰色，突起尖端呈白色。

Humpback-Red Atagema / *Atagema* sp.

盘海蛞蝓（未定种）分布于西太平洋海域，30 mm。身上有红色斑块，体背中部的隆起呈楔形。

White-Spotted Atagema / *Atagema* sp.

盘海蛞蝓（未定种）分布于巴布亚新几内亚海域，20 mm。身体呈灰色，体背中间呈浅黄色。

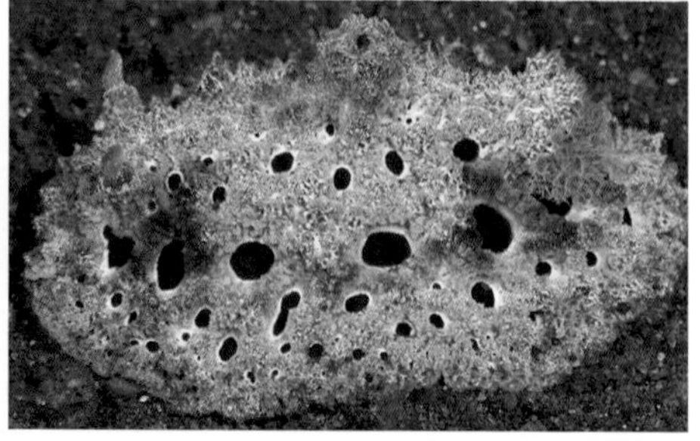

Sponge Atagema / *Atagema spongiosa*

海绵盘海蛞蝓分布于印度洋–西太平洋海域，200 mm。身体呈灰色，体表有褐色斑块和深色凹坑。

Armed Carminodoris / *Carminodoris armata*

带有棘盘海蛞蝓分布于西太平洋海域，20 mm。球形大突起被白色条纹环绕。

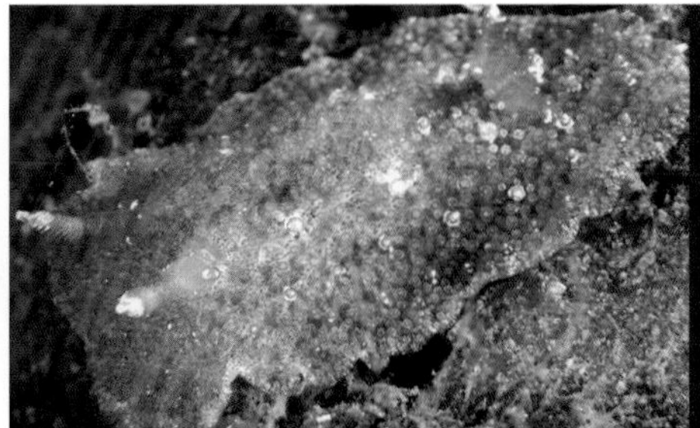

Bifurcate Carminodoris / *Carminodoris bifurcata*

分枝盘海蛞蝓分布于西太平洋中部海域，30 mm。体背中间颜色略深，疣突小。

Starry Carminodoris / *Carminodoris estrelyado*

繁星盘海蛞蝓分布于印度洋-西太平洋海域，40 mm。圆形突起被黄色条纹环绕。

Flame Carminodoris / *Carminodoris flammea*

火焰盘海蛞蝓分布于印度尼西亚海域，30 mm。体背中间呈红色，裸鳃色浅。

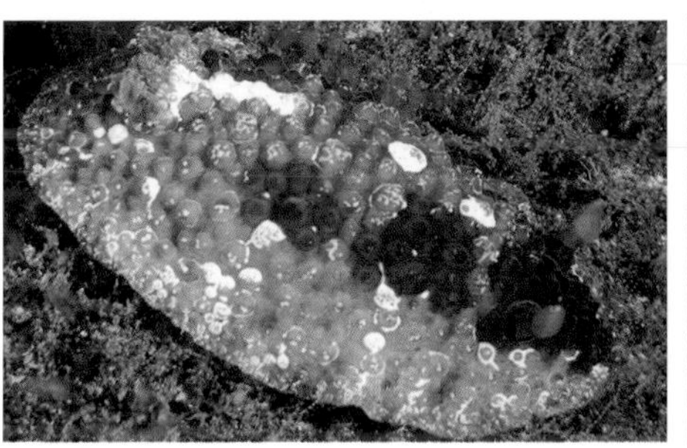

Big-Flower Carminodoris / *Carminodoris grandiflora*

大花盘海蛞蝓分布于印度洋-太平洋海域，50 mm。疣突尖端有白斑。

Brown-Band Carminodoris / *Carminodoris* sp.

盘海蛞蝓（未定种）分布于西太平洋海域，50 mm。身体呈红褐色。

Orange Carminodoris / *Carminodoris* sp.

盘海蛞蝓（未定种）分布于印度尼西亚海域，20 mm。身体呈橘色，嗅角和裸鳃呈白色。

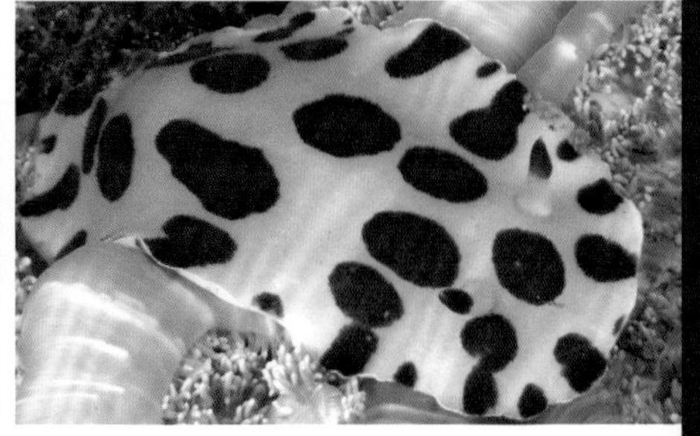

Big-Spot Diaulula / *Diaulula* sp.

盘海蛞蝓（未定种）分布于西太平洋海域，20 mm。身体呈白色，体表有红褐色大斑块。

Black-Spotted Discodorid / *Discodorid* sp.

盘海蛞蝓（未定种）分布于巴布亚新几内亚海域，70 mm。身体呈黄褐色，体表有 2 排深色凹坑。

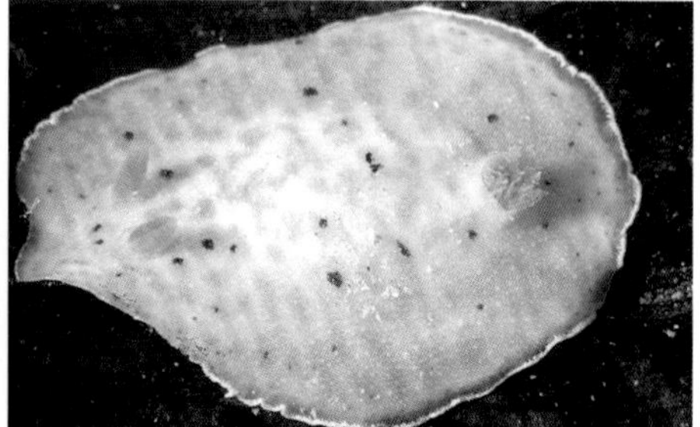

White-Margin Discodorid / *Discodorid* sp.

盘海蛞蝓（未定种）分布于西太平洋海域，50 mm。身上散布褐色斑点，嗅角和裸鳃呈浅粉色。

Bohol Discodoris / *Discodoris boholensis*

薄荷岛盘海蛞蝓分布于印度洋–西太平洋海域，70 mm。身体呈浅褐色，体表有白斑。

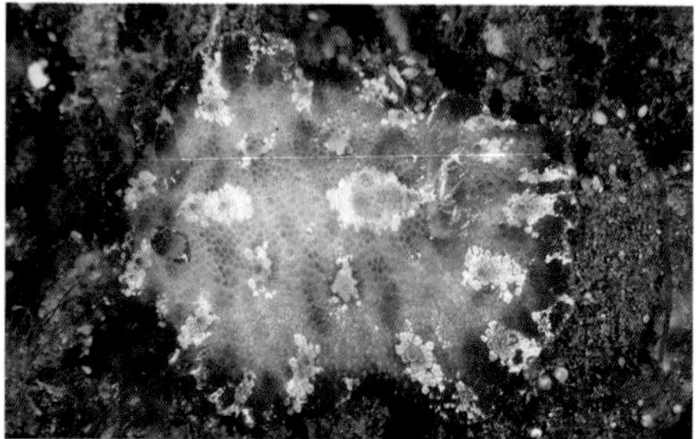

Cebu Discodoris / *Discodoris cebuensis*

宿务岛盘海蛞蝓分布于印度洋–太平洋海域，40 mm。身体呈褐色，体表有紫色斑块。

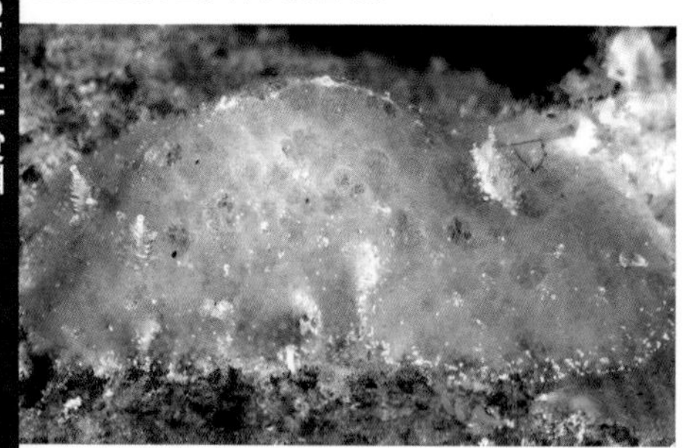

Bluish Discodoris / *Discodoris coerulescens*

淡蓝盘海蛞蝓分布于印度洋–西太平洋海域，30 mm。身体呈白色，体表有深色斑。

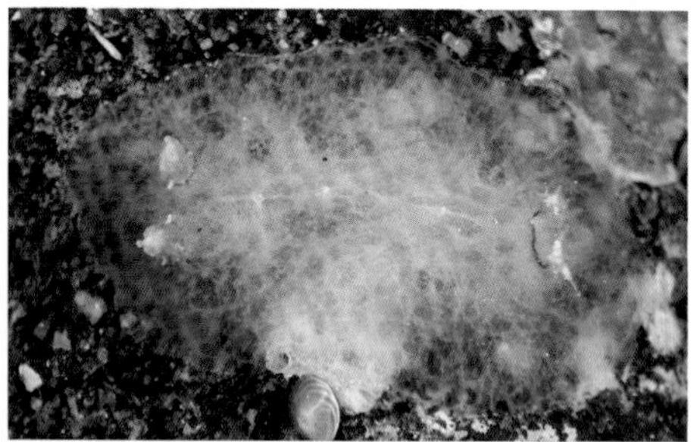

Dark-Rings Discodoris / *Discodoris* sp.

盘海蛞蝓（未定种）分布于西太平洋海域，20 mm。裸鳃和嗅角被深色条纹环绕。

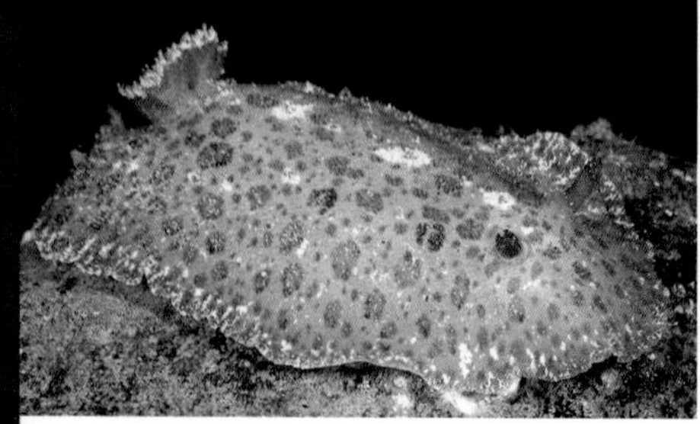

Brown Spot Discodoris / *Discodoris* sp.

盘海蛞蝓（未定种）分布于西太平洋海域，50 mm。身体呈浅褐色，体表有深褐色和白色斑点。

Lilac Discodorid / *Tayuva lilacina*

淡紫盘海蛞蝓分布于印度洋–太平洋海域，60 mm。身体呈灰色，体表有深色斑。外套膜上有小疣突。

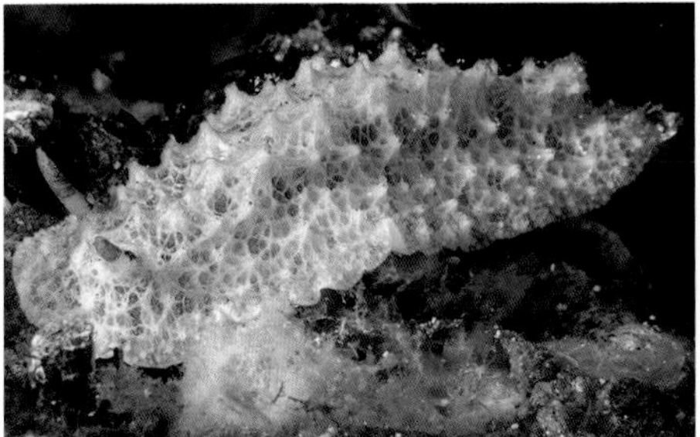

Honeycomb Discodoris / *Discodoris* sp.

盘海蛞蝓（未定种）分布于西太平洋海域，30 mm。身体上有圆锥形突起。

Grey Discodoris / *Discodoris* sp.

盘海蛞蝓（未定种）分布于菲律宾海域，20 mm。身体呈灰色，嗅角呈褐色，外套膜上有小疣突。

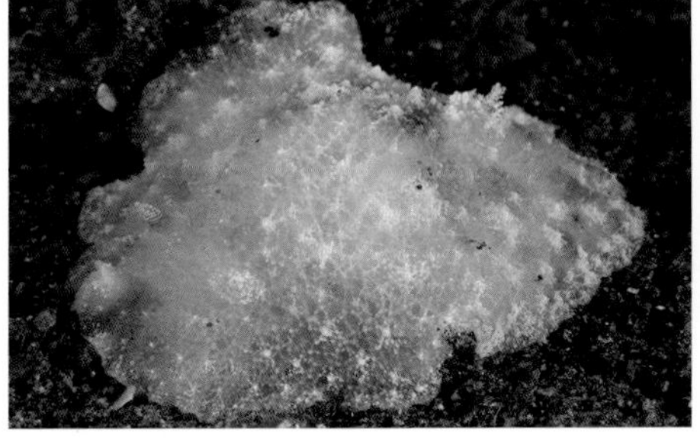

Spotted Geitodoris / *Geitodoris* sp.

盘海蛞蝓（未定种）分布于西太平洋海域，20 mm。体表呈黄色，有白色斑纹。裸鳃前部局部呈褐色。

Brown Geitodoris / *Geitodoris* sp.

盘海蛞蝓（未定种）分布于印度尼西亚海域，20 mm。身上有黄斑，嗅角和裸鳃呈黑褐色。

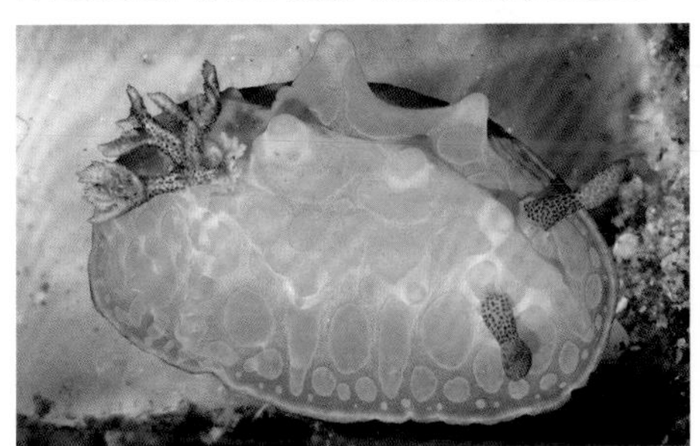

Golden-Spotted Halgerda / *Halgerda aurantiomaculata*

金斑盘海蛞蝓分布于西太平洋中部海域，50 mm。身上有橘色大斑。

Batangas Halgerda / *Halgerda batangas*

巴坦加斯盘海蛞蝓分布于西太平洋海域，40 mm。身上有橘色网纹。

Carlson's Halgerda / *Halgerda carlsoni*

卡尔森盘海蛞蝓分布于西太平洋海域，40 mm。身体呈白色，体表有橘色疣突。

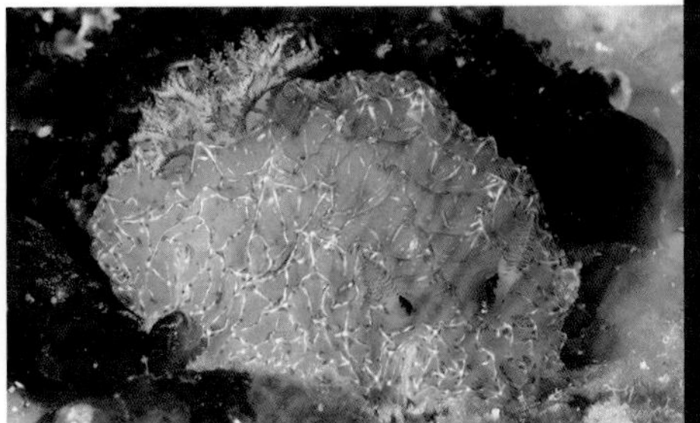

Yellow Halgerda / *Halgerda dalanghita*

柑橘盘海蛞蝓分布于印度洋–太平洋海域，30 mm。身体整体上呈橘色，局部呈黄色。

Elegant Halgerda / *Halgerda elegans*

华美盘海蛞蝓分布于西太平洋海域，25 mm。外套膜边缘有放射状黑色线纹，脊缘呈黄色。

White-Edge Halgerda / *Halgerda diaphana*

朦胧盘海蛞蝓分布于西太平洋海域，40 mm。外套膜边缘呈白色。

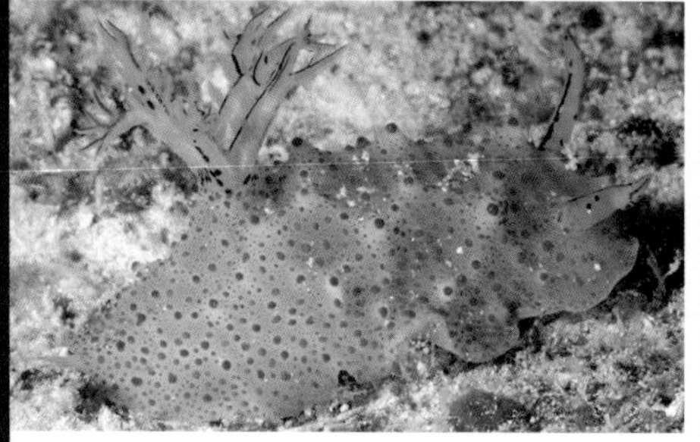

Strickland's Halgerda / *Halgerda stricklandi*

斯特里克兰盘海蛞蝓分布于印度洋–西太平洋海域，35 mm。身上有橘色疣突，无脊。

Okinawian Halgerda / *Halgerda Okinawa*

冲绳盘海蛞蝓分布于西太平洋海域，110 mm。身上有黄色大疣突，脊缘有黑色线纹。

Dark-Spotted Halgerda / *Halgerda indotessellata*

棋斑盘海蛞蝓分布于印度洋、菲律宾海域，40 mm。身上有深色斑点，脊缘呈橘色。

Tessellated Halgerda / *Halgerda tessellata*

镶嵌盘海蛞蝓分布于西太平洋海域，40 mm。脊呈三角形，脊缘呈橘色。

Willey's Halgerda / *Halgerda willeyi*

威利盘海蛞蝓分布于西太平洋中部海域，80 mm。身体呈白色，体表有黑色和黄色线纹。脊缘呈黄色。右图中的个体正在交配。

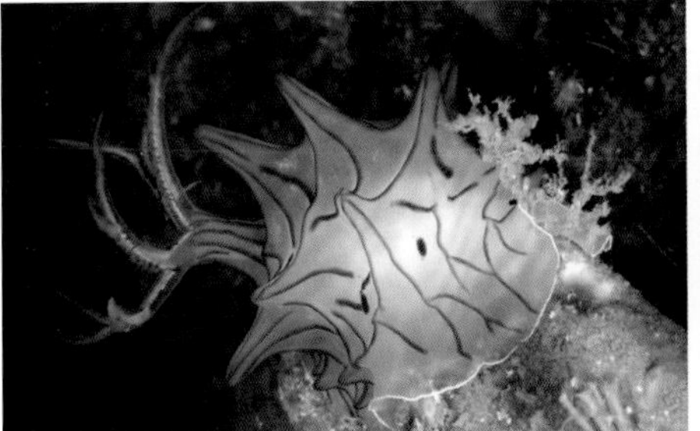

Brown-Ridged Halgerda / *Halgerda* sp.

盘海蛞蝓（未定种）分布于菲律宾海域，55 mm。锥状突起上有褐色线纹。

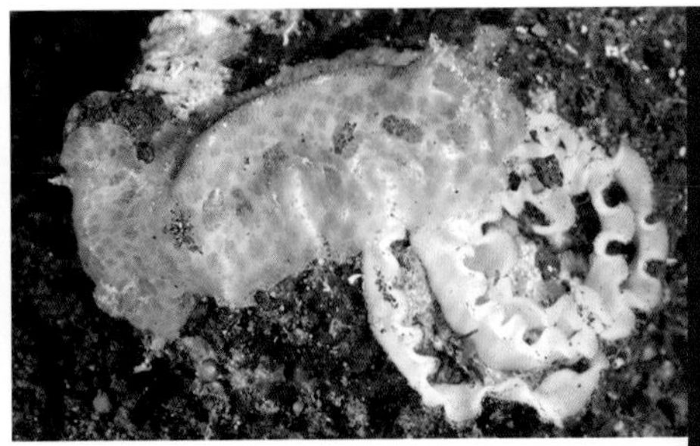

Spotted Jorunna / *Jorunna alisonae*

艾莉森盘海蛞蝓分布于西太平洋中部海域，35 mm。身上有深色大斑块和白色小斑点。

Small Jorunna / *Jorunna parva*

碎毛盘海蛞蝓分布于印度洋–西太平洋海域，25 mm。体色从黄色至褐色均有，体表有尖端呈黑色的细小突起。嗅角色深。裸鳃呈白色，上面有边缘呈黑色的鳃羽枝。

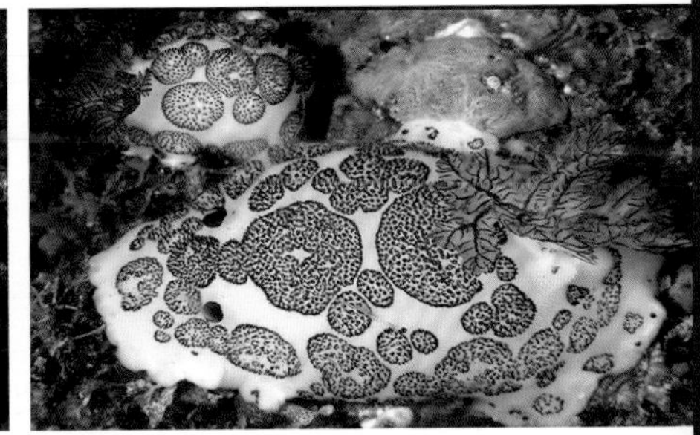

Spotted Jorunna / *Jorunna* sp.

盘海蛞蝓（未定种）分布于印度洋–西太平洋海域，20 mm。体色从灰色至浅红色均有，斑点色略深。

Mourning Jorunna / *Jorunna funebris*

烟囱盘海蛞蝓分布于印度洋–太平洋海域，150 mm。身体呈白色，体表有灰色大斑块。

Red-Lined Jorunna / *Jorunna rubescens*

红纹盘海蛞蝓分布于印度洋–太平洋海域，200 mm。身体呈浅粉色，体表有褐色细条纹。嗅角呈浅红色。右图中为幼体，它正在模仿有白色条纹的海绵。

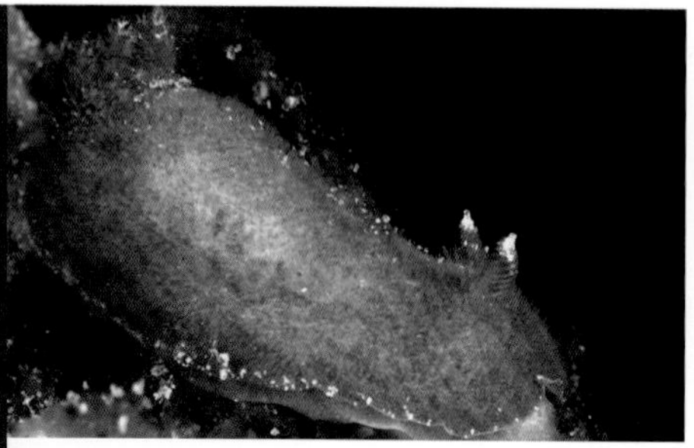

Felt Jorunna / *Jorunna* sp.

盘海蛞蝓（未定种）分布于印度尼西亚海域，20 mm。嗅角尖端呈白色，外套膜边缘有白斑。

White Jorunna / *Jorunna* sp.

盘海蛞蝓（未定种）分布于印度尼西亚海域，15 mm。身体呈白色，裸鳃的分枝向内生长。

Brown Jorunna / *Jorunna* sp.

盘海蛞蝓（未定种）分布于西太平洋海域，20 mm。身体整体上呈褐色，局部呈白色。嗅角尖端呈白色。裸鳃的分枝向内生长。

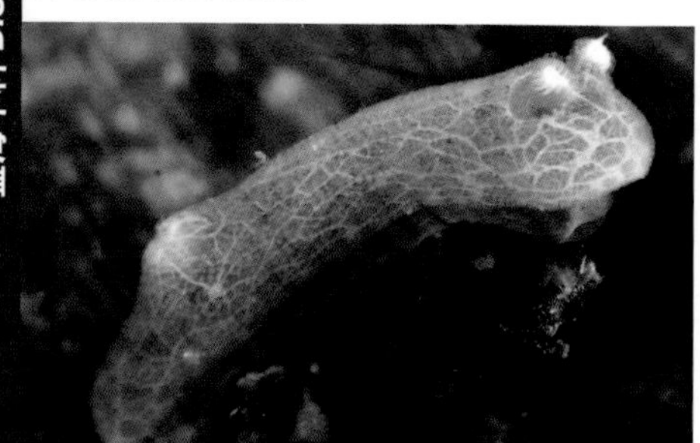

Netted Jorunna / *Jorunna* sp.

盘海蛞蝓（未定种）分布于菲律宾海域，20 mm。身体呈浅粉色，体表有白色网纹。能模仿海绵。

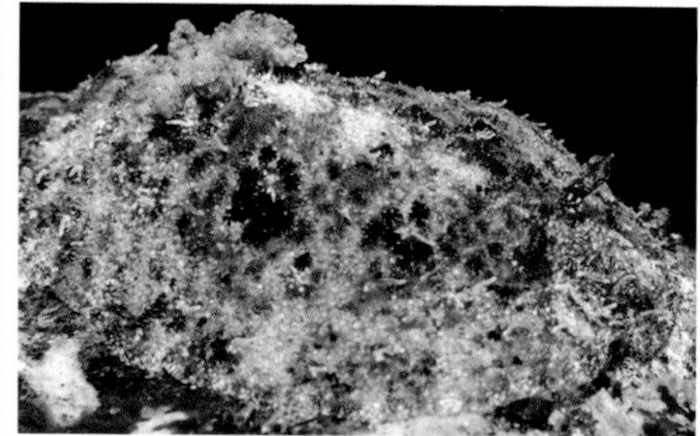

Tuft Otinodoris / *Otinodoris raripilosa*

簇丝盘海蛞蝓分布于西太平洋中部海域，70 mm。身上有深红色斑，浅色乳头状突起延长呈簇状。

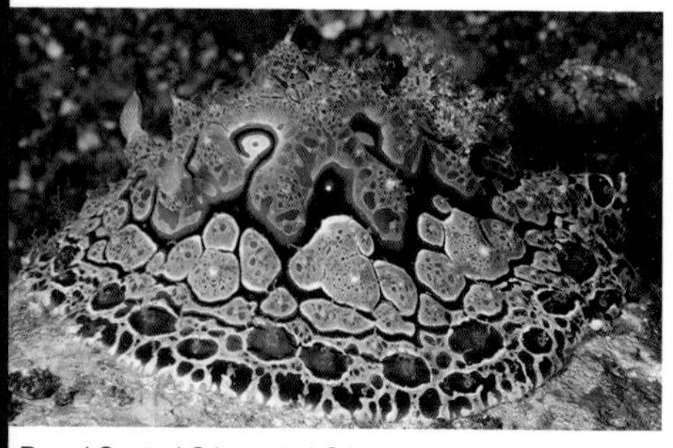

Round-Spotted Otinodoris / *Otinodoris* sp.

盘海蛞蝓（未定种）分布于西太平洋海域，100 mm。背部隆起，上面有紫色斑纹。

Pink Otinodoris / *Otinodoris* sp.

盘海蛞蝓（未定种）分布于菲律宾海域，50 mm。身体呈粉褐色，体表有白斑。嗅角呈橘色。

Bumpy Paradoris / *Paradoris liturata*

模糊盘海蛞蝓分布于印度洋–西太平洋海域，30 mm。身上有白色疣突。能模仿叶海牛。

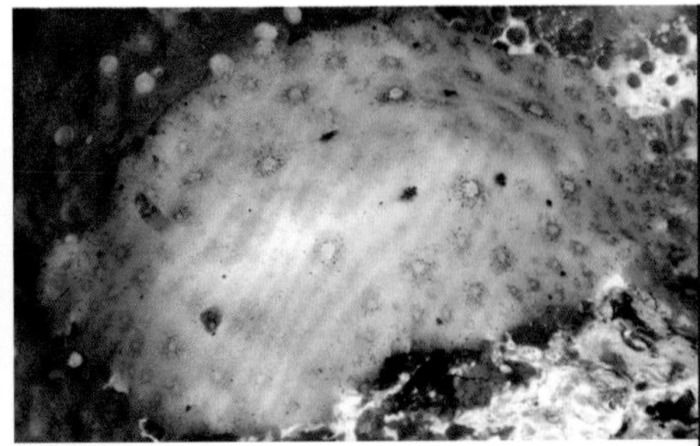

Eritrean Paradoris / *Paradoris erythraeensis*

厄立特里亚盘海蛞蝓分布于印度洋–西太平洋海域，30 mm。身上有黑色和白色斑点。

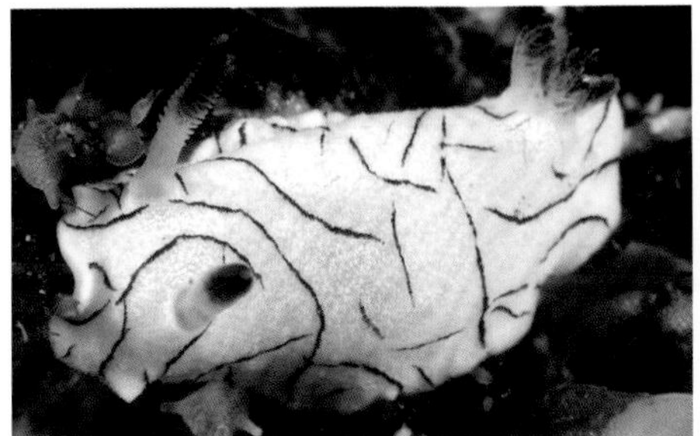

Diagonal Paradoris / *Paradoris* sp.

盘海蛞蝓（未定种）分布于印度洋–西太平洋海域，30 mm。体色从白色至黄色均有，体表有褐色线纹。

Dark-Lined Paradoris / *Paradoris* sp.

盘海蛞蝓（未定种）分布于西太平洋海域，15 mm。身体呈浅黄色，体侧有褐色条纹。

Pinkish Peltodoris / *Peltodoris murrea*

纹理盘海蛞蝓分布于印度洋–西太平洋海域，30 mm。身体呈白色，嗅角呈浅粉色。

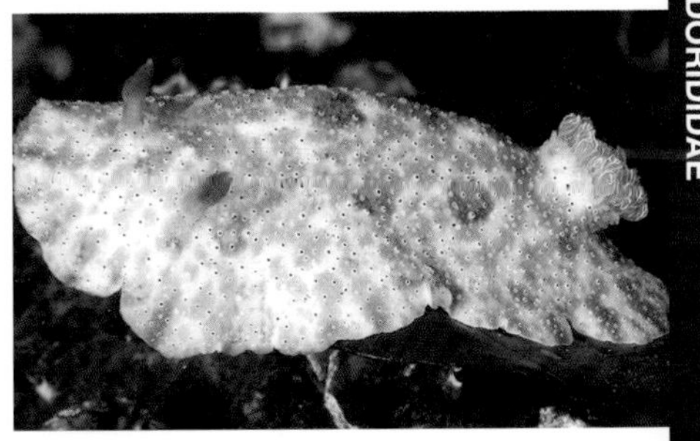

Reddish Peltodoris / *Peltodoris rubra*

红盘海蛞蝓分布于西太平洋中部海域，60 mm。身体呈浅红褐色，体表有深色斑块。

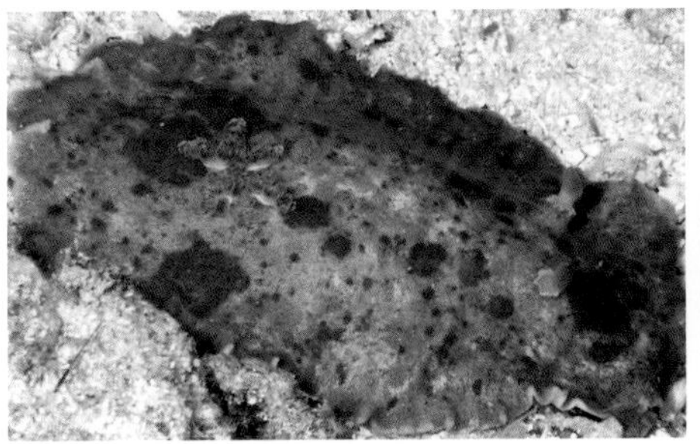

Grey-Gilled Platydoris / *Platydoris cinerobranchiata*

灰鳃盘海蛞蝓分布于西太平洋海域，200 mm。身体呈棕红色，体表有红色大斑块和斑点。

Eliot's Platydoris / *Platydoris ellioti*

艾略特盘海蛞蝓分布于印度洋–西太平洋海域，150 mm。身体呈黄色，体表有褐色和白色斑块。

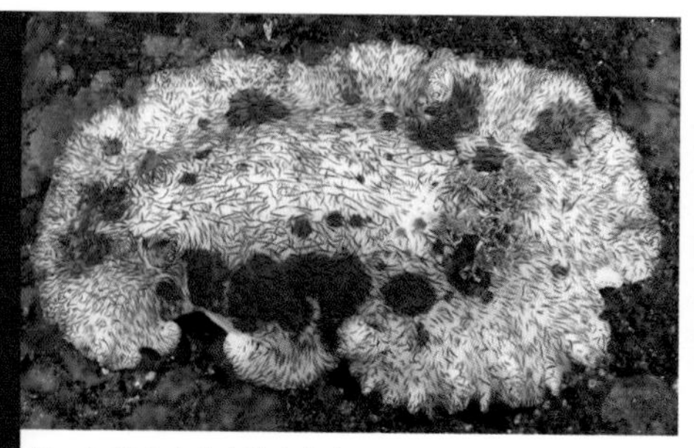
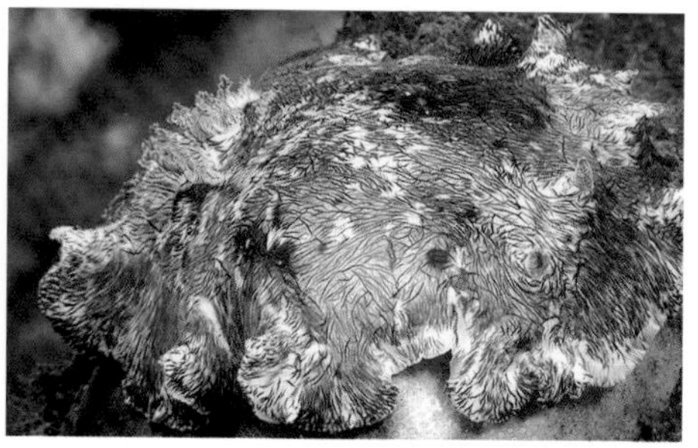

Bloody Platydoris / *Platydoris cruenta*

血斑盘海蛞蝓分布于印度洋–太平洋海域，100 mm。夜行性生物，生活在较浅的岩礁上。身体呈白色或浅黄色，体表有褐色细纹和红色大斑块。

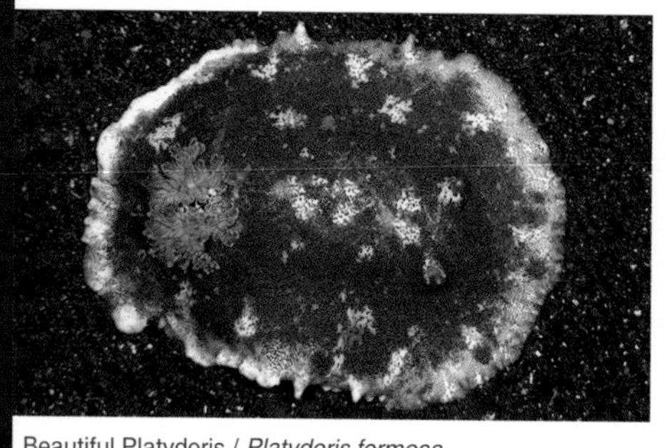
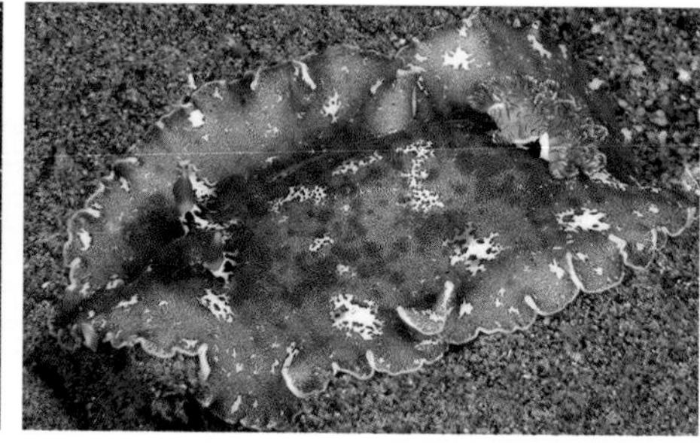

Beautiful Platydoris / *Platydoris formosa*

美丽盘海蛞蝓分布于印度洋–太平洋海域，120 mm。身体呈红褐色，嗅角和裸鳃的基部呈明显的黑色和黄色。

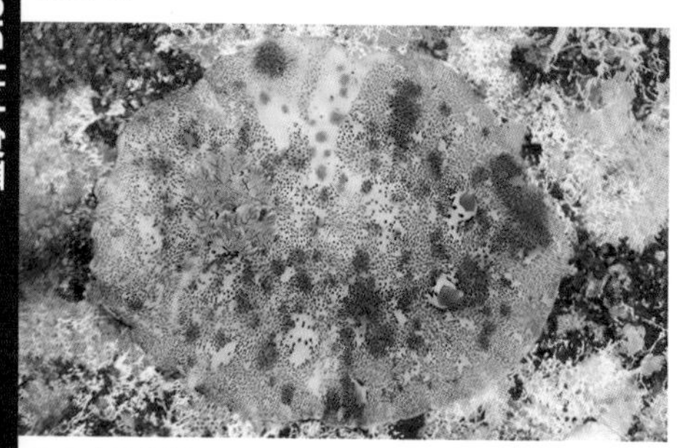

美丽盘海蛞蝓的浅体色型个体。

Dark-Spotted Platydoris / *Platydoris inframaculata*

底斑盘海蛞蝓分布于印度洋–西太平洋海域，120 mm。身体呈褐色，体表有白色和深色斑。

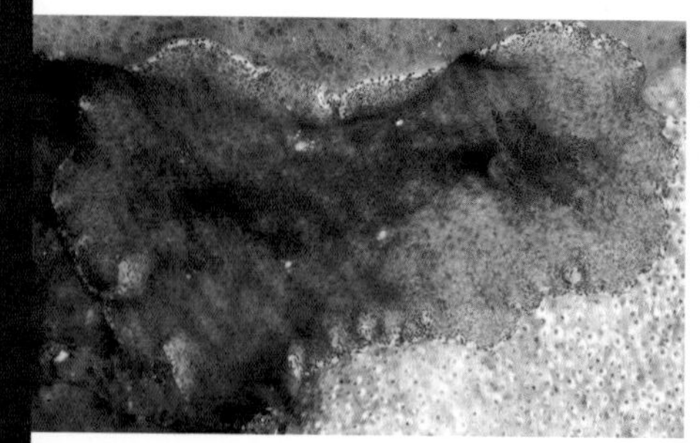

Unadorned Platydoris / *Platydoris inornata*

无饰盘海蛞蝓分布于印度洋–西太平洋海域，40 mm。外套膜边缘呈白色，体表有褐色斑点。

Ocellate Platydoris / *Platydoris ocellata*

眼斑盘海蛞蝓分布于西太平洋海域，250 mm。身上有白色斑点，外套膜边缘有黄色条带。

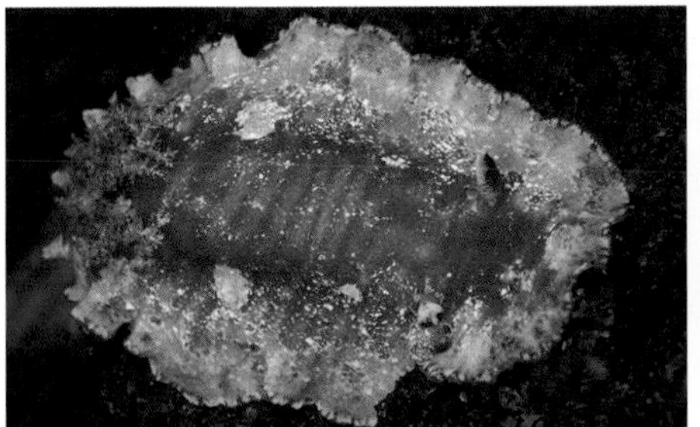

Pretty Platydoris / *Platydoris pulchra*

秀丽盘海蛞蝓分布于印度洋海域，50 mm。体背中间呈红色，有深色斑点和白色斑块。

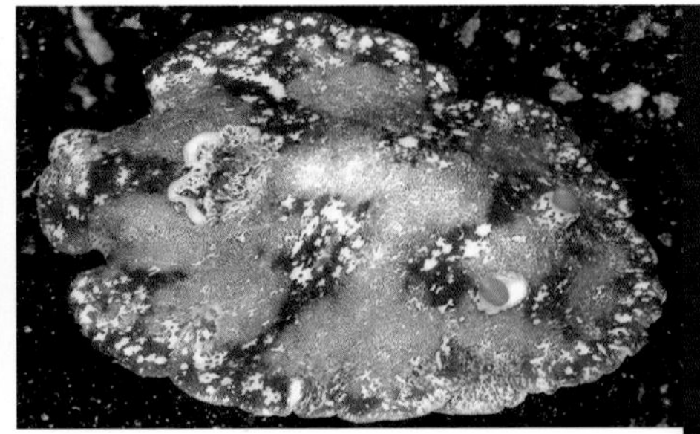

Rough Platydoris / *Platydoris scabra*

粗糙盘海蛞蝓分布于印度洋–西太平洋海域，100 mm。身体呈灰褐色，体表有深褐色条带。

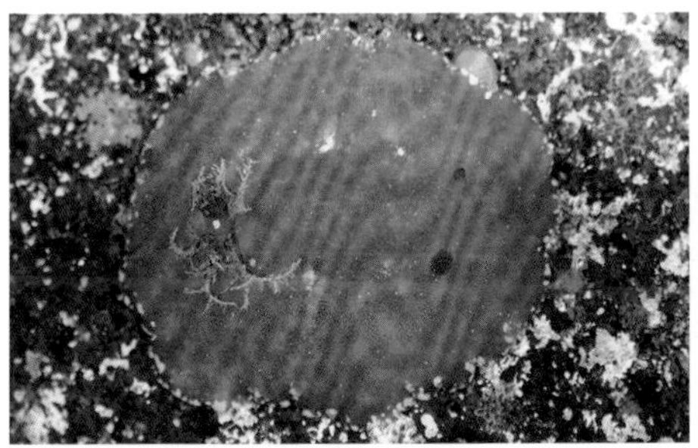

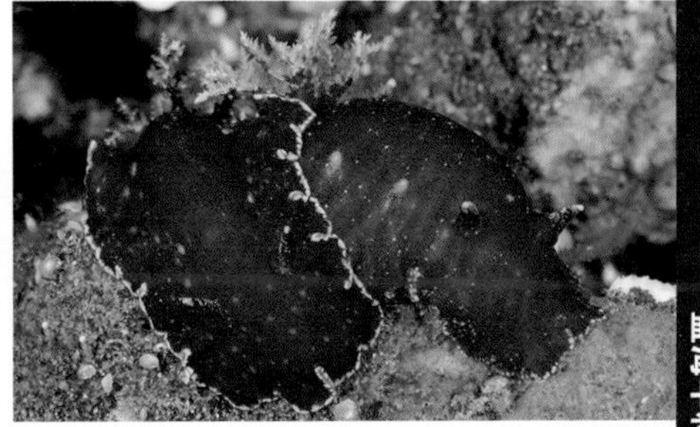

Red Platydoris / *Platydoris sanguinea*

血色盘海蛞蝓分布于西太平洋海域，40 mm。体色从橘色至红色均有，体背中间有白色斑点，裸鳃上有黑色小斑点。

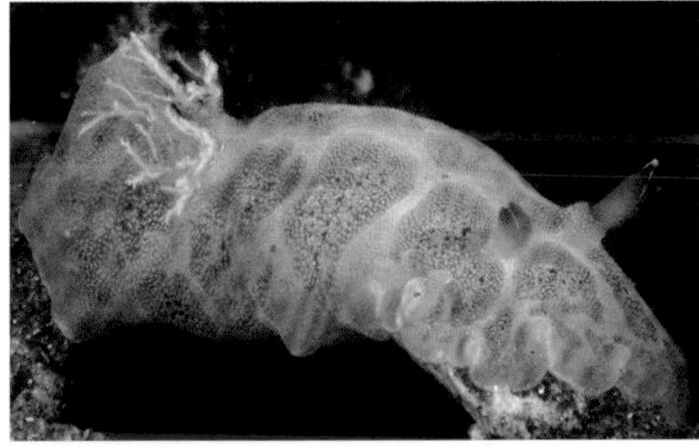

Orange Platydoris / *Platydoris* sp.

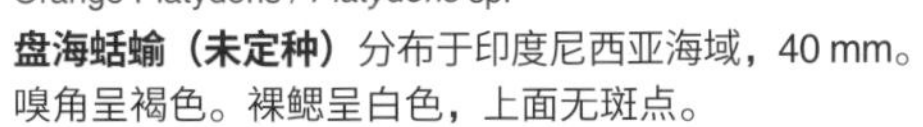

盘海蛞蝓（未定种）分布于印度尼西亚海域，40 mm。嗅角呈褐色。裸鳃呈白色，上面无斑点。

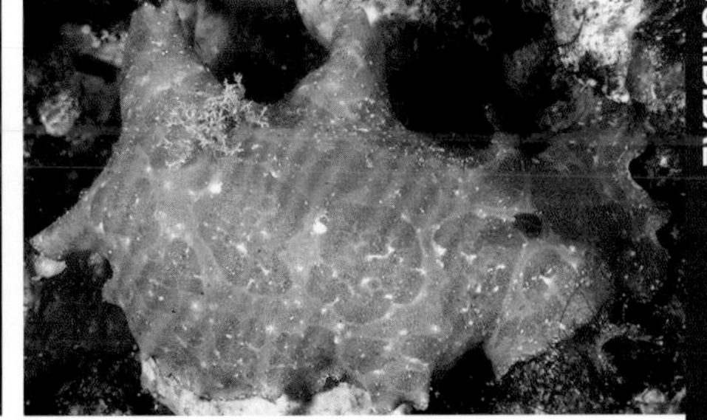

Grainy Platydoris / *Platydoris* sp.

盘海蛞蝓（未定种）分布于菲律宾海域，60 mm。嗅角呈褐色。裸鳃色浅，上面有深色斑点。

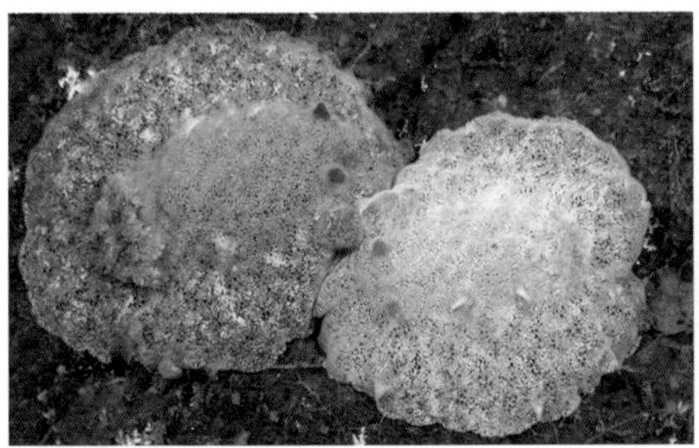

Pink Platydoris / *Platydoris* sp.

盘海蛞蝓（未定种）分布于印度尼西亚海域，30 mm。身体呈粉色或浅红色，嗅角呈红色。

Bifurcate Rostanga / *Rostanga bifurcata*

岔盘海蛞蝓分布于印度洋–太平洋海域，25 mm。体色从橘色至红色均有，体表有白色斑点。

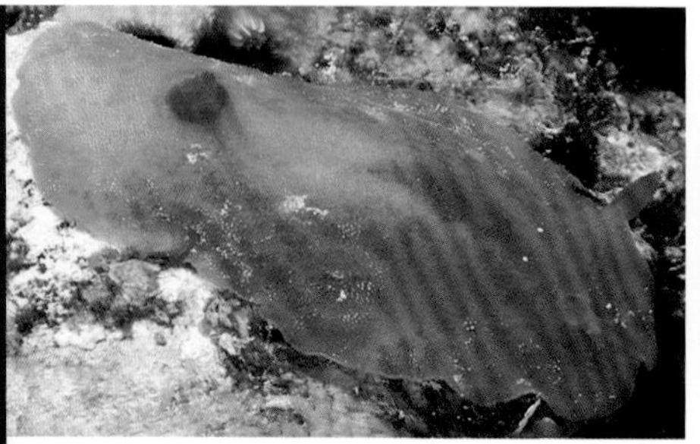

Yellow Rostanga / *Rostanga lutescens*

黄盘海蛞蝓分布于印度洋-太平洋海域，25 mm。身体呈浅橘色，体表有白斑。

Pink Rostanga / *Rostanga* sp.

盘海蛞蝓（未定种）分布于西太平洋海域，35 mm。体色从粉色至浅红色均有。

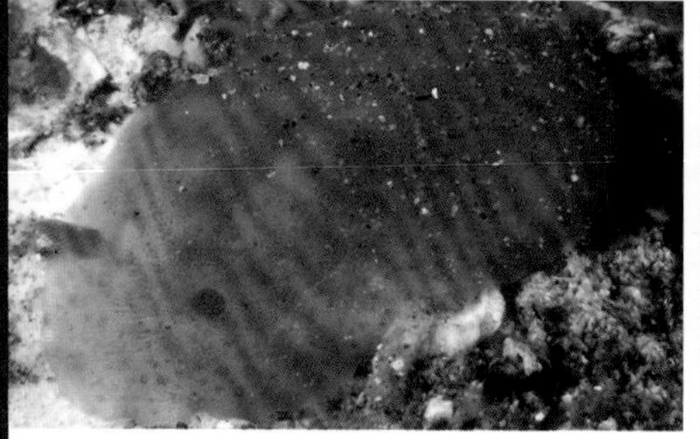

Orange Rostanga / *Rostanga* sp.

盘海蛞蝓（未定种）分布于西太平洋海域，20 mm。身体呈橘色，体表有深色斑块。

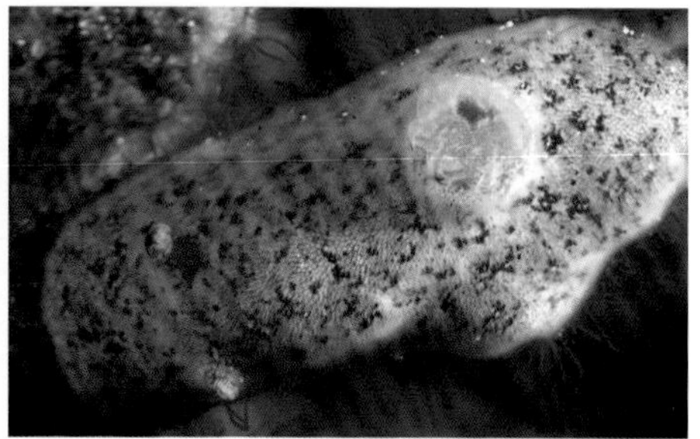

Dark-Spotted Rostanga / *Rostanga* sp.

盘海蛞蝓（未定种）分布于西太平洋海域，24 mm。身体呈粉色，体表有深红色斑块。

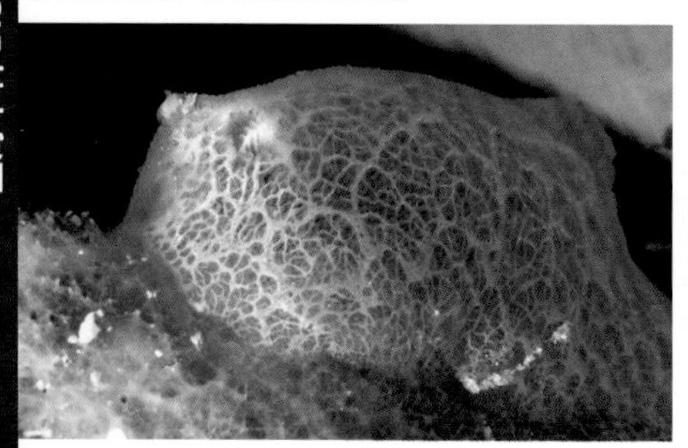

Pink-Sponge Rostanga / *Rostanga* sp.

盘海蛞蝓（未定种）分布于巴布亚新几内亚海域，20 mm。能模仿海绵。嗅角呈白色。

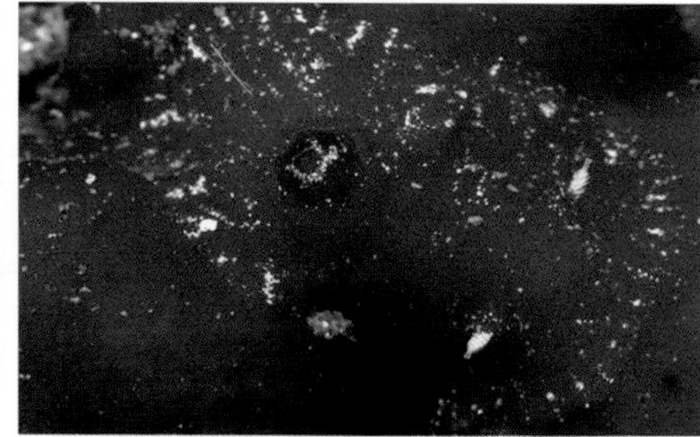

Red Sponge Rostanga / *Rostanga* sp.

盘海蛞蝓（未定种）分布于巴布亚新几内亚海域，10 mm。身体呈红色，嗅角呈白色。

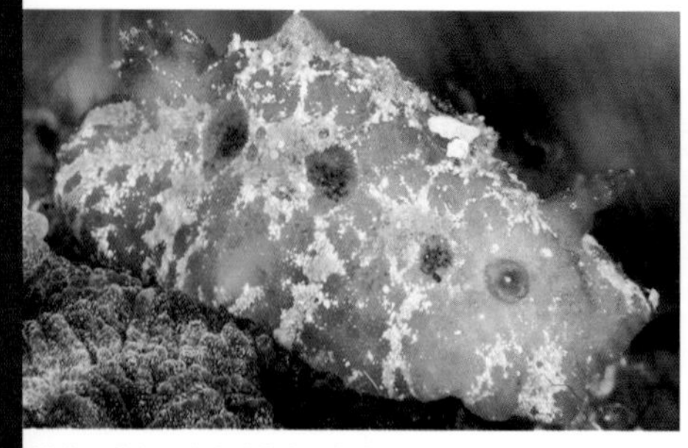

Yellow Sclerodoris / *Sclerodoris* sp.

盘海蛞蝓（未定种）分布于菲律宾海域，40 mm。身体呈橘色，体表有白色斑纹和深色凹坑。

Cheesy Sclerodoris / *Sclerodoris* sp.

盘海蛞蝓（未定种）分布于西太平洋中部海域，40 mm。身体呈黄褐色，体表有圆形凹坑。

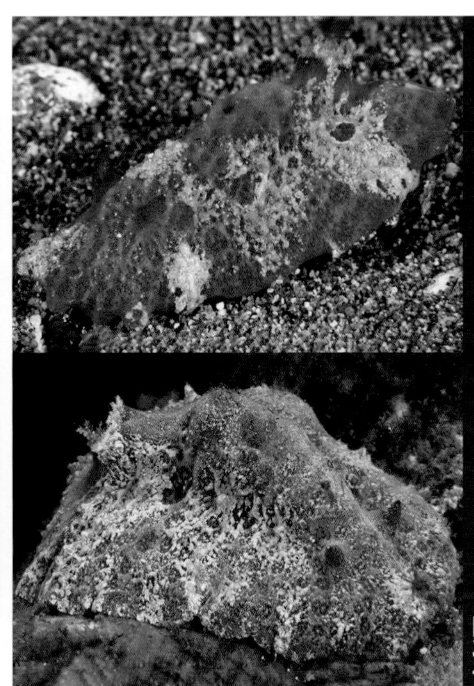

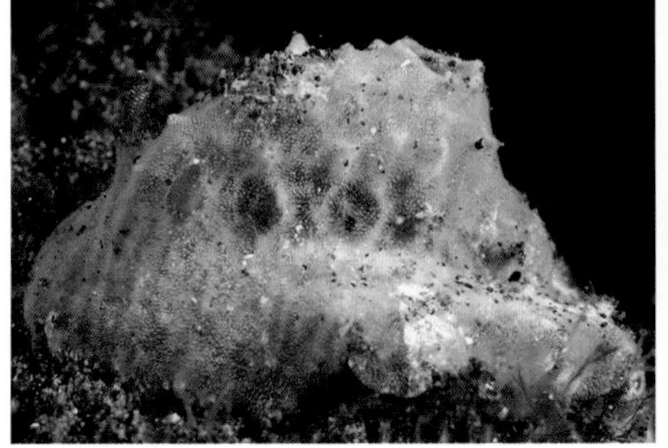

Sponge Sclerodoris / *Sclerodoris tuberculata*

瘤突硬皮海蛞蝓分布于印度洋–太平洋海域，50 mm。体色多变，从红色至褐色均有。背部隆起，有凹坑。能模仿海绵。

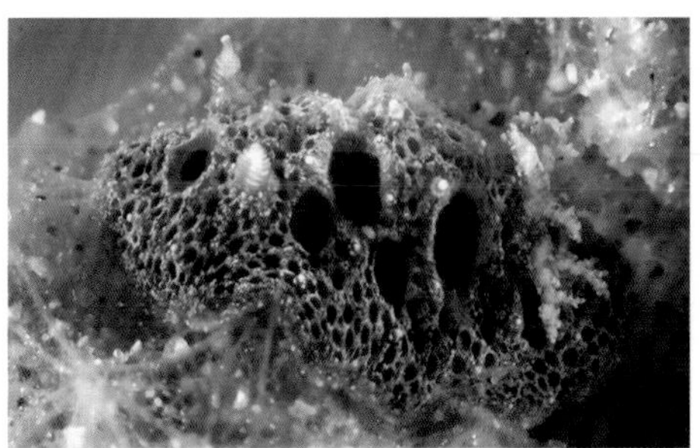

Pitted Sclerodoris / *Sclerodoris* sp.

盘海蛞蝓（未定种）分布于西太平洋海域，25 mm。身体呈灰粉色，体表有深色凹坑。

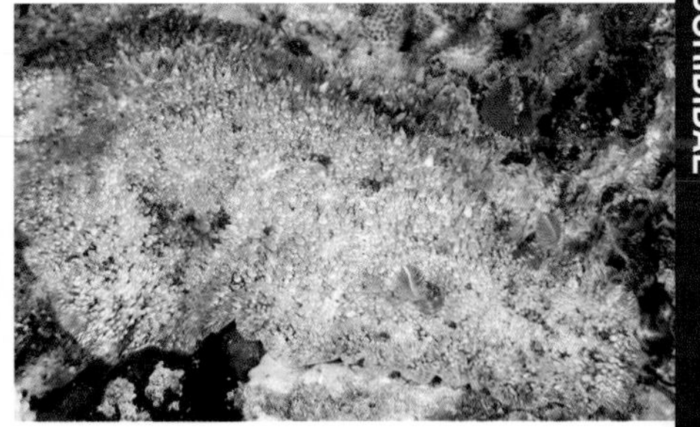

Cloudy Sebadoris / *Sebadoris nubilosa*

乌盘海蛞蝓分布于印度洋–太平洋海域，200 mm。身体呈灰色，体表有深色斑块和大量圆锥形突起。

Fragile Sebadoris / *Sebadoris fragilis*

脆盘海蛞蝓分布于印度洋–西太平洋海域，60 mm。身体呈灰褐色，体表有深色斑块。

Black Thordisa / *Thordisa* cf. *oliva*

黑盘海蛞蝓分布于菲律宾海域，20 mm。身体呈黑色，疣突尖端色浅。

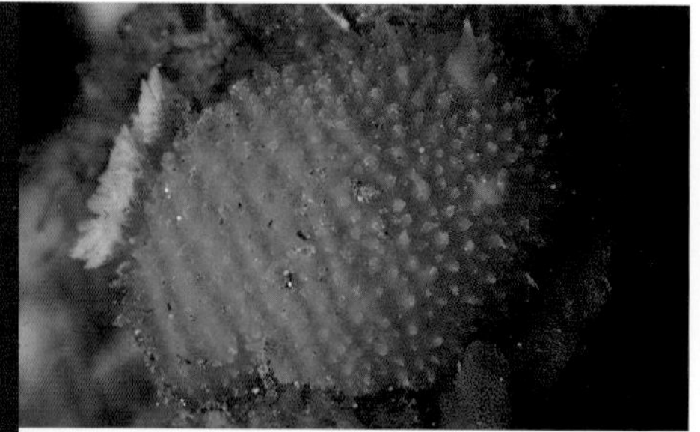

Bloody Thordisa / *Thordisa sanguinea*

血红盘海蛞蝓分布于西太平洋海域，20 mm。身体呈橘色，体表有长长的锥形突起。

White-Spotted Thordisa / *Thordisa albomacula*

白斑盘海蛞蝓分布于西太平洋中部海域，30 mm。身体呈浅红褐色，体表有白色斑点和浅色条纹。

Shaggy Thordisa / *Thordisa villosa*

双斑轮海蛞蝓分布于印度洋–西太平洋海域，70 mm。身体呈灰黄色，体表有深色斑纹和大疣突。

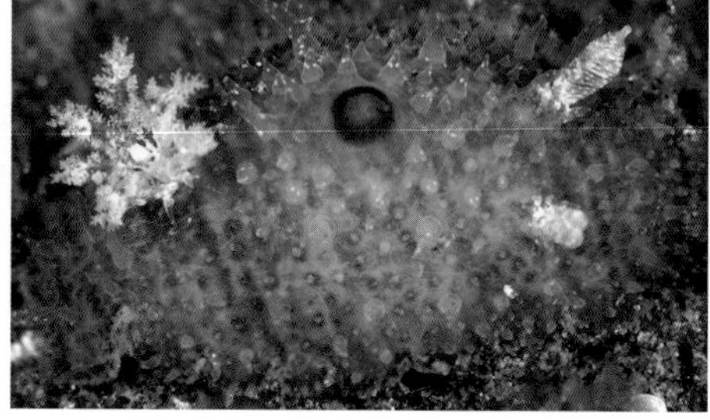

Yellow Thordisa / *Thordisa* sp.

盘海蛞蝓（未定种）分布于印度尼西亚海域，18 mm。身体呈黄色，有半透明长疣突。

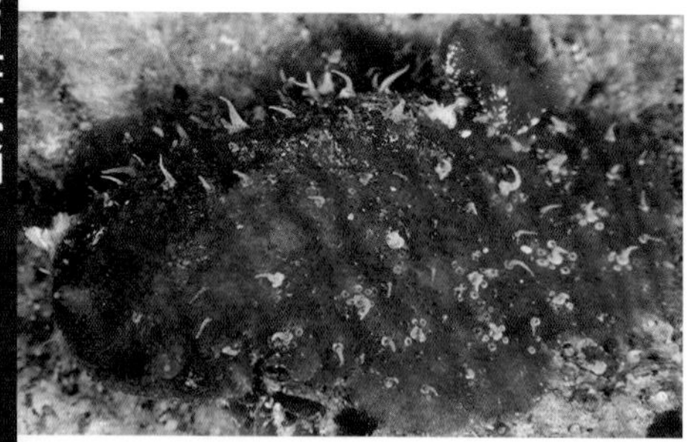

Spiny Thordisa / *Thordisa* sp.

盘海蛞蝓（未定种）分布于西太平洋海域，24 mm。身体呈褐色，体表有白色锥形突起。嗅角呈橘色。

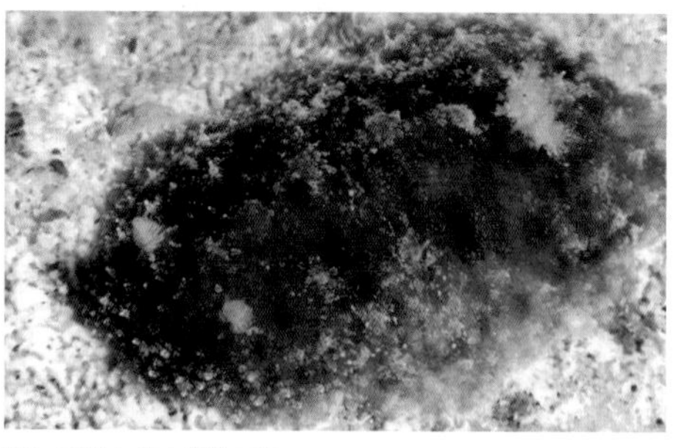

Brown Thordisa / *Thordisa* sp.

盘海蛞蝓（未定种）分布于西太平洋海域，14 mm。身体呈褐色，体表有白斑。嗅角和裸鳃呈白色。

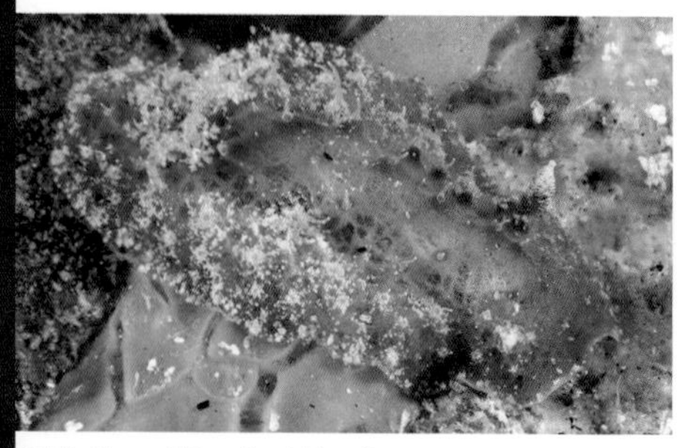

White-Horned Thordisa / *Thordisa* sp.

盘海蛞蝓（未定种）分布于菲律宾海域，50 mm。身体呈暗黄色，疣突和嗅角呈白色。

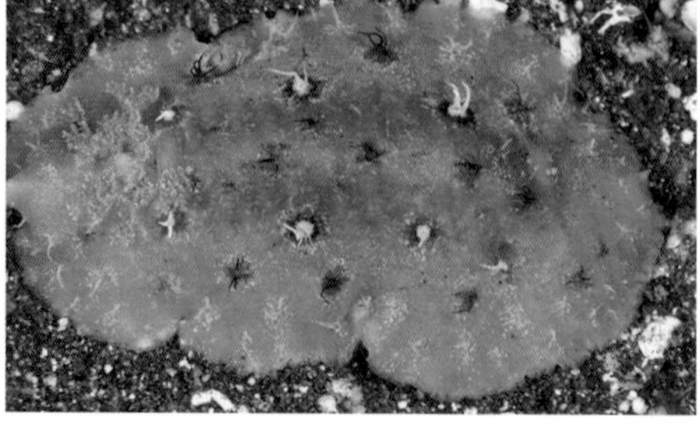

Yellow Thordisa / *Thordisa* sp.

盘海蛞蝓（未定种）分布于西太平洋海域，50 mm。身体呈黄色，体表有成簇的白色和深色乳头状突起。

Greenish Thordisa / *Thordisa* sp.

盘海蛞蝓（未定种）分布于印度尼西亚海域，20 mm。身体呈浅绿色，体表有白色网纹。

White-Gills Thordisa / *Thordisa* sp.

盘海蛞蝓（未定种）分布于西太平洋海域，20 mm。身体呈深褐色，体表有长长的乳头状突起。

Pink-Gills Thordisa / *Thordisa* sp.

盘海蛞蝓（未定种）分布于巴布亚新几内亚海域，20 mm。身体呈灰白色，嗅角和裸鳃呈粉色。

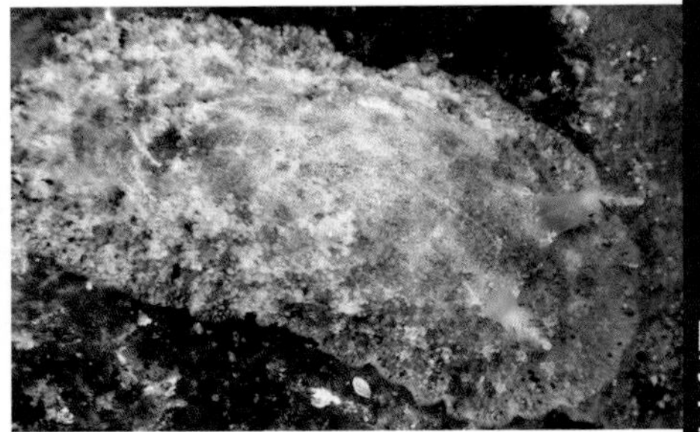

Grey Thordisa / *Thordisa* sp.

盘海蛞蝓（未定种）分布于菲律宾海域，30 mm。身体呈灰色，有浅粉色长疣突。

Maroon Thordisa / *Thordisa* sp.

盘海蛞蝓（未定种）分布于巴布亚新几内亚海域，20 mm。脊呈红褐色，脊之间的区域颜色更深。

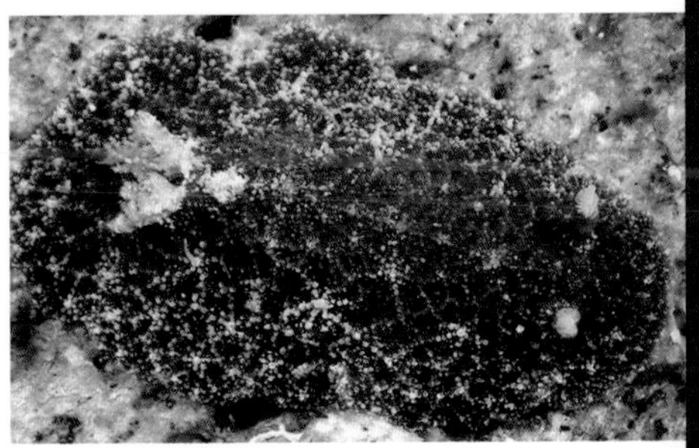

Dark Thordisa / *Thordisa tahala*

暗纹盘海蛞蝓分布于印度洋–太平洋海域，15 mm。身上有由乳头状突起形成的网纹。

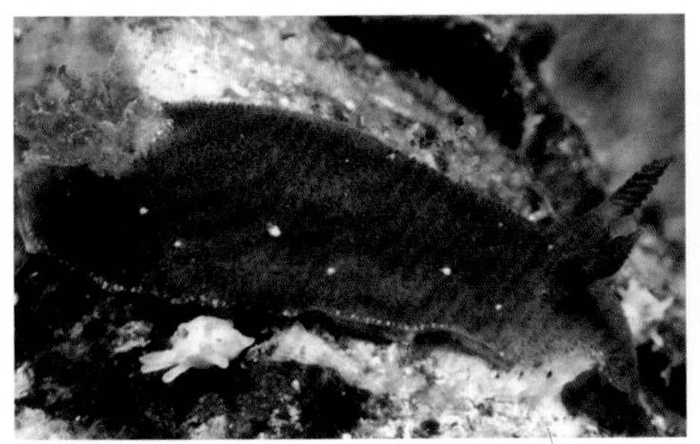

Dark Taringa / *Taringa* sp.

盘海蛞蝓（未定种）分布于巴布亚新几内亚海域，30 mm。身体呈深灰色，嗅角色深，裸鳃色浅。

Halgerda-Like Taringa / *Taringa halgerda*

似瘤背盘海蛞蝓分布于西太平洋海域，50 mm。疣突呈黄色，嗅角呈黑色。

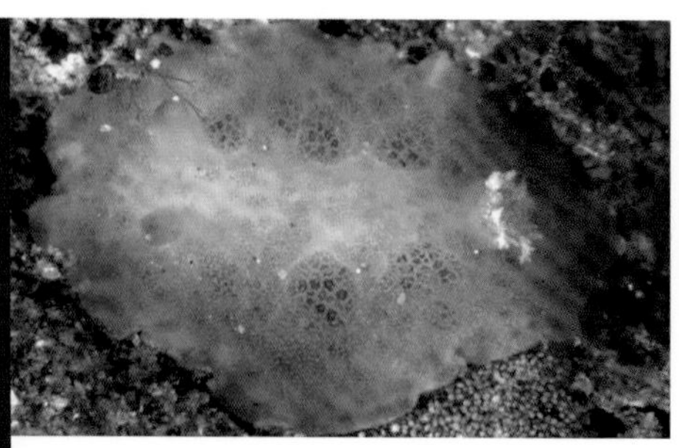

White-Gill Dorid / *Caryophyllidia dorid* sp.

盘海蛞蝓（未定种）分布于西太平洋海域，25 mm。体色从褐色至浅红色均有，疣突聚集成簇。

Brown Dorid / *Caryophyllidia dorid* sp.

盘海蛞蝓（未定种）分布于西太平洋海域，25 mm。嗅角、裸鳃、外套膜边缘均有白斑。

Warty Actinocyclys / *Actinocyclys verrucosus*

疣辐环海蛞蝓分布于印度洋–太平洋海域，60 mm。体色多变，疣突上有黑色斑点。

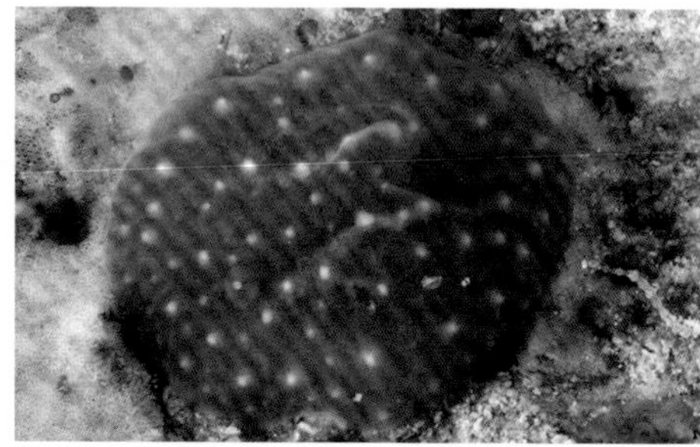

White-Spotted Hallaxa / *Hallaxa* sp.

辐环海蛞蝓（未定种）分布于菲律宾海域，10 mm。身体呈樱桃红色，疣突上有白色斑点。

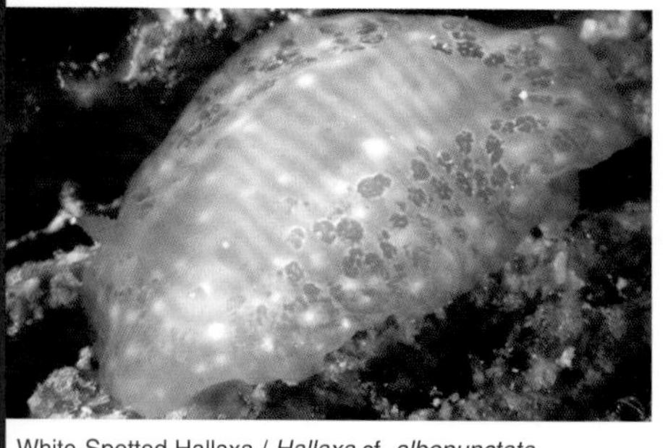

White-Spotted Hallaxa / *Hallaxa* cf. *albopunctata*

白点辐环海蛞蝓分布于巴布亚新几内亚海域，10 mm。身体半透明，体表有不透明的白色斑点。

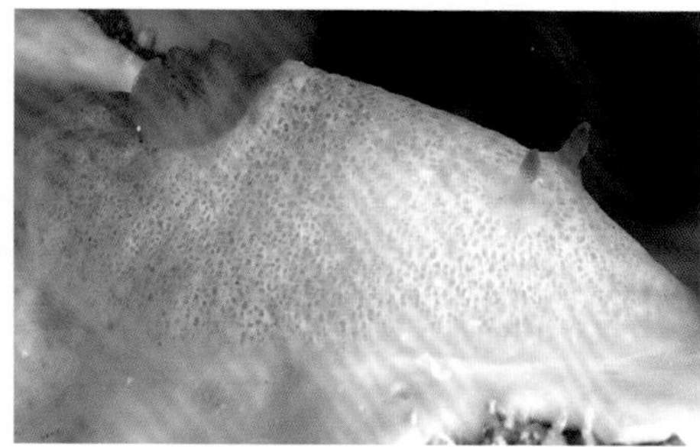

Cryptic Hallaxa / *Hallaxa cryptica*

神秘辐环海蛞蝓分布于印度洋–西太平洋海域，25 mm。背部、裸鳃和嗅角呈灰白色或浅褐色。

Brownish Hallaxa / *Hallaxa fuscescens*

褐辐环海蛞蝓分布于印度洋–太平洋海域，20 mm。身体呈灰蓝色，有黑色大疣突。

Starry Hallaxa / *Hallaxa iju*

闪辐环海蛞蝓分布于西太平洋中部海域，10 mm。体色从黄色至黑色均有，白色嗅角又宽又长。

Unadorned Hallaxa / *Hallaxa indecora*

无饰辐环海蛞蝓分布于印度洋–西太平洋海域，12 mm。身体呈红褐色，嗅角尖端呈白色。

Spotted-Gill Hallaxa / *Hallaxa* sp.

辐环海蛞蝓（未定种）分布于印度尼西亚海域，10 mm。体背和裸鳃上有白色斑点。

Avern's Ardeadoris / *Ardeadoris averni*

艾弗恩多彩海蛞蝓分布于西太平洋海域，55 mm。身体呈青白色，外套膜边缘的颜色从黄色至橘色均有，嗅角和裸鳃呈褐色。

White Ardeadoris / *Ardeadoris egretta*

白耳多彩海蛞蝓分布于西太平洋海域，100 mm。身体呈白色，外套膜边缘的颜色从黄色至橘色均有。

White-Spotted Ardeadoris / *Ardeadoris undaurum*

白斑多彩海蛞蝓分布于印度洋–西太平洋海域，66 mm。身上有白斑，外套膜边缘呈浅黄色。

Red Spot Ardeadoris / *Ardeadoris cruenta*

红斑多彩海蛞蝓分布于西太平洋海域，55 mm。身上有红色斑点，外套膜边缘呈黄色。

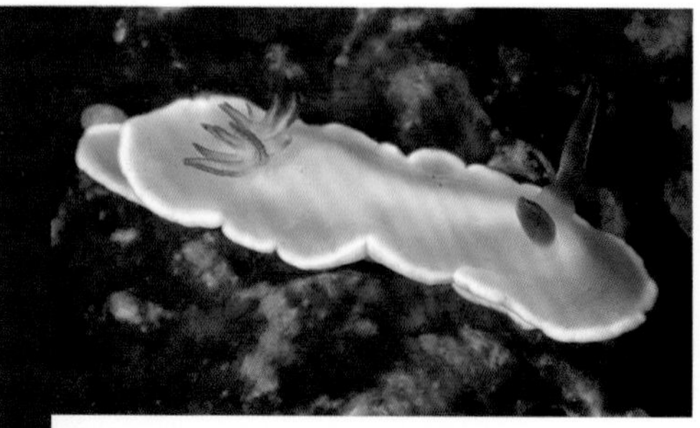

Yellowish Ardeadoris / *Ardeadoris angustolutea*

多彩海蛞蝓分布于印度洋-西太平洋海域，25 mm。靠近外套膜边缘处有浅黄色条纹。

Ornamental Cadinella / *Cadlinella ornatissima*

装饰多彩海蛞蝓分布于印度洋-太平洋海域，35 mm。身体呈黄色，乳头状突起的尖端呈粉色。

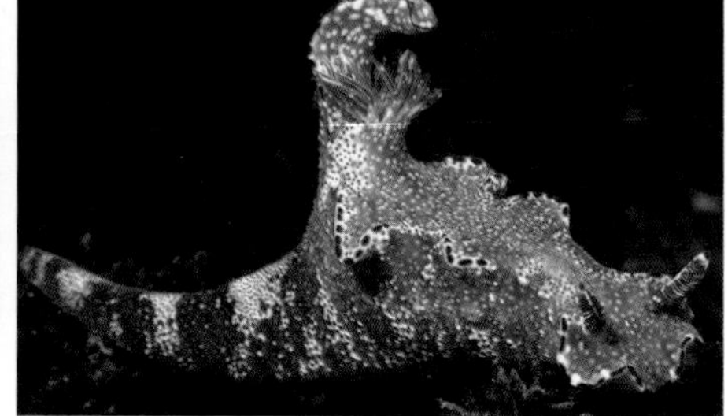

Many-Lobed Ceratosoma / *Ceratosoma tenue*

波翼多彩海蛞蝓分布于印度洋-太平洋海域，120 mm。体色多变，外套膜边缘有不连续的蓝色线纹。

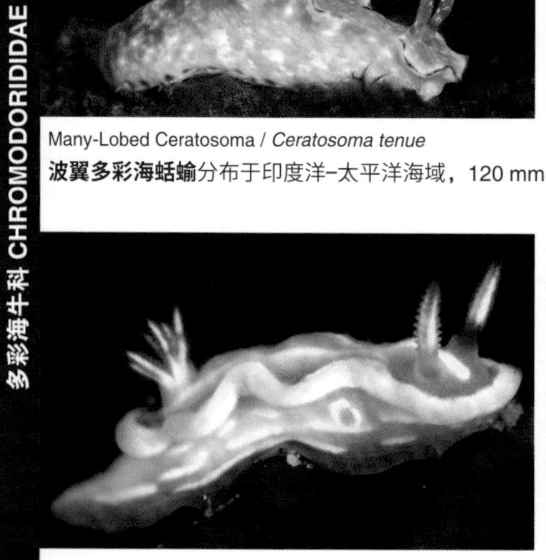

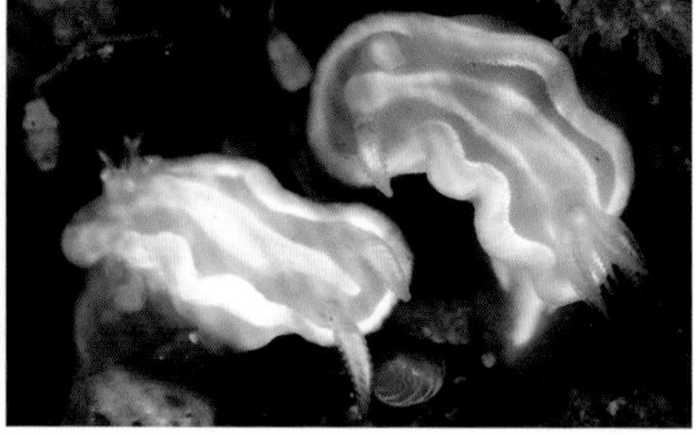

Blue Ceratosoma / *Ceratosoma* sp.

多彩海蛞蝓（未定种）分布于印度洋-太平洋海域，12 mm。体色从蓝色至浅紫色均有。嗅角和裸鳃呈黄白色，上面无彩色条纹。

Red-Lined Ceratosoma / *Ceratosoma* sp.

多彩海蛞蝓（未定种）分布于印度尼西亚及巴布亚新几内亚海域，20 mm。体色从紫色至红色均有，嗅角和裸鳃上有红色条纹。

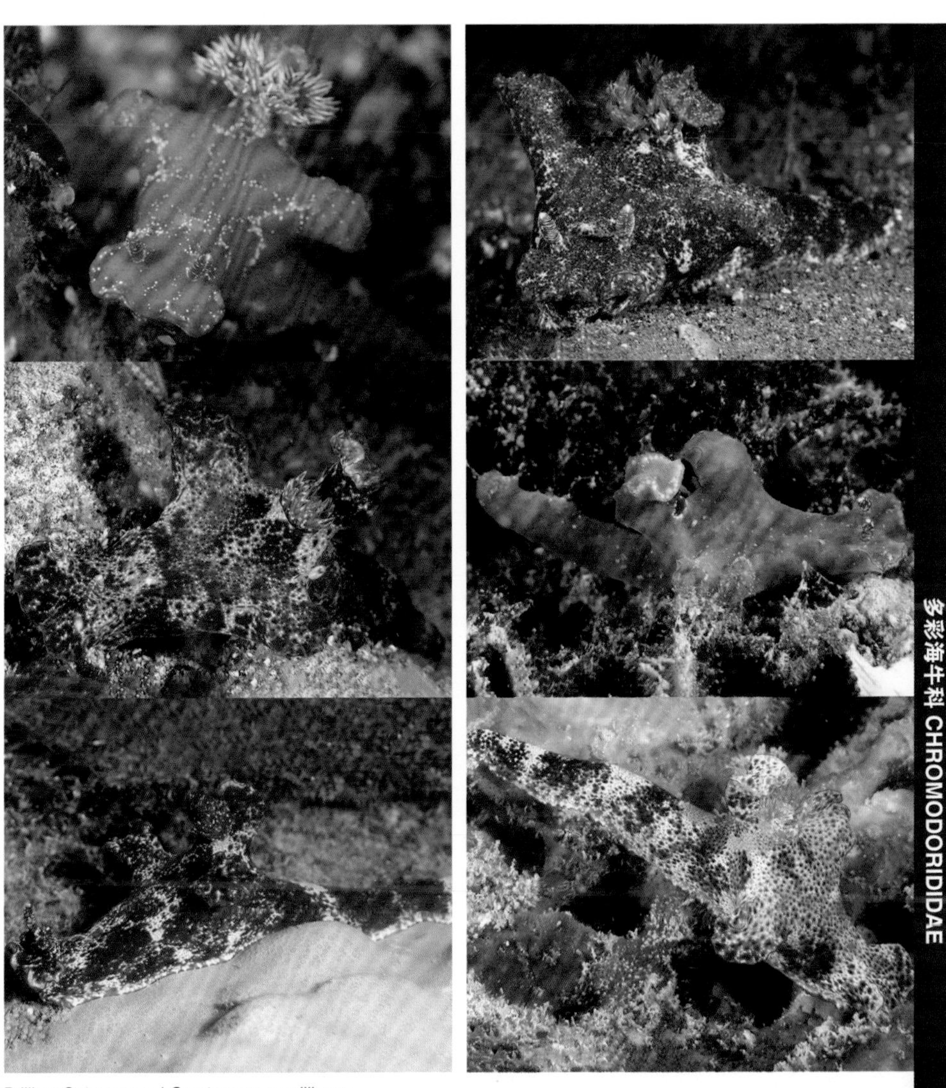

Brilliant Ceratosoma / *Ceratosoma gracillimum*

裸翼多彩海蛞蝓分布于印度洋–太平洋海域，120 mm。体色多变，头部与体侧的翼状外套膜之间无脊。

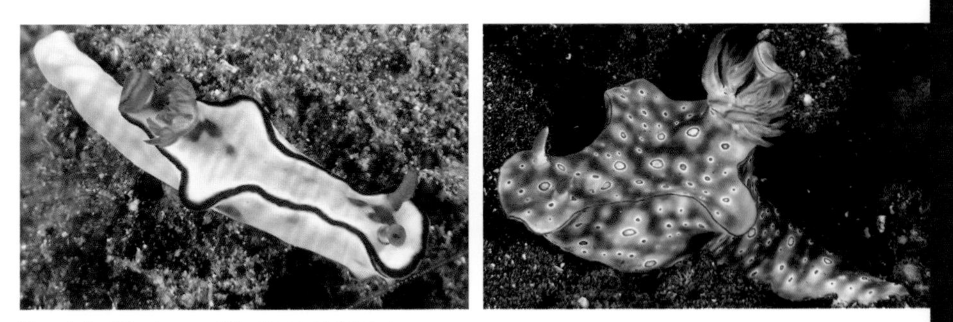

Three-Lobed Ceratosoma / *Ceratosoma trilobatum*

对翼多彩海蛞蝓分布于印度洋–西太平洋海域，120 mm。外套膜边缘呈紫色，身体前部有脊。

Anna's Chromodoris / *Chromodoris annae*

安娜多彩海蛞蝓分布于印度洋–太平洋海域，40 mm。体背蓝色区域内密布黑色小点。

Purple-Spotted Chromodoris / *Chromodoris aspersa*

粗糙多彩海蛞蝓分布于印度洋–太平洋海域，26 mm。身体上有紫色斑点，外套膜边缘呈黄色。

Striated Chromodoris / *Chromodoris burni*

伯恩多彩海蛞蝓分布于印度尼西亚及菲律宾海域，50 mm。身体上有黑色细线纹，外套膜边缘呈橘色，嗅角和裸鳃也呈橘色。左图中为幼体。

Striped Chromodoris / *Chromodoris* sp.

多彩海蛞蝓（未定种）分布于西太平洋海域，30 mm。外套膜边缘呈黄色，裸鳃呈粉色。

Lined Chromodoris / *Chromodoris lineolatus*

线纹多彩海蛞蝓分布于西太平洋海域，30 mm。身体呈黑色，体表有白色线纹。外套膜边缘呈橘色。

Diana's Chromodoris / *Chromodoris dianae*

戴安娜多彩海蛞蝓分布于西太平洋海域，60 mm。嗅角呈橘色，裸鳃尖端也呈橘色。

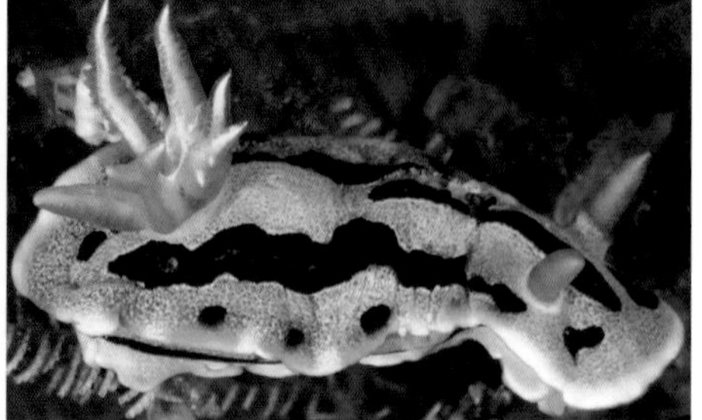

Yellow-Stitched Chromodoris / *Chromodoris* sp.

多彩海蛞蝓（未定种）分布于西太平洋海域，25 mm。裸鳃外侧呈橘色，外套膜边缘有橘色斑点。

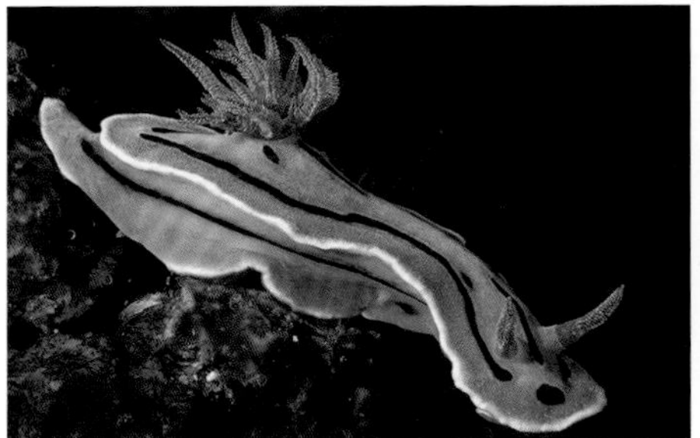

Willan's Chromodoris / *Chromodoris willani*

威岚多彩海蛞蝓分布于西太平洋海域，35 mm。嗅角和裸鳃上散布白色斑点。

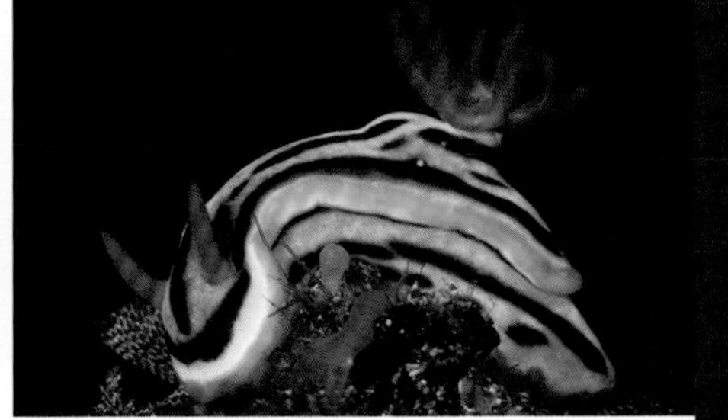

Elisabeth's Chromodoris / *Chromodoris elisabethina*

伊丽莎白多彩海蛞蝓分布于印度洋–西太平洋海域，25 mm。身体呈蓝色，体表有黑色条纹。

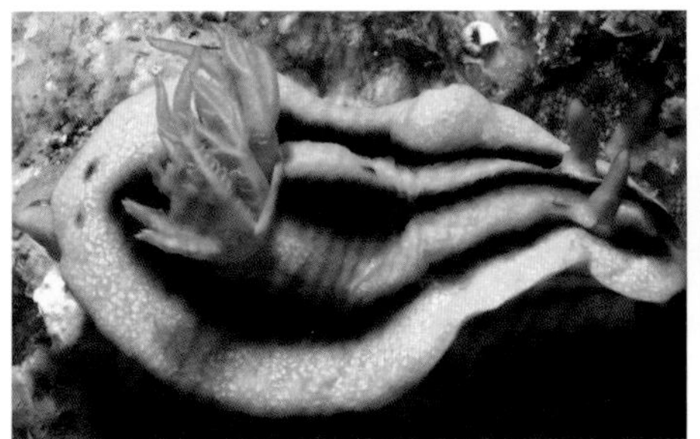

Pumpkin Chromodoris / *Chromodoris joshi*

乔希多彩海蛞蝓分布于印度洋–西太平洋海域，60 mm。外套膜呈黄色，上面有颗粒状纹理。

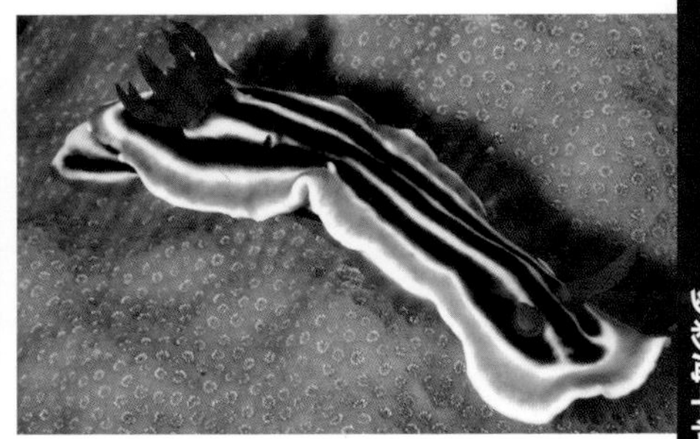

Magnificent Chromodoris / *Chromodoris magnifica*

华丽多彩海蛞蝓分布于西太平洋海域，90 mm。外套膜边缘的外侧呈白色，内侧呈橘色。

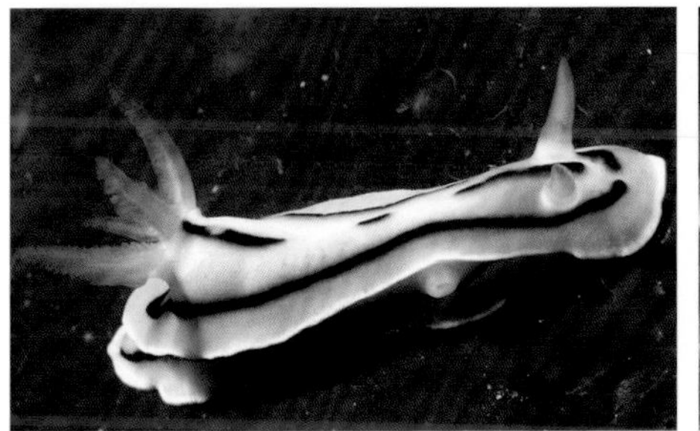

Loch's Chromodoris / *Chromodoris lochi*

洛赫多彩海蛞蝓分布于西太平洋海域，35 mm。身体呈浅蓝色，外套膜边缘呈白色，嗅角和裸鳃呈粉色。右图中为嗅角和裸鳃呈橘色的个体，可能为另一个种。

Streaked Chromodoris / *Chromodoris strigata*

条纹多彩海蛞蝓分布于印度洋–太平洋海域，20 mm。外套膜边缘呈橘色。

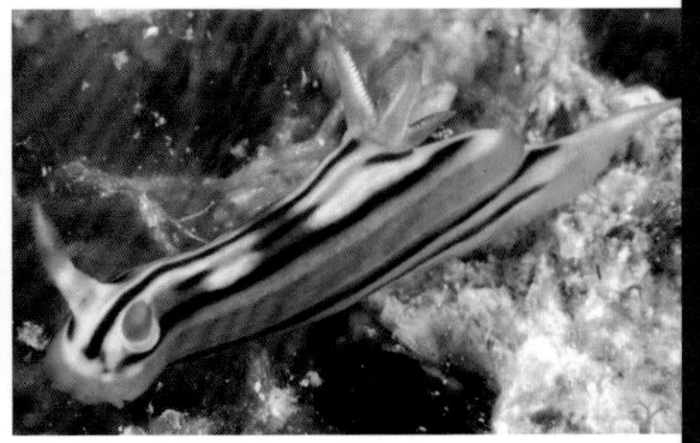

White-Yellow Chromodoris / *Chromodoris* cf. *strigata*

条纹多彩海蛞蝓（近似种）分布于西太平洋海域，20 mm。裸鳃呈橘色，上面有白色条纹。

Michael's Chromodoris / *Chromodoris michaeli*

迈克尔多彩海蛞蝓分布于西太平洋海域，46 mm。体背有点状斑。

Coleman's Chromodoris / *Chromodoris colemani*

科尔曼多彩海蛞蝓分布于西太平洋海域，25 mm。身上的黑色条纹间有黄色斑纹。

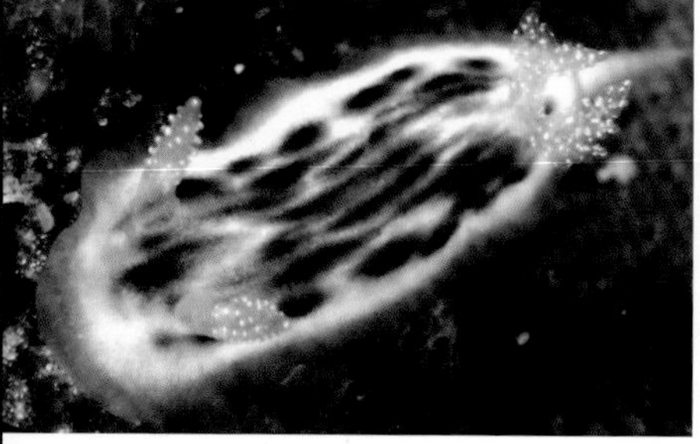

Dark-Lined Chromodoris / *Chromodoris* sp.

多彩海蛞蝓（未定种）分布于印度尼西亚、菲律宾及巴布亚新几内亚海域，18 mm。嗅角和裸鳃呈橘色，上面有白色斑点。

Large-Eggs Nudibranch / *Doriprismatica balut*

巨蛋多彩海蛞蝓分布于西太平洋海域，20 mm。外套膜边缘线纹的颜色由外向内依次为白、黑、白。

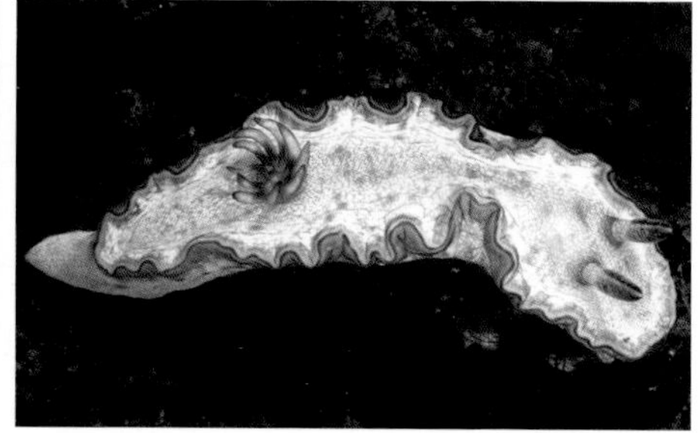

Spade-Toothed Nudibranch / *Doriprismatica paladentata*

铲齿多彩海蛞蝓分布于西太平洋海域，20 mm。外套膜边缘呈浅蓝色。

Starry Nudibranch / *Doriprismatica stellata*

繁星多彩海蛞蝓分布于印度洋-太平洋海域，130 mm。生活在褐色海绵上。

Yellow-Margined Nudibranch / *Doriprismatica* sp.

多彩海蛞蝓（未定种）分布于菲律宾海域，30 mm。生活在深水区（水深超过 40 m）的礁坡上。

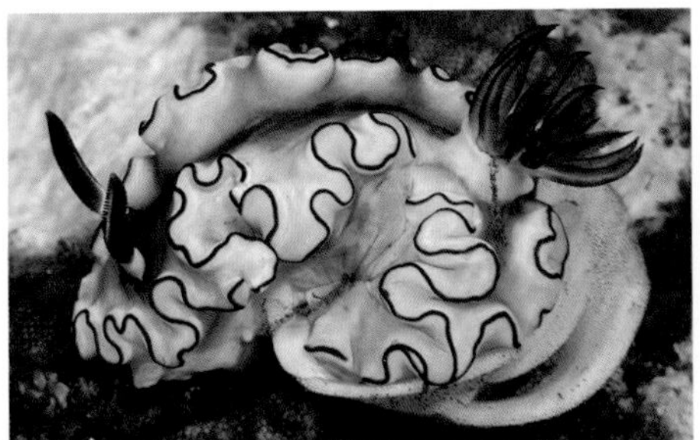

Dark-Margined Nudibranch / *Doriprismatica atromarginata*

黑边多彩海蛞蝓分布于印度洋-太平洋海域，100 mm。外套膜边缘有黑色线纹。

Hikueru Glossodoris / *Glossodoris hikuerensis*

希库埃鲁环礁多彩海蛞蝓分布于印度洋-太平洋海域，140 mm。身体呈浅褐色。

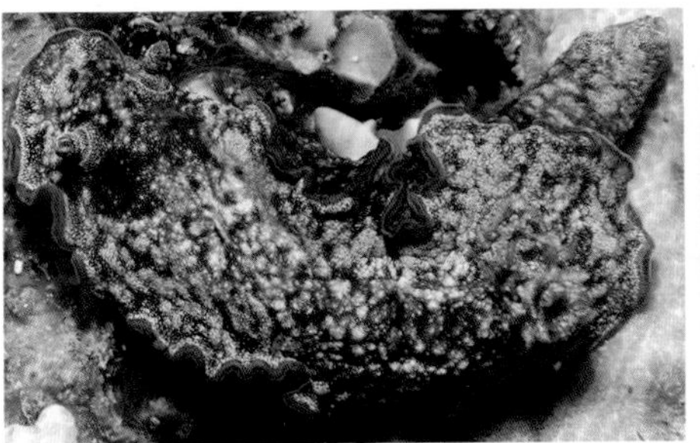

Acosta's Glossodoris / *Glossodoris acosti*

阿科斯塔多彩海蛞蝓分布于西太平洋海域，50 mm。外套膜边缘有浅蓝、深绿和黄绿色条带。

Girdled Glossodoris / *Glossodoris* cf. *cincta*

腰带多彩海蛞蝓（近似种）分布于西太平洋海域，50 mm。外套膜边缘有浅蓝、深蓝和黄色条带。

Blue-Margined Glossodoris / *Glossodoris* sp.

多彩海蛞蝓（未定种）分布于印度尼西亚海域，40 mm。外套膜边缘呈蓝色。

Coconut Glossodoris / *Glossodoris buko*

椰子多彩海蛞蝓分布于西太平洋海域，30 mm。与印度洋的苍白多彩海蛞蝓（*G.pakkida*）外形相似。

Brown-Margin Glossodoris / *Glossodoris rufomarginata*

红边多彩海蛞蝓分布于印度洋-太平洋海域，40 mm。身体呈褐色，外套膜边缘呈浅褐色。

Creamy Nudibranch / *Goniobranchus fidelis*

菲德里斯多彩海蛞蝓分布于印度洋-太平洋海域，30 mm。外套膜边缘有波浪状的红色条带。

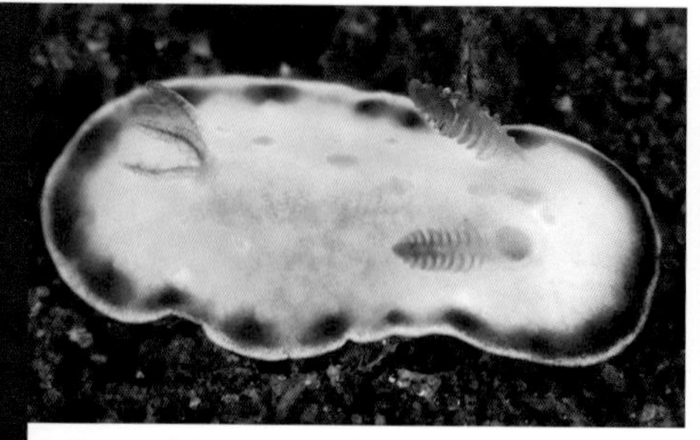

Collingwood's Nudibranch / *Goniobranchus collingwoodi*

柯林伍德多彩海蛞蝓分布于西太平洋海域，44 mm。体背呈红褐色，大疣突上有白斑。嗅角和裸鳃呈褐色，上面也有白斑。左图中为幼体，10 mm。

Purple-Spotted Nudibranch / *Goniobranchus* sp.

多彩海蛞蝓（未定种）分布于印度尼西亚海域，25 mm。体背中间呈红褐色，大疣突上有白斑。嗅角和裸鳃呈灰色，上面也有白斑。左图中为幼体，20 mm。

Violet Nudibranch / *Goniobranchus conchyliatus*

紫罗兰多彩海蛞蝓分布于印度洋海域，35 mm。嗅角和裸鳃呈橘色。

Co's Nudibranch / *Goniobranchus coi*

扇贝多彩海蛞蝓分布于西太平洋中部海域，50 mm。身体呈奶油色，体背中间和裸鳃呈浅褐色。

Geometric Nudibranch / *Goniobranchus geometricus*

几何多彩海蛞蝓分布于印度洋–西太平洋海域，35 mm。身体上有不透明的白色疣突，嗅角和裸鳃尖端呈绿色。

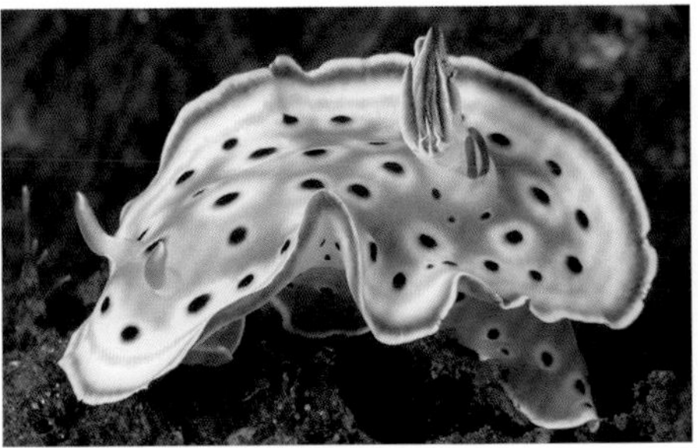

Twin Nudibranch / *Goniobranchus geminus*

孪生多彩海蛞蝓分布于印度洋海域，35 mm。外套膜边缘有白色、深蓝、浅蓝和黄色条带。

Kunie's Nudibranch / *Goniobranchus kuniei*

邦卫多彩海蛞蝓分布于印度洋–太平洋海域，35 mm。外套膜边缘呈紫色或蓝色。

Lumpy Nudibranch / *Goniobranchus hintuanensis*

小站多彩海蛞蝓分布于西太平洋海域，16 mm。外套膜边缘呈深蓝色，背部的疣突被黑色条纹环绕。左图中为幼体，7 mm。

Spotted Nudibranch / *Goniobranchus* cf. *mandapamensis*

曼达帕多彩海蛞蝓（近似种）分布于西太平洋海域，30 mm。嗅角和裸鳃呈浅红色，上面有白色斑点。

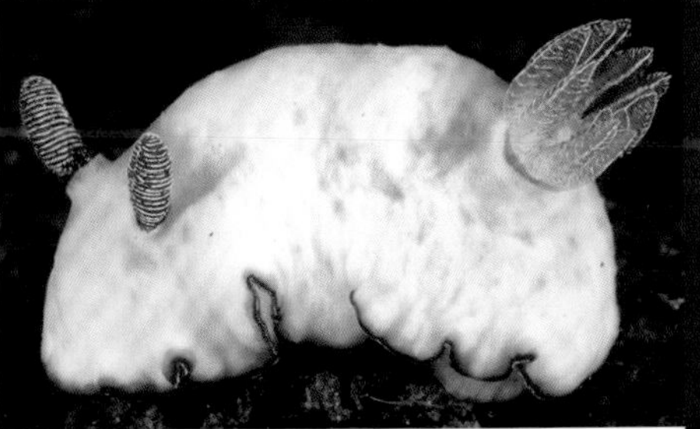

Two-Band Nudibranch / *Goniobranchus verrieri*

维里尔多彩海蛞蝓分布于印度洋海域，17 mm。外套膜边缘的外侧呈红色，内侧呈橘色。

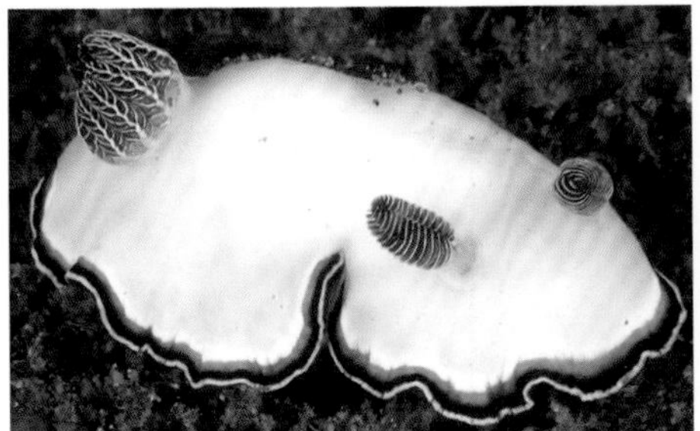

Precious Nudibranch / *Goniobranchus preciosus*

珍宝多彩海蛞蝓分布于西太平洋中部海域，30 mm。身体呈白色，外套膜边缘有浅蓝色和橘色条带。

Leopard Nudibranch / *Goniobranchus leopardus*

豹纹多彩海蛞蝓分布于印度洋–太平洋海域，60 mm。身体白褐相间，体表有深色环形斑。

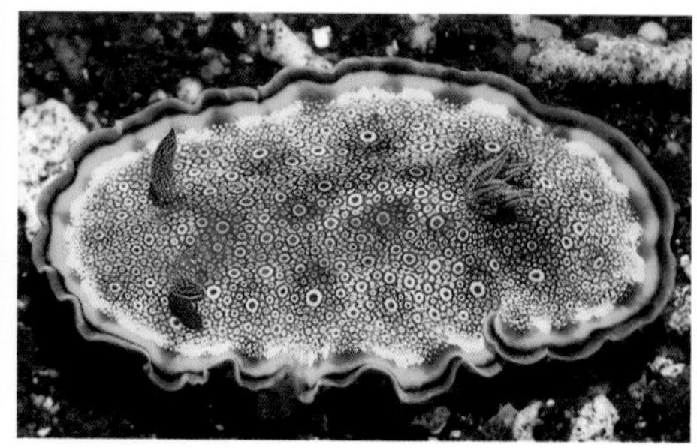

White-Dotted Nudibranch / *Goniobranchus albopunctatus*

白点多彩海蛞蝓分布于印度洋–太平洋海域，30 mm。外套膜边缘有蓝色、深蓝色和黄色条带。

Spotted Nudibranch / *Goniobranchus reticulatus*

网纹多彩海蛞蝓分布于西太平洋海域，60 mm。外套膜上有红色网纹。

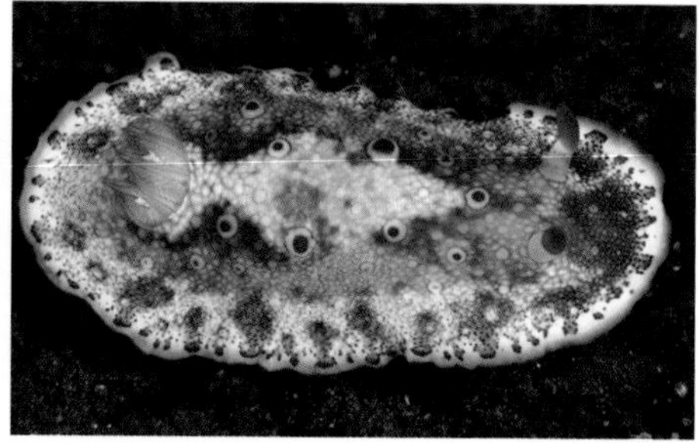

Carrot Nudibranch / *Goniobranchus* sp.

多彩海蛞蝓（未定种）分布于印度洋–太平洋海域，55 mm。身上有类似胡萝卜的图案。

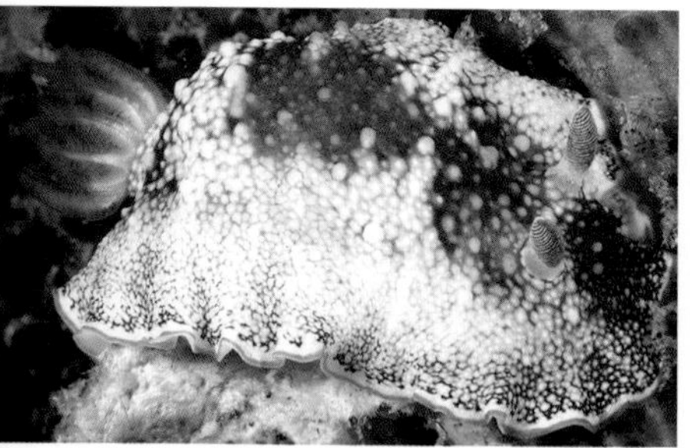

Humpback Sea Slug / *Goniobranchus* sp.

多彩海蛞蝓（未定种）分布于西太平洋海域，40 mm。背部隆起，上面有疣突。

Maroon-Spotted Sea Slug / *Goniobranchus* sp.

多彩海蛞蝓（未定种）分布于巴布亚新几内亚海域，22 mm。外套膜边缘有深褐色和橘黄色条带。

Golden-Purple Nudibranch / *Goniobranchus aureopurpureus*

紫金多彩海蛞蝓分布于西太平洋海域，40 mm。裸鳃的颜色从深褐色至紫色均有。

Orange-Spotted Nudibranch / *Goniobranchus rufomaculatus*

橘点多彩海蛞蝓分布于印度洋–太平洋海域，30 mm。裸鳃呈白色。

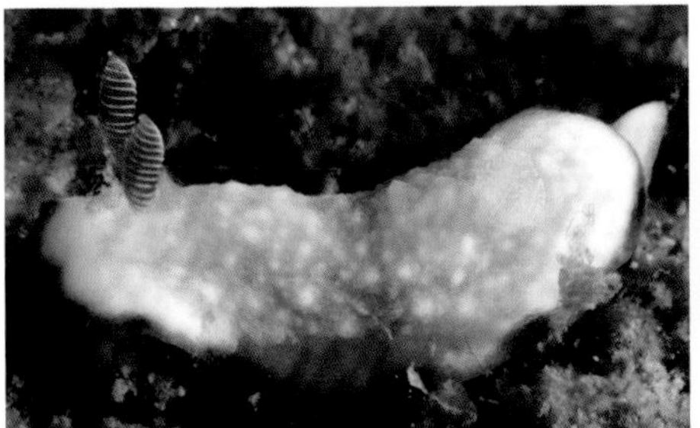

Bumpy Nudibranch / *Goniobranchus albopustulosus*

白边多彩海蛞蝓分布于西太平洋中部海域，30 mm。身体呈浅黄色，体表有白色疣突。裸鳃呈白色。

Red-Horned Nudibranch / *Goniobranchus rubrocornutus*

红角多彩海蛞蝓分布于西太平洋中部海域，13 mm。嗅角上部呈红色，基部呈白色。

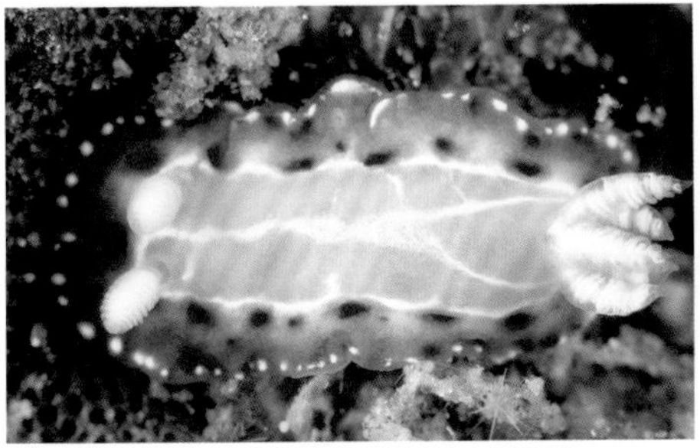

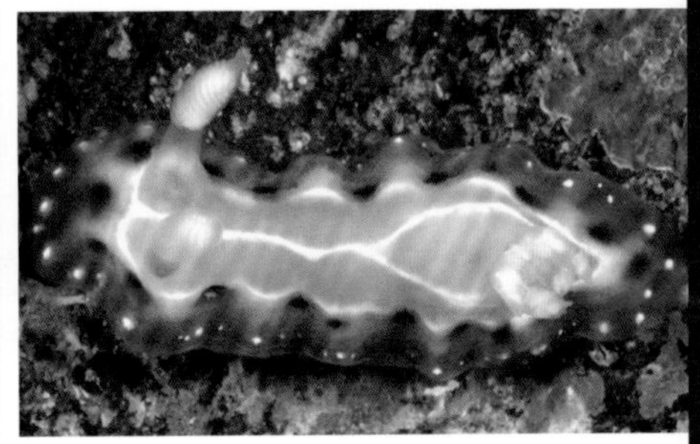

White-Netted Nudibranch / *Goniobranchus setoensis*

濑户多彩海蛞蝓分布于印度洋-太平洋海域，20 mm。体背中间有不透明的白色环纹，外套膜边缘的橘色条带上有不透明的白色斑点。

Golden-Zebra Nudibranch / *Goniobranchus* sp.

多彩海蛞蝓（未定种）分布于印度尼西亚及菲律宾海域，20 mm。身体呈浅蓝色，体表有较宽的黄色横纹。嗅角和裸鳃呈黄色。

Prickly Nudibranch / *Goniobranchus* sp.

多彩海蛞蝓（未定种）分布于菲律宾海域，22 mm。外套膜呈奶油色，上面有白色圆锥形突起。

Toothy Nudibranch / *Goniobranchus* sp.

多彩海蛞蝓（未定种）分布于西太平洋海域，28 mm。外套膜呈黄色，上面有圆锥形大突起。

Glossy Nudibranch / *Goniobranchus* sp.

多彩海蛞蝓（未定种）分布于西太平洋海域，10 mm。外套膜边缘有深色斑点。

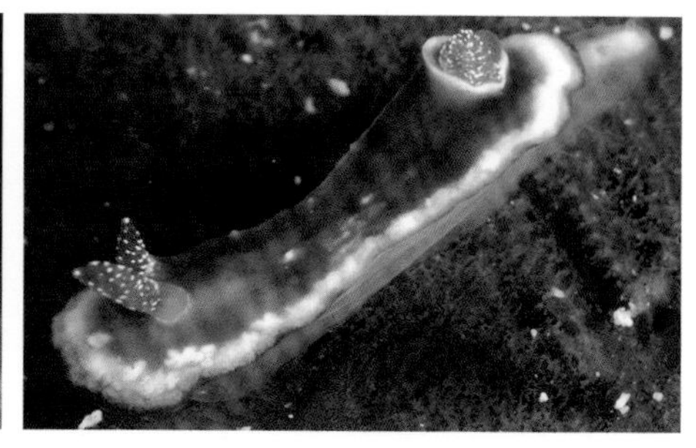

Pink Nudibranch / *Goniobranchus* sp.

多彩海蛞蝓（未定种）分布于西太平洋中部海域，10 mm。外套膜边缘有橘色条带。

Dalmatian Nudibranch / *Goniobranchus* sp.

多彩海蛞蝓（未定种）分布于印度尼西亚海域，40 mm。身体呈白色，体表有紫色斑点。

Knobby Nudibranch / *Goniobranchus* sp.

多彩海蛞蝓（未定种）分布于印度洋–太平洋海域，40 mm。外套膜边缘有蓝色和黄色斑点。

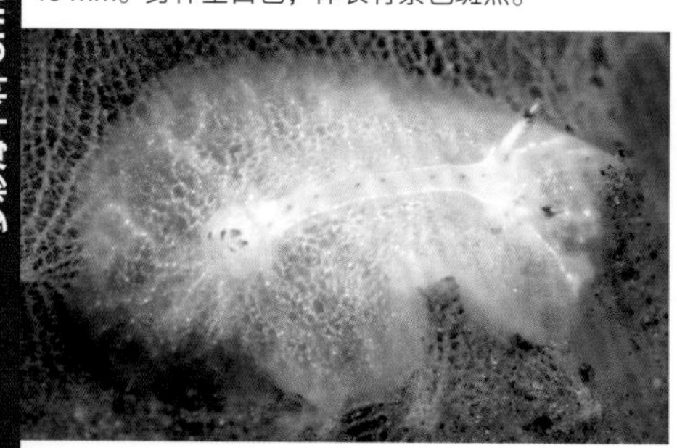

Red-Tipped Nudibranch / *Goniobranchus* sp.

多彩海蛞蝓（未定种）分布于西太平洋海域，15 mm。裸鳃尖端呈红色，体背中线上有紫色斑点。

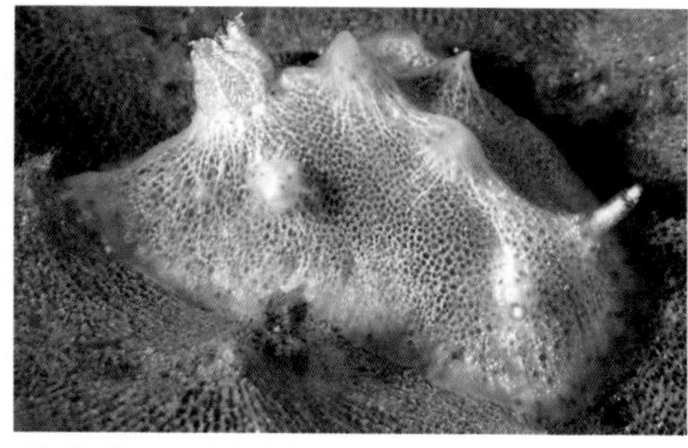

Hilly Nudibranch / *Goniobranchus* sp.

多彩海蛞蝓（未定种）分布于巴布亚新几内亚海域，15 mm。身体呈灰色，外套膜隆起。

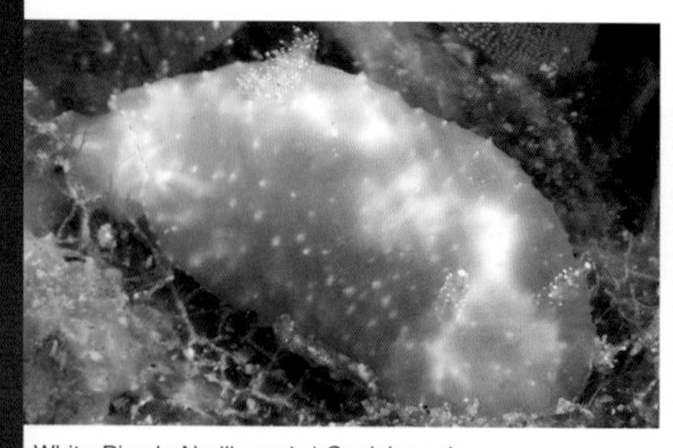

White-Pimple Nudibranch / *Goniobranchus* sp.

多彩海蛞蝓（未定种）分布于西太平洋海域，20 mm。身体呈灰色，体表有白色疣突。能模仿海绵。

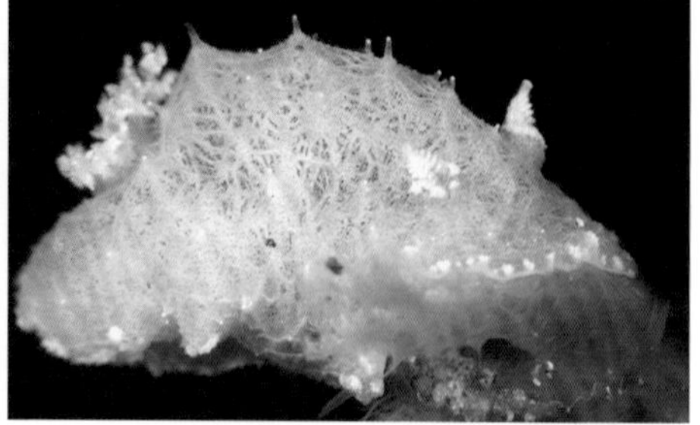

White-Horned Nudibranch / *Goniobranchus* sp.

多彩海蛞蝓（未定种）分布于印度尼西亚海域，20 mm。生活在海绵上，嗅角和裸鳃呈白色。

Purple-Blotched Nudibranch / *Goniobranchus tumuliferus*

紫斑多彩海蛞蝓分布于西太平洋海域，18 mm。外套膜边缘有紫色和黄色条带。

Dolfu's Hypselodoris / *Hypselodoris dollfusi*

多尔夫多彩海蛞蝓分布于印度洋海域，50 mm。外套膜边缘呈橘色。

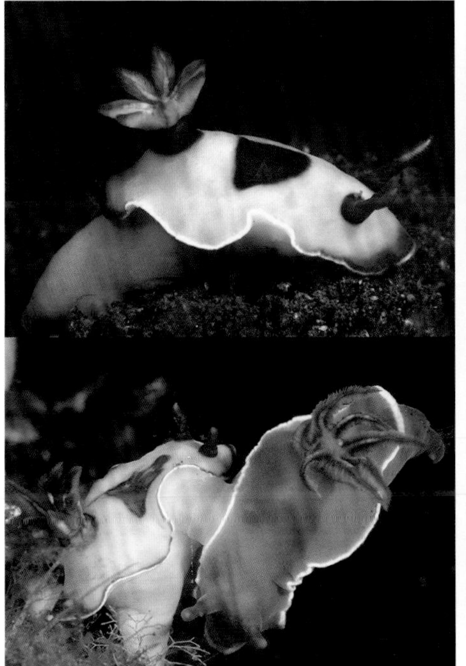

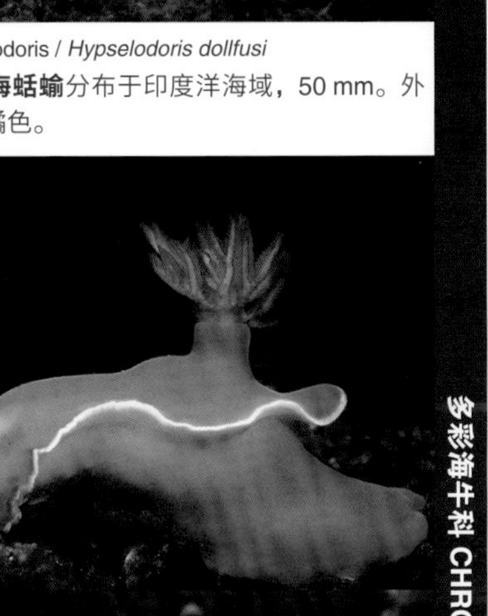

Red-Spotted Hypselodoris / *Hypselodoris iba*

红纹多彩海蛞蝓分布于印度尼西亚及菲律宾海域，40 mm。体色多变，外套膜前半部的边缘呈亮橘色或红色，嗅角和裸鳃的颜色从橘色至红色均有。

Melanesian Hypselodoris / *Hypselodoris melanesica*

美拉尼西亚多彩海蛞蝓分布于西太平洋海域，25 mm。嗅角和裸鳃基部呈紫色。

Robe Hem Hypselodoris / *Hypselodoris apolegma*

镶边多彩海蛞蝓分布于西太平洋海域，100 mm。身体呈紫色，外套膜边缘呈白色。

Variegated-Gill Hypselodoris / *Hypselodoris variobranchia*

杂色多彩海蛞蝓分布于菲律宾及马来西亚海域，50 mm。裸鳃呈橘色或蓝色，嗅角呈橘色，外套膜边缘呈白色。

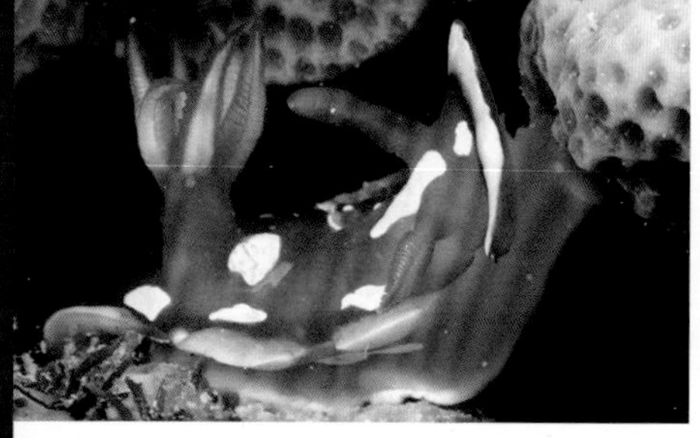

Baba's Hypselodoris / *Hypselodoris babai*

马场多彩海蛞蝓分布于西太平洋海域，50 mm。身体呈橘红色，体表有大白斑。

Red-Midline Hypselodoris / *Hypselodoris peri*

红纹多彩海蛞蝓分布于西太平洋海域，35 mm。体背中间有红色条纹，外套膜边缘呈黄色。

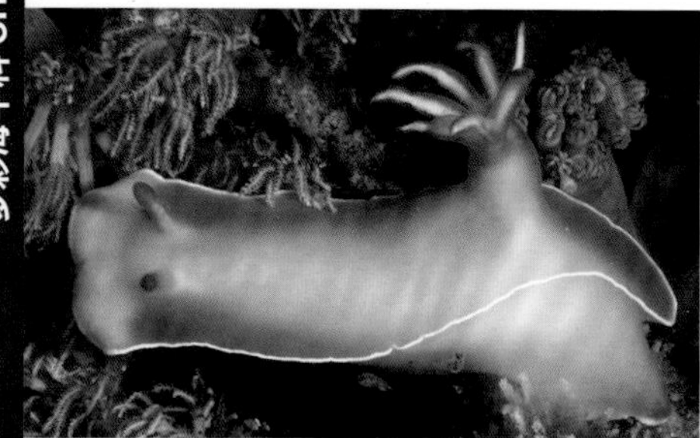

Bullock's Hypselodoris / *Hypselodoris bullocki*

布洛克多彩海蛞蝓分布于西太平洋中部海域，45 mm。体色多变。外套膜的颜色从白色至紫色均有，边缘有白色细条带。

Broad-Margin Hypselodoris / *Hypselodoris* sp.

多彩海蛞蝓（未定种）分布于印度尼西亚海域，50 mm。外套膜边缘呈白色。

Fish-Net Hypselodoris / *Hypselodoris jacula*

网纹多彩海蛞蝓分布于印度洋–西太平洋海域，50 mm。身体呈蓝色或粉色，体表有白色条纹。

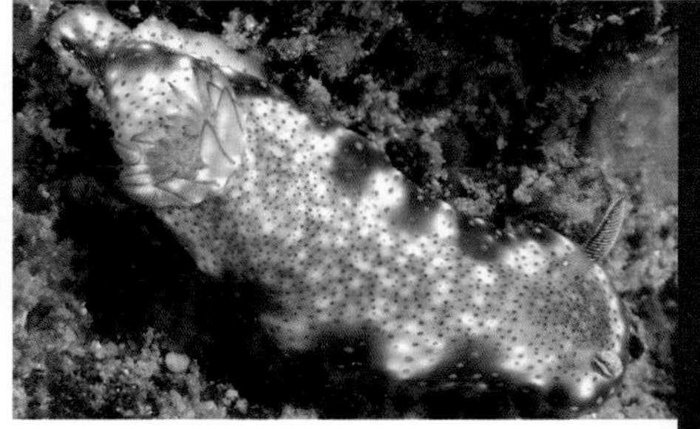

Imperial Hypselodoris / *Hypselodoris imperialis*

帝王多彩海蛞蝓分布于西太平洋中部海域，50 mm。外套膜边缘呈波浪状。裸鳃呈白色，上面有蓝色线纹（左图）。DNA 鉴定显示，本种亦有裸鳃上有红色线纹的体色型（右图）。

Confetti Hypselodoris / *Hypselodoris confetti*

五彩多彩海蛞蝓分布于西太平洋海域，50 mm。身上有黄色斑点和较小的深色斑点。裸鳃尖端呈橘色，裸鳃的分枝上有紫色线纹，线纹间有 3 ~ 5 个黄色斑点。嗅角基部呈深紫色。

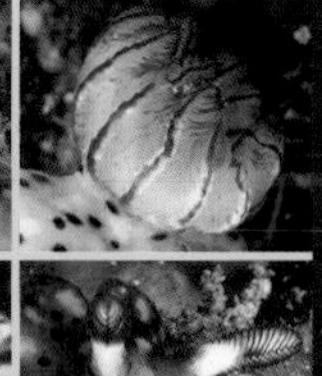

Roo Hypselodoris / *Hypselodoris roo*

袋鼠多彩海蛞蝓分布于西太平洋海域，40 mm。身上有黄色斑点和较小的深色斑点。裸鳃的分枝上有红色线纹，线纹间有白色斑点。嗅角基部呈红色，后侧有白色斑点。

Fire Hypselodoris / *Hypselodoris infucata*

蓝彩多彩海蛞蝓分布于印度洋–太平洋海域，50 mm。裸鳃鳃羽轴呈红色，嗅角基部无白色斑点。

Kanga Hypselodoris / *Hypselodoris kanga*

肯加多彩海蛞蝓分布于印度洋海域，45 mm。身体上有深色线纹，裸鳃上有黄色斑点。

Zephyra Hypselodoris / *Hypselodoris zephyra*

西太平洋多彩海蛞蝓分布于印度洋-西太平洋海域，20 mm。身上有波浪状线纹，裸鳃呈橘色。

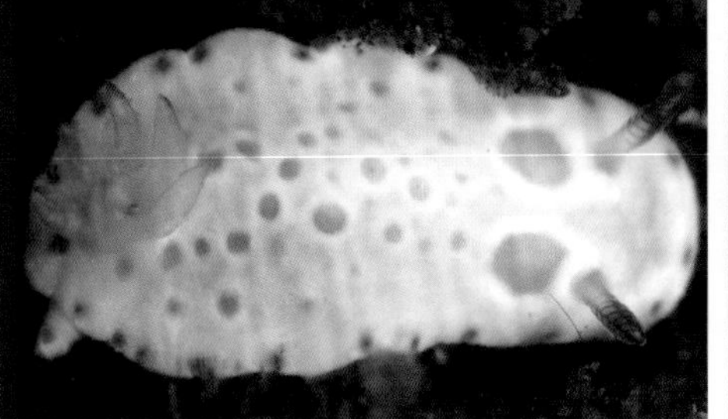

Lacuna Hypselodoris / *Hypselodoris lacuna*

透窗多彩海蛞蝓分布于印度洋-西太平洋海域，12 mm。裸鳃上部呈橘色，外套膜上有半透明斑点。

Kaname Hypselodoris / *Hypselodoris kaname*

要多彩海蛞蝓分布于西太平洋海域，45 mm。身上有红色线纹，外套膜边缘呈黄色。

Krakatoa Hypselodoris / *Hypselodoris krakatoa*

喀拉喀托多彩海蛞蝓分布于西太平洋海域，55 mm。身体呈浅褐色，体表有深橘色斑块、成排的深色线纹和亮白色斑点。嗅角尖端呈白色。

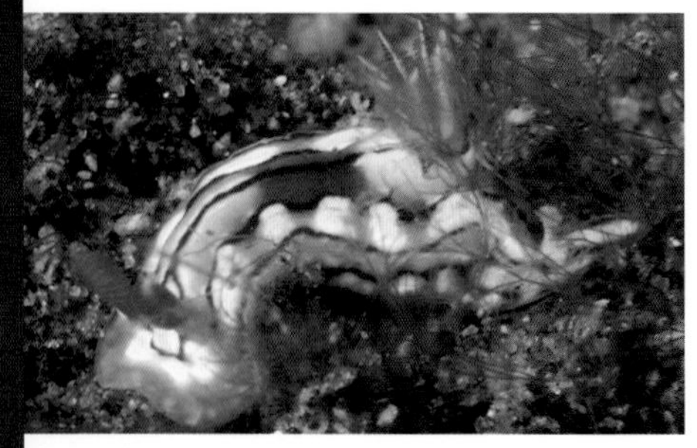

Blue-Orange Hypselodoris / *Hypselodoris* sp.

多彩海蛞蝓（未定种）分布于印度及印度尼西亚海域，12 mm。嗅角呈红色。

Jackson's Hypselodoris / *Hypselodoris jacksoni*

杰克森多彩海蛞蝓分布于巴布亚新几内亚及澳大利亚海域，60 mm。外套膜边缘呈橘色。

Reid's Hypselodoris / *Hypselodoris reidi*

里德多彩海蛞蝓分布于西太平洋海域，50 mm。身上有褐色斑块。

Milne Bay Hypselodoris / *Hypselodoris* sp.

多彩海蛞蝓（未定种）分布于巴布亚新几内亚海域，20 mm。身体呈粉色，体表有白色线纹。

Sagami Hypselodoris / *Hypselodoris sagamiensis*

相模多彩海蛞蝓分布于西太平洋海域，20 mm。身体呈白色，外套膜边缘有黄色斑点，背部有深蓝色斑点。嗅角呈红色，裸鳃上有红色线纹。

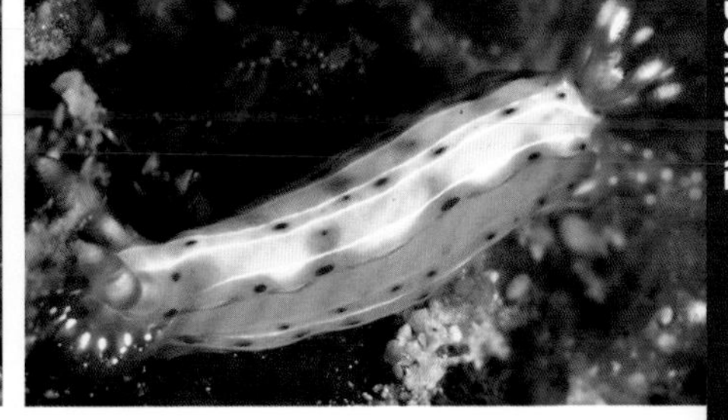

Spotted Hypselodoris / *Hypselodoris maculosa*

斑点多彩海蛞蝓分布于印度洋-太平洋海域，40 mm。嗅角上有 2 条红色环状条带，背部有白色线纹，外套膜边缘的颜色在紫色至浅褐色之间。

One-Ring Hypselodoris / *Hypselodoris* cf. *maculosa*

斑点多彩海蛞蝓（近似种）分布于菲律宾海域，30 mm。嗅角上有一环状条带。

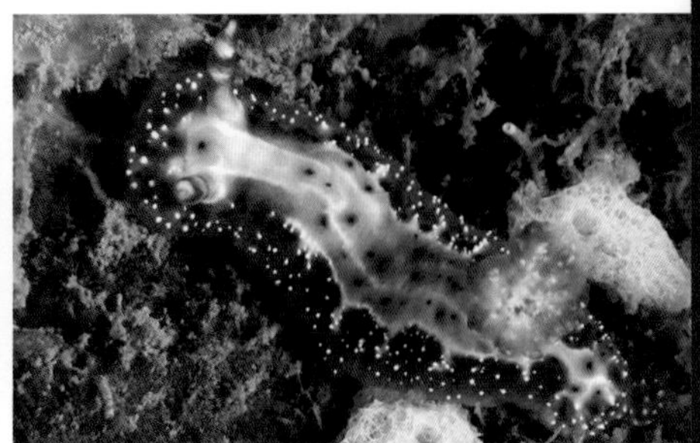

Yara's Hypselodoris / *Hypselodoris yarae*

屋良多彩海蛞蝓分布于印度洋-西太平洋海域，35 mm。嗅角上有 2~3 条红色环状条带。

Decorated Hypselodoris / *Hypselodoris decorata*

饰纹多彩海蛞蝓分布于西太平洋中部海域，25 mm。体色从奶油色至浅褐色均有，体表有白色细条纹和紫色斑点。嗅角上有 3 条红色环状条带。

Pulchell's Hypselodoris / *Hypselodoris pulchella*

普切拉多彩海蛞蝓分布于印度洋海域，110 mm。身体呈白色，体表有黄色斑点。

Yellow-Patched Hypselodoris / *Hypselodoris* sp.

多彩海蛞蝓（未定种）分布于西太平洋海域，45 mm。身上有橘色斑块。

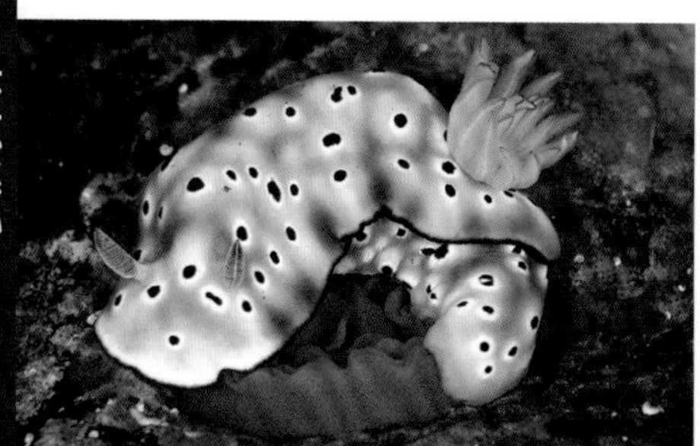

Tryon's Hypselodoris / *Hypselodoris tryoni*

泰伦多彩海蛞蝓分布于西太平洋中部海域，70 mm。身上有黑色斑点，外套膜边缘呈蓝色。

Starry-Sky Hypselodoris / *Hypselodoris skyleri*

繁星多彩海蛞蝓分布于西太平洋中部海域，20 mm。身上有褐色细线纹和白色斑点。

Coastal Hypselodoris / *Hypselodoris maritima*

近海多彩海蛞蝓分布于西太平洋海域，20 mm。外套膜边缘的外侧呈蓝色，内侧呈黄色。

Katherina's Hypselodoris / *Hypselodoris katherinae*

凯瑟琳多彩海蛞蝓分布于西太平洋海域，20 mm。身上有红色细线纹。

Emma's Hypselodoris / *Hypselodoris emma*

艾玛多彩海蛞蝓分布于印度洋–西太平洋海域，40 mm。体背有 3 条紫色条纹。

White's Hypselodoris / *Hypselodoris whitei*

怀特多彩海蛞蝓分布于印度洋–西太平洋海域，35 mm。体背有 5 条紫色条纹。

Red & Black Hypselodoris / *Hypselodoris purpureomaculosa*

紫红多彩海蛞蝓分布于西太平洋海域，35 mm。外套膜边缘呈橘色。

Aurora Mexichromis / *Mexichromis aurora*

极光多彩海蛞蝓分布于西太平洋海域，20 mm。身体呈粉紫色，体表有 3 条白色条纹。

Purple Mexichromis / *Mexichromis mariei*

玛丽多彩海蛞蝓分布于印度洋–西太平洋海域，30 mm。体色从白色至紫色均有，体表有紫红色疣突，外套膜边缘呈橘色。

Bumpy Mexichromis / *Mexichromis multituberculata*

多疣多彩海蛞蝓分布于印度洋–太平洋海域，30 mm。圆锥形突起的尖端呈紫色，外套膜近边缘常有橘色斑（右图）。

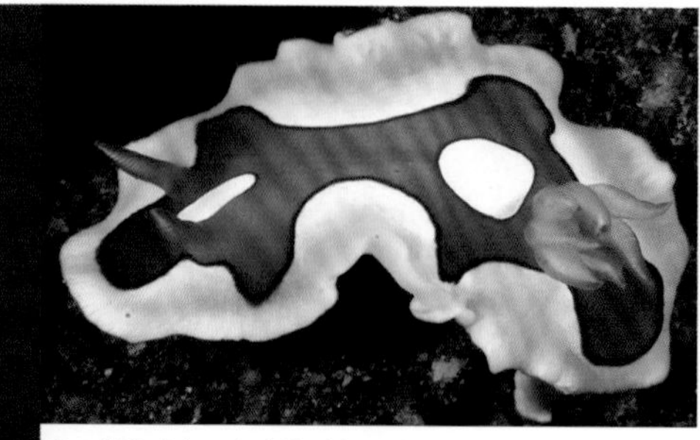

Small Mexichromis / *Mexichromis pusilla*

袖珍多彩海蛞蝓分布于印度洋–太平洋海域，20 mm。身体呈红褐色，外套膜边缘呈乳白色。

Similar Mexichromis / *Mexichromis similaris*

同型多彩海蛞蝓分布于印度洋–太平洋海域，5 mm。外套膜边缘呈白色，上面有紫色斑点。

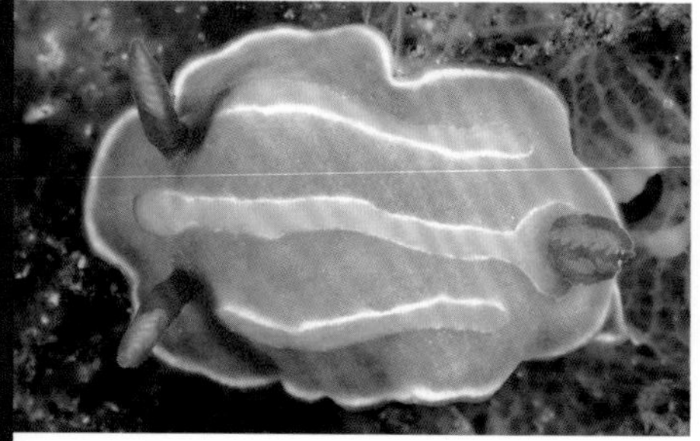

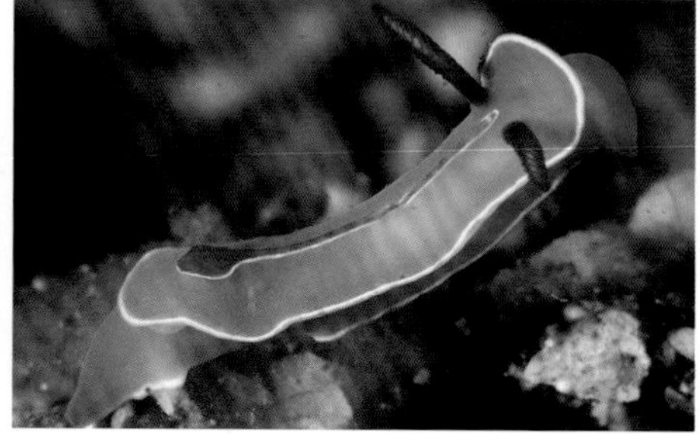

Tree-Lined Mexichromis / *Mexichromis trilineata*

三线多彩海蛞蝓分布于西太平洋海域，12 mm。身体呈紫色，体表有 3 条黄色或白色条带，外侧 2 条可能缺失（右图）。

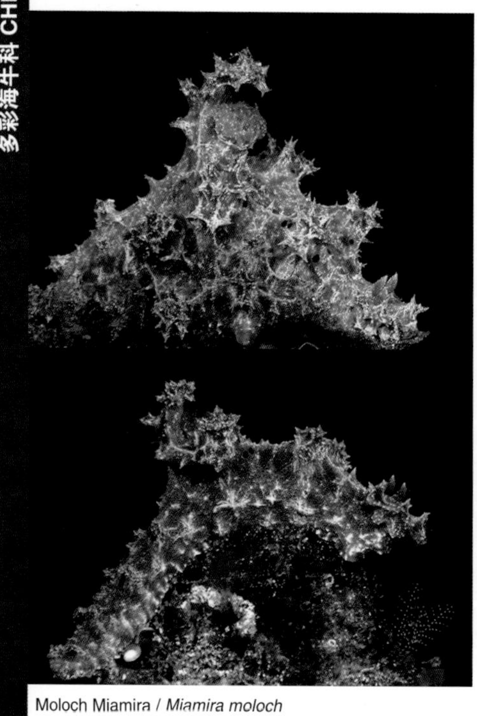

Moloch Miamira / *Miamira moloch*

棘多彩海蛞蝓分布于西太平洋海域，110 mm。体色多变，能完美模仿自身摄食的海绵。身上有 3 个顶部扁平的突起，分布在身体两侧及后侧。

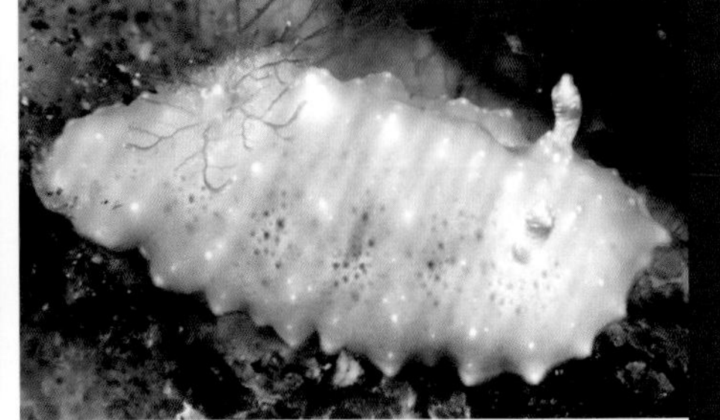

Pitted Miamira / *Miamira miamirana*

密点多彩海蛞蝓分布于印度洋-太平洋海域，75 mm。体色多变，从浅绿色至红褐色（左图）均有。外套膜边缘呈锯齿状。幼体（右图）身体呈白色。

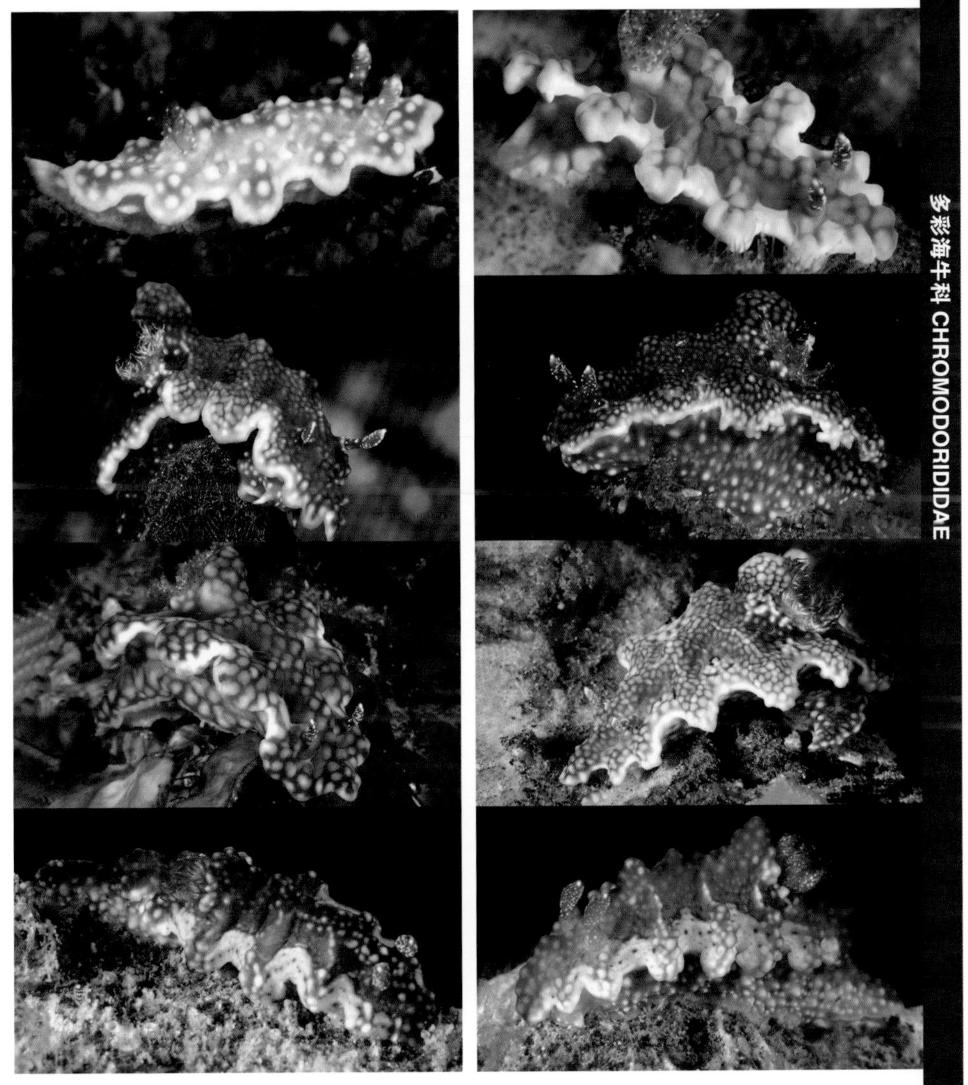

Netted Miamira / *Miamira sinuata*

曲纹多彩海蛞蝓分布于印度洋-太平洋海域，45 mm。体色多变，从亮绿色至紫褐色均有。左下图和右下图中的个体是同一个，但它体色变了。

Magnificent Miamira / *Miamira magnifica*

壮丽多彩海蛞蝓分布于印度洋–太平洋海域，70 mm。背部的脊上有 3 个亮红色突起，嗅角和裸鳃呈红色。

Allen's Miamira / *Miamira alleni*

艾伦多彩海蛞蝓分布于西太平洋海域，80 mm。能完美模仿具有可伸缩水螅体的软珊瑚。体色从奶油色至浅粉色均有。身上有延长的结节瘤，结节瘤的顶端有圆形突起。

Purple Thorunna / *Thorunna* sp.

多彩海蛞蝓（未定种）分布于西太平洋海域，10 mm。身体呈紫色，外套膜边缘呈橘色或黄色。

Pale Thorunna / *Thorunna* cf. *horologia*

蓝紫多彩海蛞蝓（近似种）分布于印度洋海域，10 mm。外套膜前缘和两侧缘的局部呈橘色。

Australian Thorunna / *Thorunna australis*

澳大利亚多彩海蛞蝓分布于印度洋–太平洋海域，15 mm。嗅角和裸鳃上有橘色环状条带。

White Margin Thorunna / *Thorunna punicea*

紫基多彩海蛞蝓分布于印度洋–西太平洋海域，12 mm。裸鳃和嗅角整体上呈橘色，基部均呈紫色。

Flowering Thorunna / *Thorunna orens*

花纹多彩海蛞蝓分布于西太平洋海域，10 mm。身体呈浅紫色，靠近外套膜边缘处有深紫色斑点或条带，外套膜前缘常有橘色斑块。

Cryptic Thorunna / *Thorunna furtiva*

神秘多彩海蛞蝓分布于西太平洋海域，20 mm。身体呈白色，外套膜边缘有橘色线纹。

Sea-Purple Thorunna / *Thorunna halourga*

蓝紫多彩海蛞蝓分布于西太平洋海域，20 mm。身体呈紫色或浅粉色，外套膜边缘有白色宽条带。

Danielle's Thorunna / *Thorunna daniellae*

丹尼尔多彩海蛞蝓分布于印度洋–太平洋海域，15 mm。外套膜边缘呈紫色。右图中为生活在巴厘岛海域的个体，其外套膜前缘和两侧缘有橘色条带。

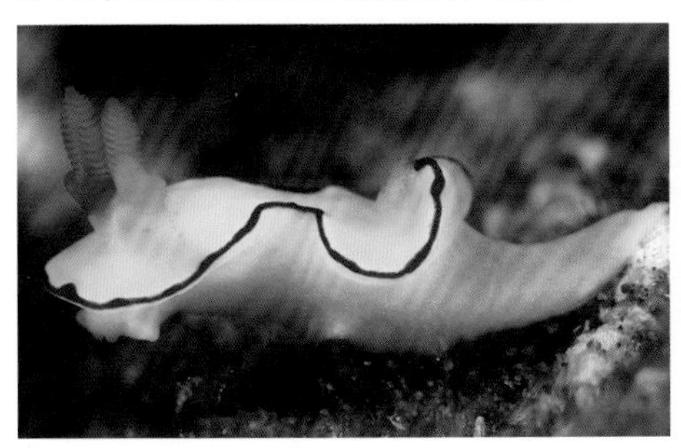

Blonde Diversidoris / *Diversidoris ava*

金黄多彩海蛞蝓分布于印度洋–太平洋海域，15 mm。身体呈黄色，外套膜边缘有红色条带。

Saffron Diversidoris / *Diversidoris crocea*

橙黄多彩海蛞蝓分布于西太平洋海域，25 mm。身体呈黄色，外套膜边缘有白色条带。

White-Ringed Verconia / *Verconia alboannulata*

白环多彩海蛞蝓分布于印度洋–西太平洋海域，25 mm。身体呈粉色，外套膜边缘有白色宽条带。

Norba Verconia / *Verconia norba*

诺尔巴多彩海蛞蝓分布于印度洋–太平洋海域，25 mm。体色从浅粉色至紫红色均有。

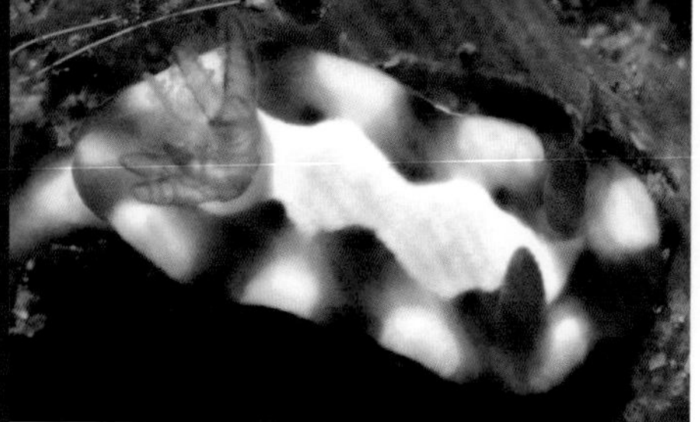

Tile Verconia / *Verconia* sp.

多彩海蛞蝓（未定种）分布于西太平洋海域，15 mm。体背中间有白色波浪状条带。

Red-Horned Verconia / *Verconia* sp.

多彩海蛞蝓（未定种）分布于菲律宾海域，20 mm。背部有网纹，嗅角和裸鳃呈深红色。

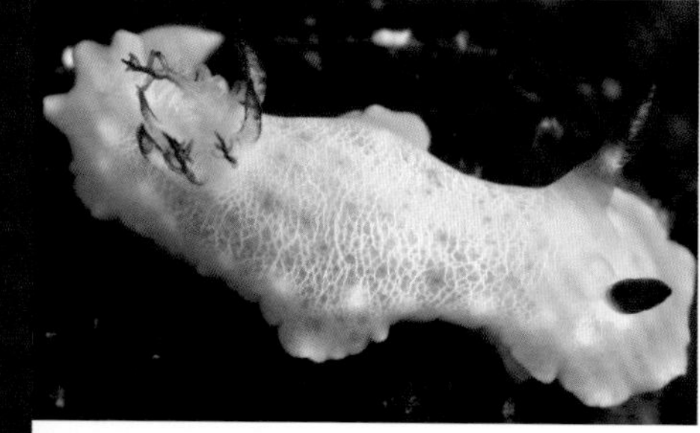

Reticulated Verconia / *Verconia* sp.

多彩海蛞蝓（未定种）分布于西太平洋海域，20 mm。身体呈黄绿色，嗅角和裸鳃大部呈红色。

White-Edge Verconia / *Verconia romeri*

白缘多彩海蛞蝓分布于西太平洋海域，20 mm。身体呈浅粉色，外套膜边缘有白色条带。

Lumpy Dendrodoris / *Dendrodoris carbunculosa*

黑斑枝鳃海蛞蝓分布于印度洋–太平洋海域，750 mm。身体呈深褐色，疣突色浅，外套膜边缘有白色条带。左图中为幼体。

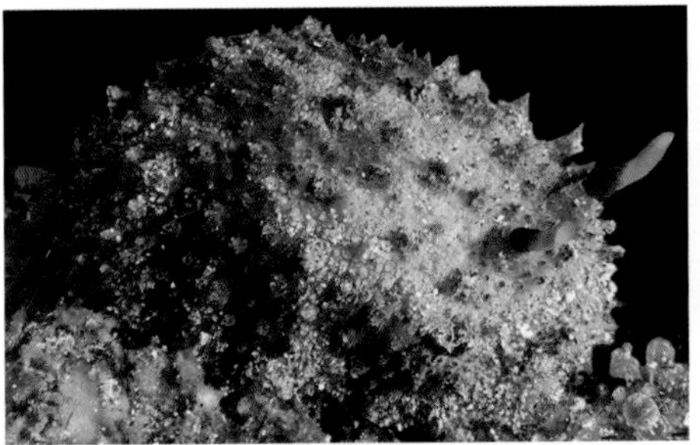

Dark-Spots Dendrodoris / *Dendrodoris atromaculata*

暗斑枝鳃海蛞蝓分布于印度洋–西太平洋海域，85 mm。身体呈橘褐色，体表有深色斑点。

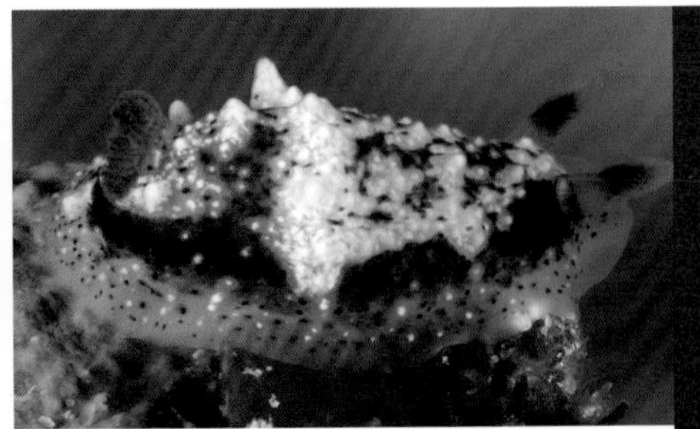

Crowned Dendrodoris / *Dendrodoris coronata*

冠枝鳃海蛞蝓分布于西太平洋中部海域，45 mm。身体呈黑色，体表遍布白色疣突。

Pink-Margin Dendrodoris / *Dendrodoris* sp.

枝鳃海蛞蝓（未定种）分布于印度尼西亚海域，40 mm。外套膜边缘有粉色条带。

Blue-Spot Dendrodoris / *Dendrodoris denisoni*

眼点枝鳃海蛞蝓分布于印度洋–太平洋海域，60 mm。身体局部呈褐色，体表有亮蓝色斑点。

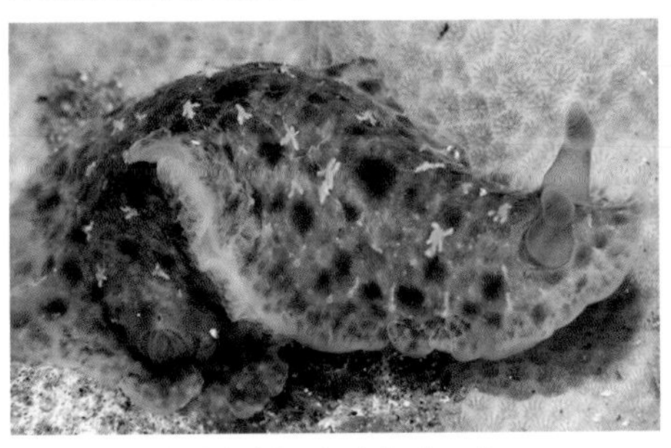

Elongate Dendrodoris / *Dendrodoris elongata*

长体枝鳃海蛞蝓分布于印度洋–太平洋海域，60 mm。身体呈褐色或半透明的白色，体表有褐色斑点和白色雪花状斑块。

Tuberous Dendrodoris / *Dendrodoris tuberculosa*

结节枝鳃海蛞蝓分布于印度洋–太平洋海域，200 mm。体色多变，外套膜上有半透明的复合型疣突。左图中为幼体。

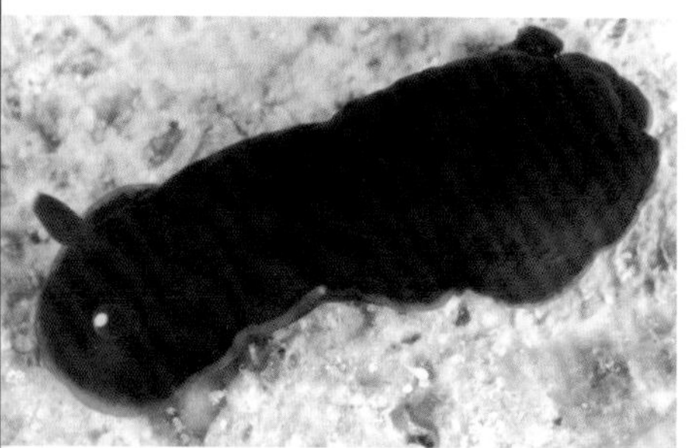

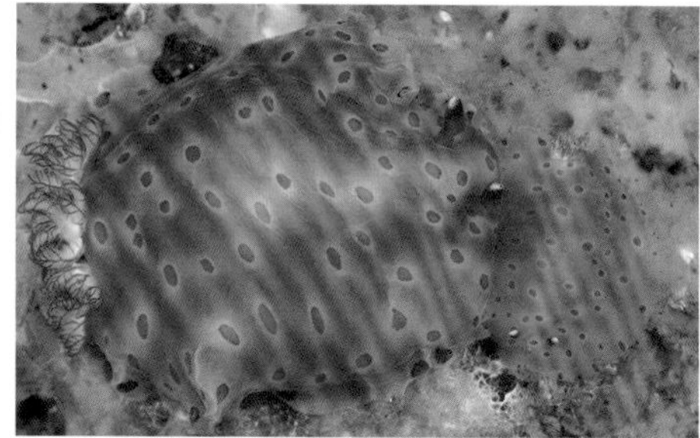

Black Dendrodoris / *Dendrodoris nigra*

黑枝鳃海蛞蝓分布于印度洋–太平洋海域，80 mm。身体呈黑色，常有聚集生长的白色斑点。嗅角尖端呈白色，裸鳃有 6 个以上的分枝。有些个体的外套膜边缘有黑色和橘色条带。

Arborescent Dendrodoris / *Dendrodoris arborescens*

树状枝鳃海蛞蝓分布于西太平洋海域，80 mm。身上无白色斑点，外套膜边缘有橘色条带。

Spotted Dendrodoris / *Dendrodoris guttata*

圆点枝鳃海蛞蝓分布于西太平洋海域，60 mm。身体呈橘色，有底纹为白色的深色斑点。

Smoked Dendrodoris / *Dendrodoris fumata*

烟色枝鳃海蛞蝓分布于印度洋–太平洋海域，100 mm。体色从粉色至橘色或黄色均有，体表可能有深色斑点。裸鳃有 5 个分枝。

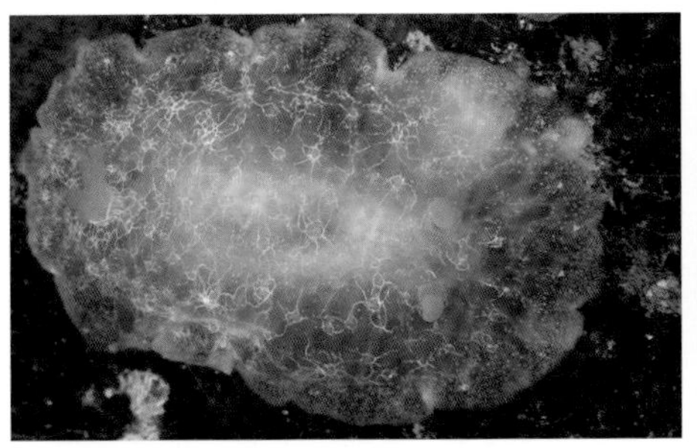

Red Doriopsilla / *Doriopsilla miniata*

小枝鳃海蛞蝓分布于印度洋–西太平洋海域，30 mm。体色从黄色至红色均有，体表有白色线纹。

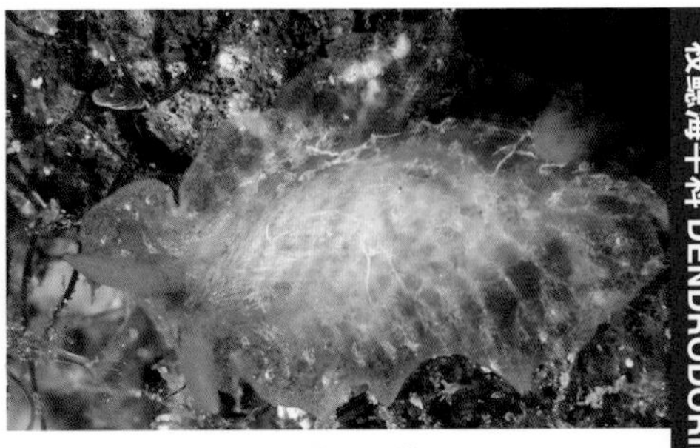

White-Marked Doriopsilla / *Doriopsilla* sp.

枝鳃海蛞蝓（未定种）分布于南非及巴布亚新几内亚海域，25 mm。身体呈浅褐色，疣突具白斑。

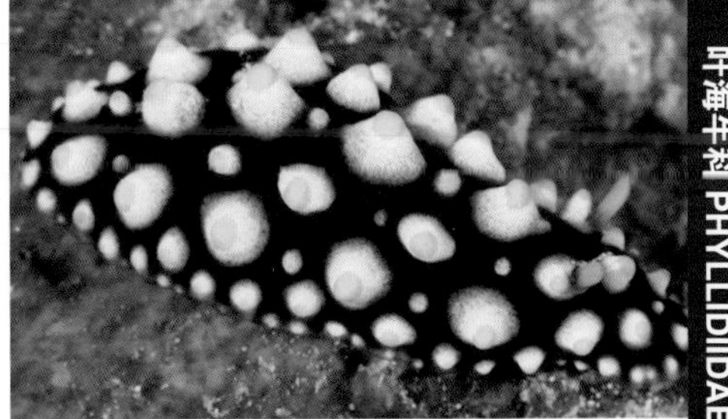

Black-Balls Ceratophyllidia / *Ceratophyllidia* sp.

叶海蛞蝓（未定种）分布于西太平洋、印度尼西亚及菲律宾海域，35 mm。身体呈棕褐色，长有膨大呈球形的突起，有些突起上有明显的黑斑。

Baba's Phyllidia / *Phyllidia babai*

马场叶海蛞蝓分布于印度洋–西太平洋海域，65 mm。疣突尖端呈白色，基部呈黑色。

Carlsonhoff's Phyllidia / *Phyllidia carlsonhoffi*

卡森赫夫叶海蛞蝓分布于西太平洋中部海域，70 mm。疣突大小不等，交替排列。

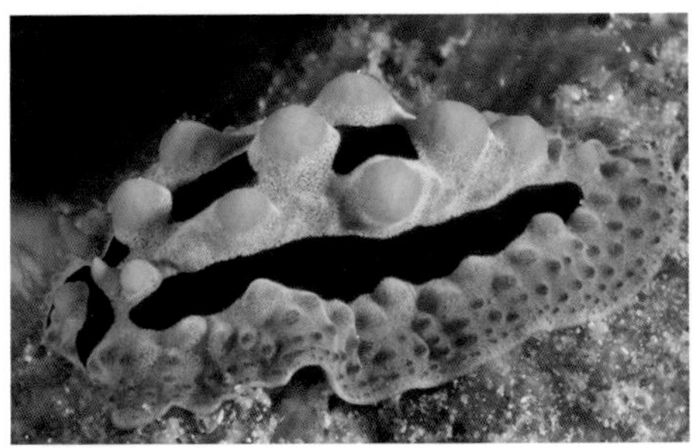

Sky Blue Phyllidia / *Phyllidia coelestis*

天青叶海蛞蝓分布于印度洋–西太平洋海域，60 mm。嗅角间有一 Y 形斑。

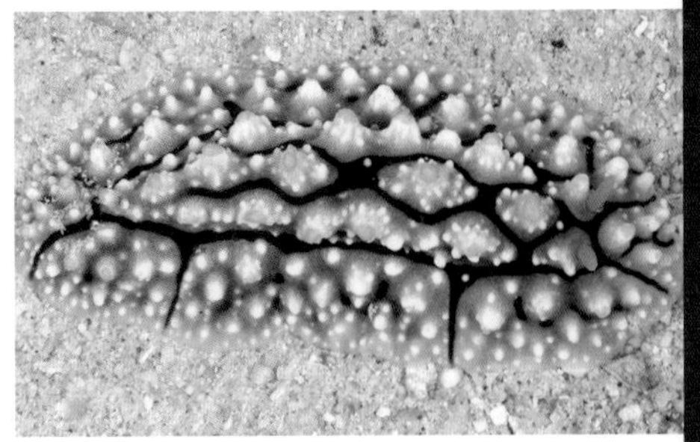

Elegant Phyllidia / *Phyllidia elegans*

华美叶海蛞蝓分布于印度洋–太平洋海域，63 mm。部分疣突尖端呈黄色。

White-Dotted Phyllidia / *Phyllidia* sp.

叶海蛞蝓（未定种）分布于菲律宾海域，25 mm。身体呈浅蓝色，体表有不透明的白色斑点。

Exquisite Phyllidia / *Phyllidia exquisita*

优美叶海蛞蝓分布于印度洋-太平洋海域，23 mm。身上有不透明的白色斑点，外套膜前缘有黄色条带。

Madang Phyllidia / *Phyllidia madangensis*

马当叶海蛞蝓分布于西太平洋海域，60 mm。身体呈黑色。疣突尖端呈黄色，基部呈黑色。

Polka Dot Phyllidia / *Phyllidia polkadotsa*

圆点叶海蛞蝓分布于印度洋-太平洋海域，15 mm。身体呈黄色，体表有 3 排黑色圆形斑点。

Painted Phyllidia / *Phyllidia picta*

月蓝叶海蛞蝓分布于西太平洋海域，45 mm。身体呈黑色。疣突尖端呈黄色，基部呈浅蓝色。右图拍摄于巴厘岛，图中个体曾被认为是另一个种。

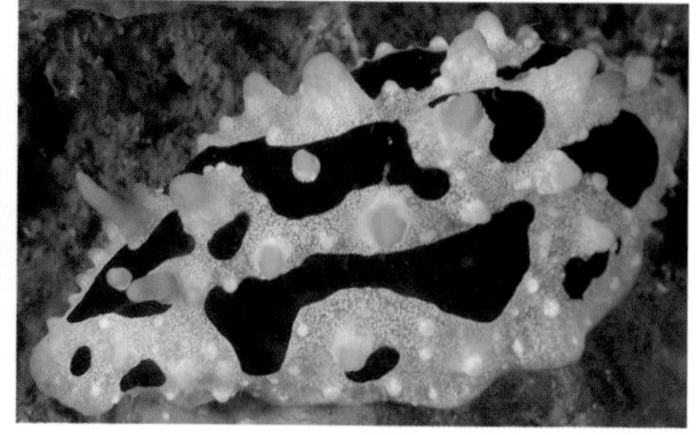

Barred Phyllidia / *Phyllidia* sp.

叶海蛞蝓（未定种）分布于西太平洋海域，60 mm。身体呈浅蓝色，嗅角间有一 Y 形斑。

Willan's Phyllidia / *Phyllidia willani*

威廉叶海蛞蝓分布于西太平洋海域，50 mm。身体整体上呈浅蓝色，局部呈黑色。

Ocellated Phyllidia / *Phyllidia ocellata*

眼斑叶海蛞蝓分布于印度洋-太平洋海域，70 mm。体色多变。外套膜呈黄色，上面有黑色环形或马蹄形斑纹。

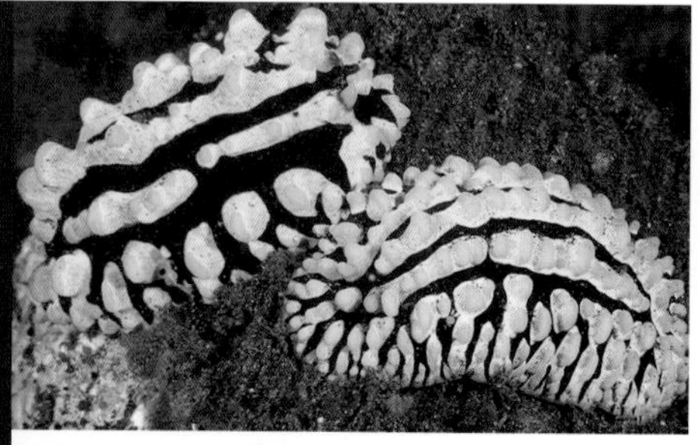

Varicose Phyllidia / *Phyllidia varicosa*

叶海蛞蝓（未定种）分布于印度洋–太平洋海域，115 mm。身体呈浅蓝色，嗅角和疣突呈黄色。较常见。

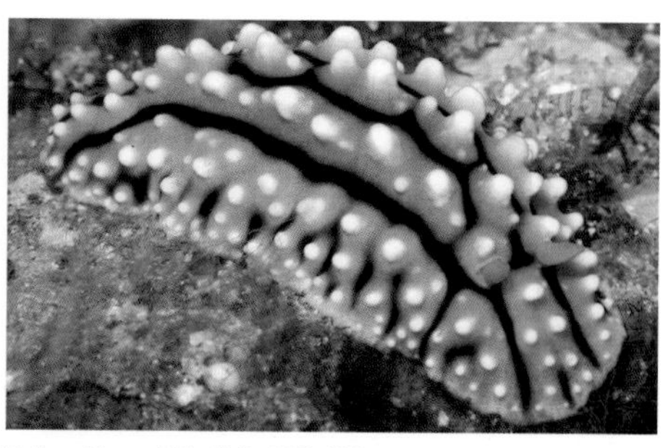

Yellow-Horned Phyllidia / *Phyllidia* sp.

叶海蛞蝓（未定种）分布于巴布亚新几内亚海域，40 mm。身上有 4 条黑色纵条纹。

Granulate Phyllidiella / *Phyllidiella granulata*

颗粒叶海蛞蝓分布于西太平洋海域，40 mm。身体呈灰色，体表有白色疣突和黑色条纹。

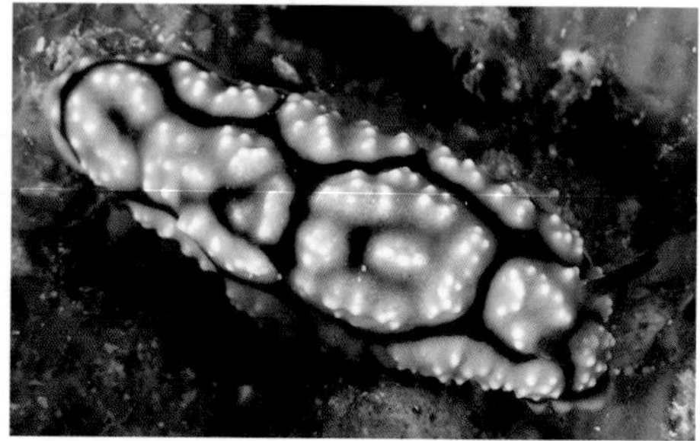

H-Mark Phyllidiella / *Phyllidiella* cf. *annulata*

环纹叶海蛞蝓（近似种）分布于西太平洋海域，30 mm。身体呈浅粉色，体背中间有黑斑。

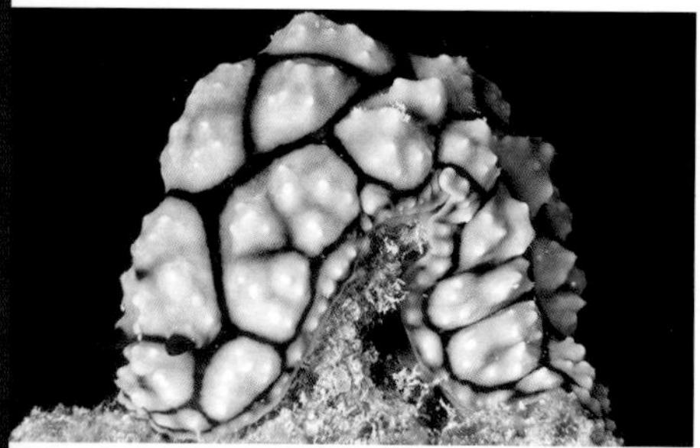

Cooraburra Phyllidiella / *Phyllidiella cooraburrama*

古怪叶海蛞蝓分布于西太平洋海域，40 mm。身体呈浅粉色，疣突很大。

Hagen's Phyllidiella / *Phyllidiella hageni*

哈根叶海蛞蝓分布于巴布亚新几内亚海域，50 mm。身体呈浅粉色，体表有黑色条纹。疣突尖端呈白色。

Liz's Phyllidiella / *Phyllidiella lizae*

丽姿叶海蛞蝓分布于西太平洋海域，36 mm。身体呈浅粉色，体表有黑色条纹。疣突不明显。

Black Phyllidiella / *Phyllidiella nigra*

黑叶海蛞蝓分布于印度洋–西太平洋海域，63 mm。身体呈黑色，体表密布粉色圆形突起。

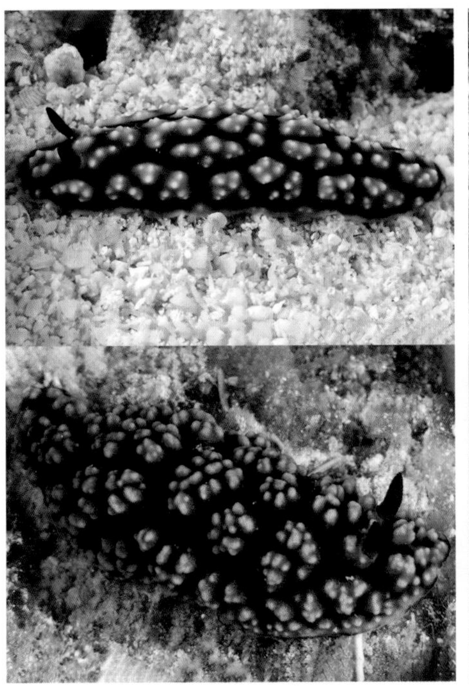
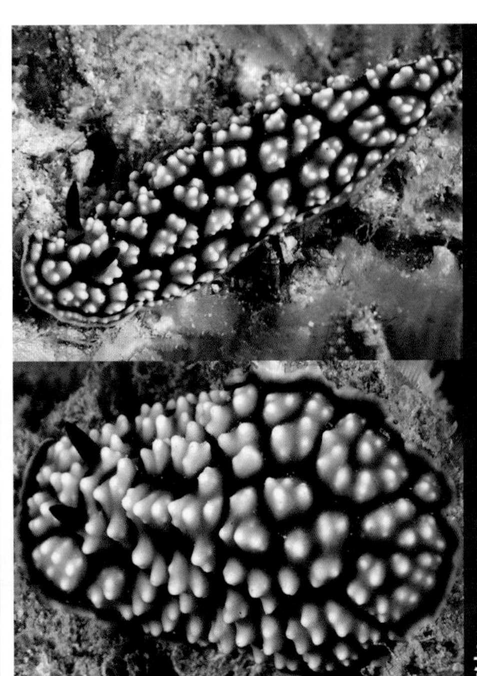

Pustulose Phyllidiella / *Phyllidiella pustulosa*

突丘叶海蛞蝓分布于印度洋-太平洋海域，70 mm。体色多变。疣突呈白色、绿色或浅粉色，常呈聚集状。嗅角呈黑色。

Ceylon Phyllidiella / *Phyllidiella zeylanica*

锡兰叶海蛞蝓分布于印度洋-西太平洋海域，80 mm。疣突排列呈脊状，且末端相连。

Rosy Phyllidiella / *Phyllidiella rosans*

蔷薇叶海蛞蝓分布于印度洋-太平洋海域，35 mm。背部有浅粉色纵脊，且相连呈环形。

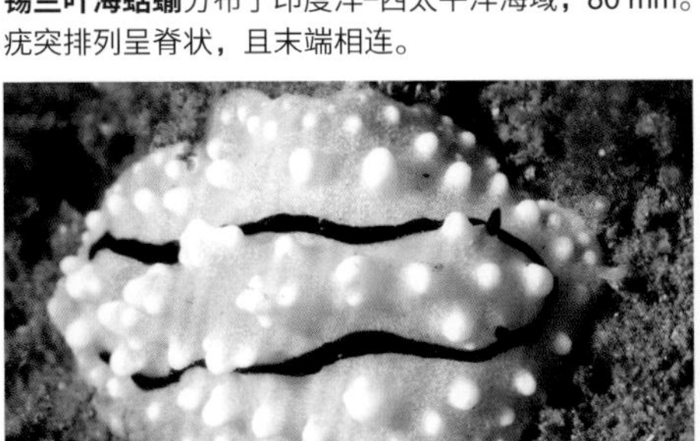

Rudman's Phyllidiella / *Phyllidiella rudmani*

鲁德曼叶海蛞蝓分布于印度洋-西太平洋海域，60 mm。嗅角尖端呈黑色，基部呈粉色。

Three-Ridged Phyllidiopsis / *Phyllidiopsis xishaensis*

西沙叶海蛞蝓分布于印度洋-西太平洋海域，20 mm。背部有 3 条白色矮脊。

Anna's Phyllidiopsis / *Phyllidiopsis annae*

安娜叶海蛞蝓分布于印度洋–西太平洋海域，20 mm。身体呈浅蓝色，长有 3 条脊。

Krempf's Phyllidiopsis / *Phyllidiopsis krempfi*

克兰福叶海蛞蝓分布于印度洋–西太平洋海域，65 mm。嗅角尖端呈黑色，基部呈粉色。

Cardinal Phyllidiopsis / *Phyllidiopsis cardinalis*

红疣叶海蛞蝓分布于印度洋–太平洋海域，65 mm。嗅角和外套膜边缘呈浅绿色。

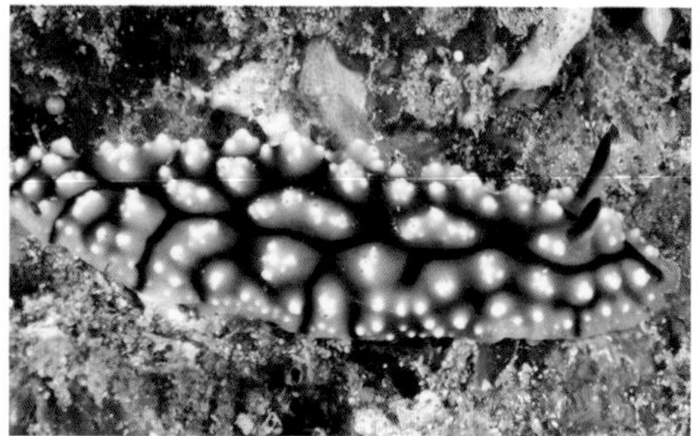

Fissured Phyllidiopsis / *Phyllidiopsis fissurata*

裂痕叶海蛞蝓分布于西太平洋海域，80 mm。体背有深色分割纹，嗅角正面呈粉色。

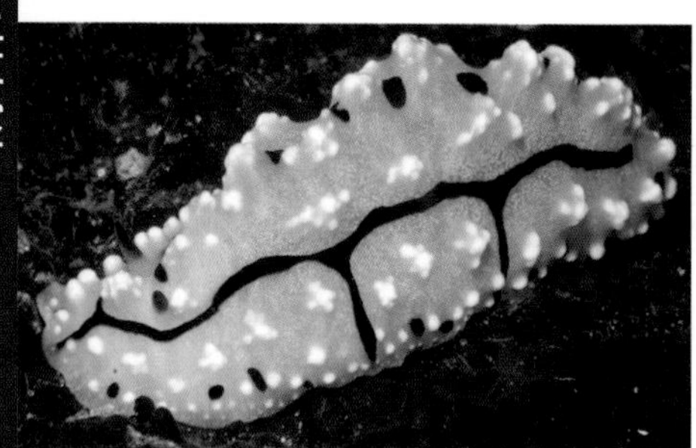

Pipek's Phyllidiopsis / *Phyllidiopsis pipeki*

皮佩克叶海蛞蝓分布于西太平洋海域，90 mm。嗅角尖端呈黑色，基部呈粉色。

Shereen's Phyllidiopsis / *Phyllidiopsis shireenae*

谢琳叶海蛞蝓分布于印度洋–太平洋海域，110 mm。嗅角呈浅粉色。

Sphinx Phyllidiopsis / *Phyllidiopsis sphingis*

狮身人面叶海蛞蝓分布于西太平洋中部海域，23 mm。身体呈浅蓝色，体表有深色条带。

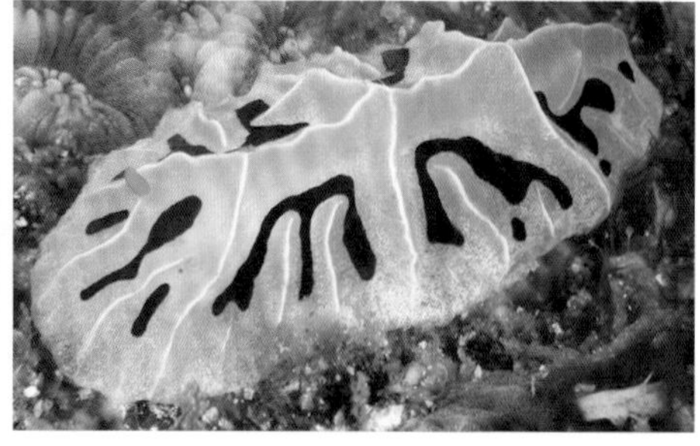

Mushroom Coral Reticulidia / *Reticulidia fungia*

脊状叶海蛞蝓分布于印度洋–太平洋海域，42 mm。身体呈白色，长有浅黄色脊。

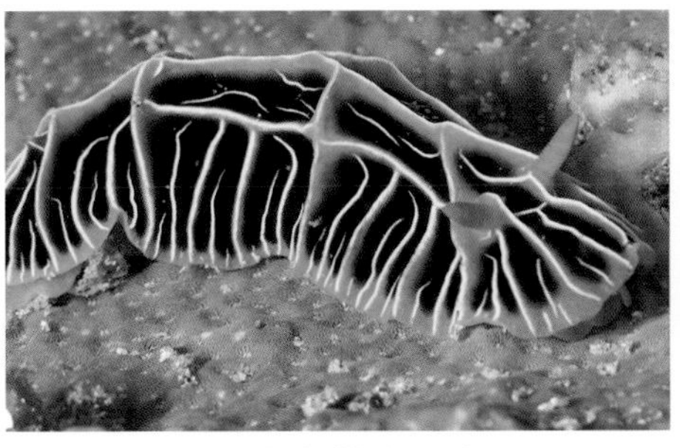

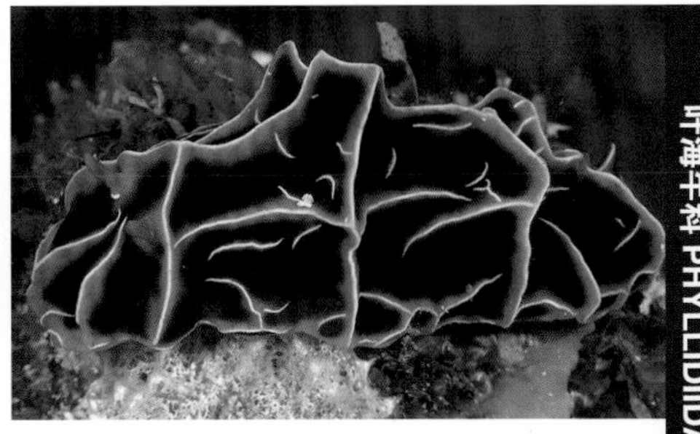

Reticulated Halgerda / *Reticulidia halgerda*

背岭叶海蛞蝓分布于西太平洋中部海域，65 mm。身体呈黑色，有数条细长黄色脊。外套膜边缘为橘色。

Rusty Madrella / *Madrella ferruginosa*

锈色片鳃海蛞蝓属于钟海牛科，分布于印度洋–西太平洋海域，45 mm。身体整体上呈红褐色，局部呈白色。

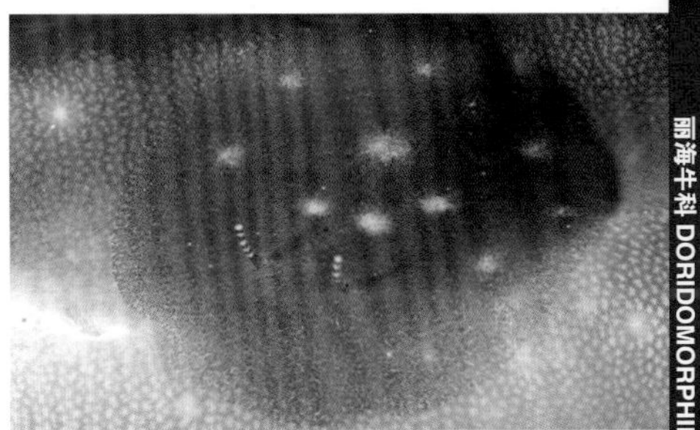

Gardiner's Doridomorpha / *Doridomorpha gardineri*

加德纳美丽海蛞蝓属于丽海牛科，分布于印度洋–太平洋海域，20 mm。会躲在苍珊瑚上。

Yellow-Teeth Armina / *Armina* cf. *comta*

细小片鳃海蛞蝓分布于西太平洋海域，120 mm。口幕上有橘色边缘和黄色疣突。

Black-Face Armina / *Armina* sp.

片鳃海蛞蝓（未定种）分布于印度尼西亚海域，200 mm。嗅角尖端呈橘色，口幕边缘呈黄色。

Secret Armina / *Armina occulta*

隐秘片鳃海蛞蝓分布于西太平洋海域，80 mm。口幕上有蓝色弧形条纹，足部边缘有蓝色条带，口幕和外套膜边缘呈橘色。

Scott's Armina / *Armina scotti*

斯科特片鳃海蛞蝓分布于西太平洋海域，60 mm。足部和口幕边缘的外侧有黄色条带，内侧有蓝色条带。以海鳃为食。左图中的个体正在捕食。

Pink-Face Armina / *Armina variolosa*

杂色片鳃海蛞蝓分布于中国、日本及菲律宾海域，50 mm。外套膜和口幕呈粉色。

Orange-Margined Armina / *Armina* sp.

片鳃海蛞蝓（未定种）分布于西太平洋海域，105 mm。外套膜、足部和口幕边缘呈橘色。

Bluish-Foot Armina / *Armina* sp.

片鳃海蛞蝓（未定种）分布于西太平洋海域，50 mm。头和足局部呈蓝色，嗅角尖端呈橘色。

Orange-Chin Armina / *Armina* sp.

片鳃海蛞蝓（未定种）分布于菲律宾海域，40 mm。面盘呈橘色，足部呈白色。

Ridged Armina / *Armina* sp.

片鳃海蛞蝓（未定种）分布于西太平洋海域，40 mm。口幕上有白色长疣突，眼睛呈蓝色。

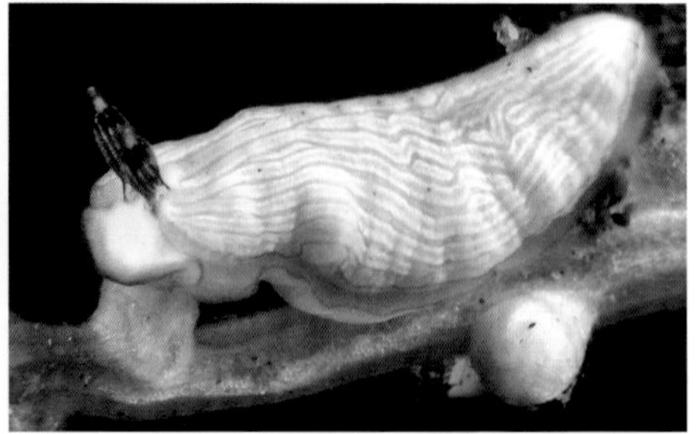

White Dermatobranchus / *Dermatobranchus albus*

铅白片鳃海蛞蝓分布于印度洋–西太平洋海域，10 mm。外套膜上有明显的脊。

Blue-Spotted Dermatobranchus / *Dermatobranchus caeruleomaculatus*

蓝斑片鳃海蛞蝓分布于印度洋-西太平洋海域，20 mm。外套膜边缘有蓝色斑点。

Blue-Foot Dermatobranchus / *Dermatobranchus cymatilis*

缘斑片鳃海蛞蝓分布于西太平洋海域，20 mm。口幕上有深色斑点。

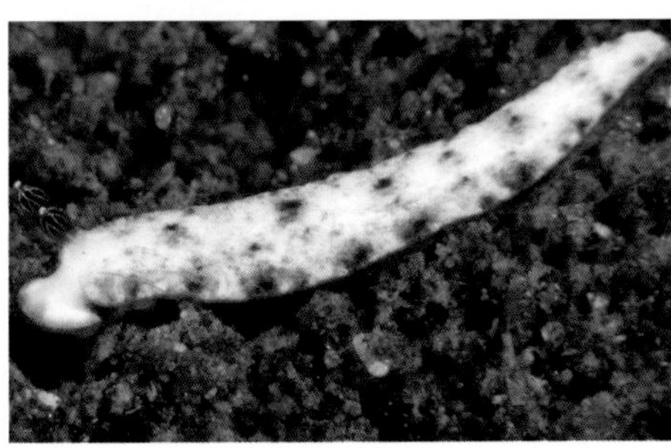

Red-Horned Dermatobranchus / *Dermatobranchus funiculus*

索状片鳃海蛞蝓分布于西太平洋海域，15 mm。口幕边缘呈橘色。嗅角呈浅红色，仅顶端呈白色。

Ridged Dermatobranchus / *Dermatobranchus gonatophorus*

黑纹片鳃海蛞蝓分布于印度洋-西太平洋海域，40 mm。嗅角呈黑色。

Ornate Dermatobranchus / *Dermatobranchus ornatus*

美丽片鳃海蛞蝓分布于印度洋-西太平洋海域，80 mm。背部密布尖端呈粉色的疣突。

Banded Dermatobranchus / *Dermatobranchus fasciatus*

条纹片鳃海蛞蝓分布于西太平洋海域，15 mm。嗅角呈褐色，上面有白色斑点。

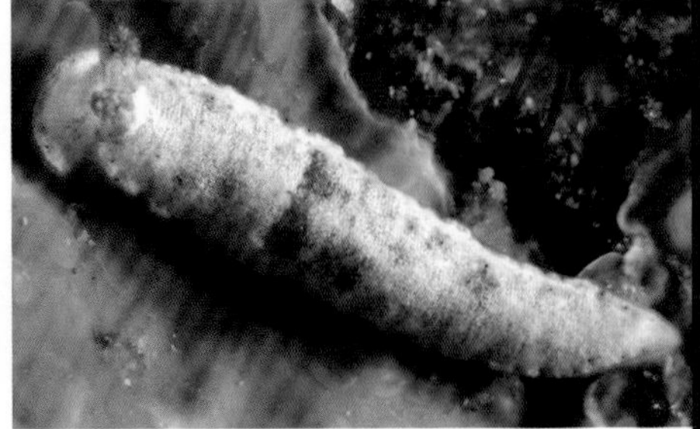

Rodman's Dermatobranchus / *Dermatobranchus rodmani*

罗德曼片鳃海蛞蝓分布于印度洋-太平洋海域，12 mm。背部有褐色斑块。

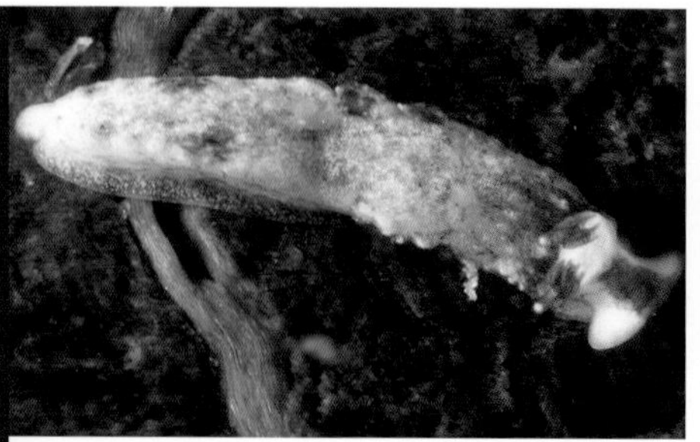

Dark-Spot Dermatobranchus / *Dermatobranchus fortunatus*

幸运片鳃海蛞蝓分布于印度洋-太平洋海域，12 mm。口幕上有明显的深色斑点。

Papillated Dermatobranchus / *Dermatobranchus pustulosus*

突丘片鳃海蛞蝓分布于西太平洋海域，70 mm。球状突起上有黑色斑点。

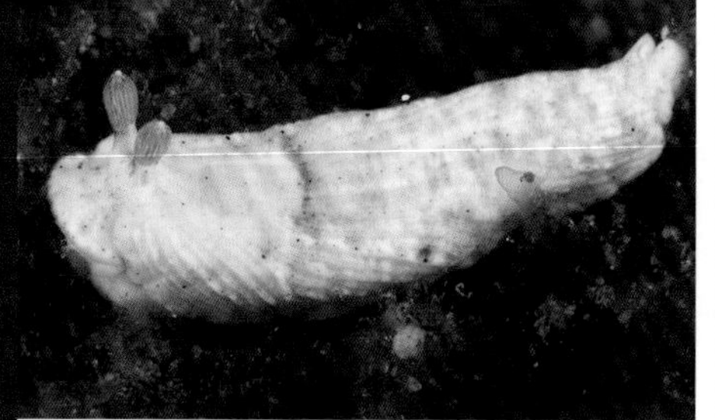

Pinkish Dermatobranchus / *Dermatobranchus* sp.

片鳃海蛞蝓（未定种）分布于印度尼西亚海域，20 mm。背部有 U 形斑，嗅角呈浅粉色。

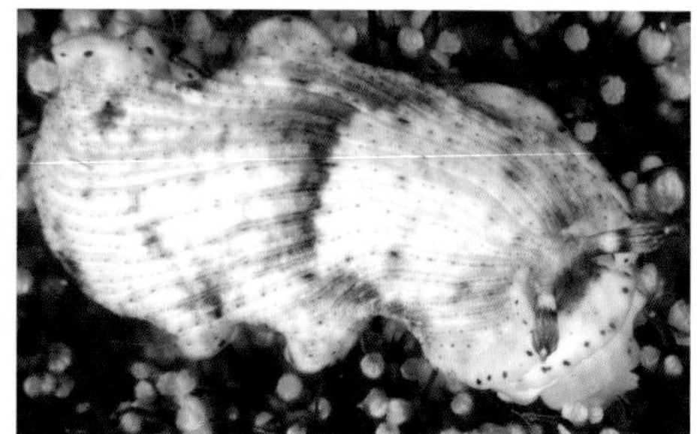

Half-Moon Dermatobranchus / *Dermatobranchus semilunus*

半月片鳃海蛞蝓分布于西太平洋海域，12 mm。背部有 U 形斑。

Dotted Arminid / *Dermatobranchus* sp.

片鳃海蛞蝓（未定种）分布于菲律宾海域，40 mm。背部有黑色斑点，嗅角尖端呈白色。

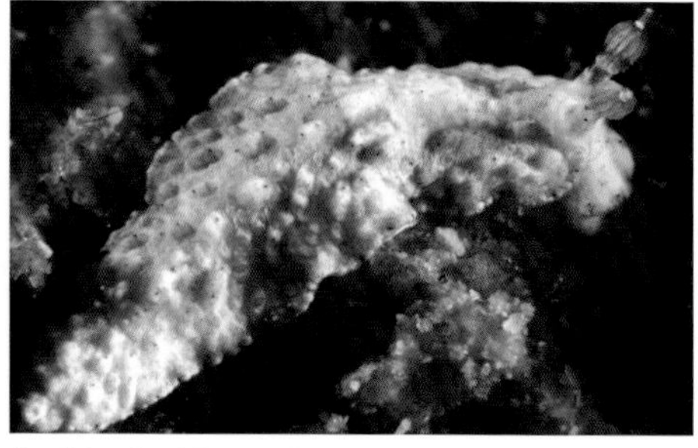

Small Arminid / *Dermatobranchus* sp.

片鳃海蛞蝓（未定种）分布于印度洋-太平洋海域，15 mm。身体呈白色，有脊。疣突尖端呈白色。

Black-Patched Dermatobranchus / *Dermatobranchus* sp.

片鳃海蛞蝓（未定种）分布于印度尼西亚海域，15 mm。足部呈浅蓝色，半透明。

Blue Dermatobranchus / *Dermatobranchus* sp.

片鳃海蛞蝓（未定种）分布于印度尼西亚海域，20 mm。背部呈浅蓝色，上面有深色条纹。

Dark-Dotted Dermatobranchus / *Dermatobranchus* sp.

片鳃海蛞蝓（未定种）分布于西太平洋海域，18 mm。身体整体上呈白色，局部呈浅褐色，体表有深色斑点。嗅角局部呈浅红色，尖端呈黄色。

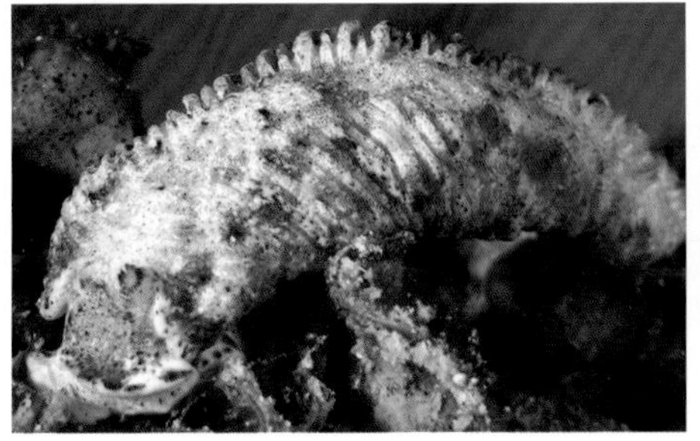

Lea ike Arminid / *Dermatobranchus phyllodes*

叶状片鳃海蛞蝓分布于西太平洋海域，40 mm。体背外侧有斜向生长的脊。

Striped Dermatobranchus / *Dermatobranchus* sp.

片鳃海蛞蝓（未定种）分布于印度尼西亚海域，20 mm。背部的细线纹的间距较宽。

Pale Dermatobranchus / *Dermatobranchus* sp.

片鳃海蛞蝓（未定种）分布于菲律宾海域，25 mm。身体呈白色，体表有黑色斑点。

Cappuccino Dermatobranchus / *Dermatobranchus* sp.

片鳃海蛞蝓（未定种）分布于菲律宾海域，25 mm。

Scarlet Dermatobranchus / *Dermatobranchus rubidus*

深红片鳃海蛞蝓分布于西太平洋中部海域，50 mm。身体呈红色，体表有白色条纹。

Pimpled Dermatobranchus / *Dermatobranchus tuberculatus*

瘤突片鳃海蛞蝓分布于西太平洋海域，18 mm。背部的疣突呈高耸状。

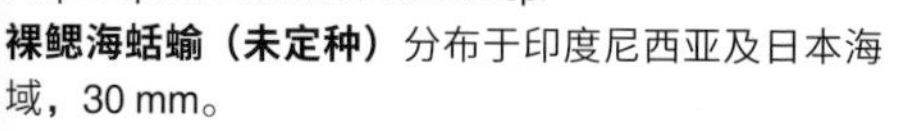

Purple-Spotted Janolus / *Janolus* sp.

裸鳃海蛞蝓（未定种）分布于印度尼西亚及日本海域，30 mm。

Savinkin's Janolus / *Janolus savinkini*

萨氏裸鳃海蛞蝓分布于西太平洋海域，70 mm。露鳃从上到下的颜色依次为蓝、紫、浅黄。

Orange-Spotted Janolus / *Janolus* sp.

裸鳃海蛞蝓（未定种）分布于印度尼西亚及巴布亚新几内亚海域，30 mm。露鳃上有橘色和白色斑点，嗅角上有白色乳头状突起。

Yellow-Ringed Janolus / *Janolus avoanulatus*

黄环裸鳃海蛞蝓分布于印度洋–西太平洋海域，50 mm。体色多变，露鳃上有黄色环纹，嗅角呈紫色或浅褐色。足部呈紫色，有白色斑点。

White-Spotted Janolus / *Janolus* sp.

裸鳃海蛞蝓（未定种）分布于西太平洋海域，25 mm。嗅角间有白色肉瘤状突起。

Orange Janolus / *Janolus* sp.

裸鳃海蛞蝓（未定种）分布于印度尼西亚海域，40 mm。身体呈橘色，露鳃尖端有黑白两色。

Encrusted Janolus / *Janolus incrustans*

覆壳裸鳃海蛞蝓分布于西太平洋海域，18 mm。身体半透明，体表有不透明的白色斑点。露鳃上有白斑，尖端有乳头状突起。消化腺为浅褐色。

Adam's Bornella / *Bornella* cf. *adamsii*

亚当二列鳃海蛞蝓（近似种）分布于印度尼西亚、马来西亚及泰国海域，50 mm。身体呈白色，体表有很多红色条纹。亚当二列鳃海蛞蝓现被确认为星环二列鳃海蛞蝓的幼体。

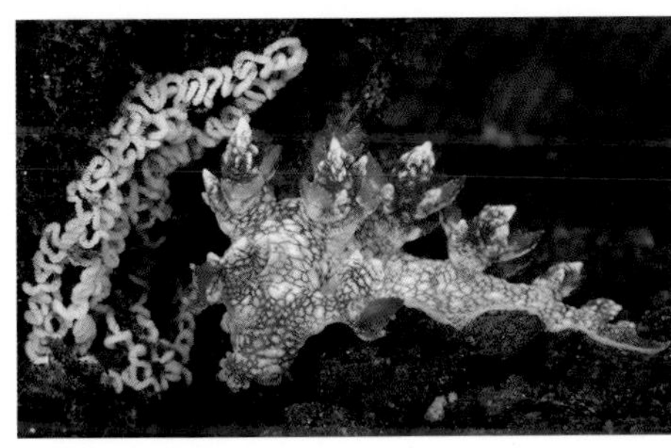

Hermann's Bornella / *Bornella hermanni*

赫尔曼二列鳃海蛞蝓分布于西太平洋海域，50 mm。背部有 3 对露鳃，嗅角近尖端处无环纹。

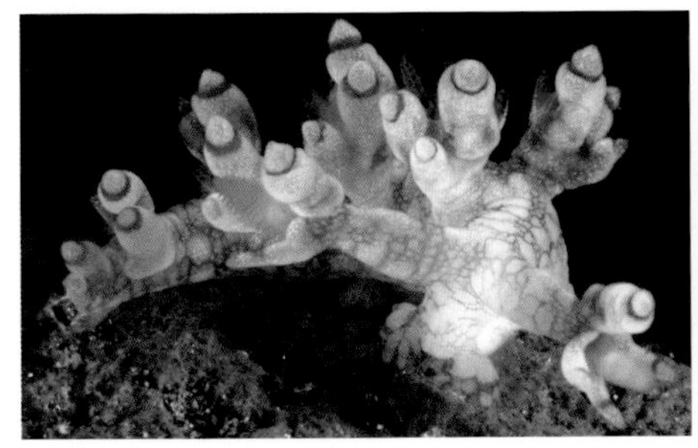

Stellifer's Bornella / *Bornella stellifera*

星环二列鳃海蛞蝓分布于印度洋-太平洋海域，30 mm。嗅角近尖端处有橘色环纹。

Orange-Topped Bornella / *Bornella* sp.

二列鳃海蛞蝓（未定种）分布于印度洋-太平洋海域，80 mm。露鳃呈橘黄色。

Eel Bornella / *Bornella anguilla*

鳗形二列鳃海蛞蝓分布于印度洋–太平洋海域，80 mm。露鳃呈花瓣状，上面有黑色大斑块。以水螅虫为食。左图中为幼体，20 mm。

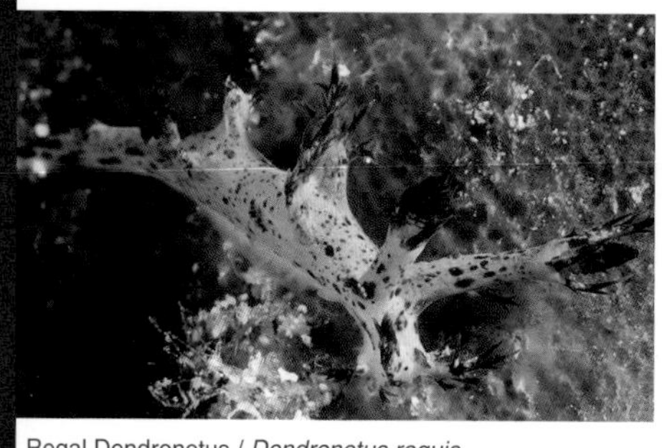
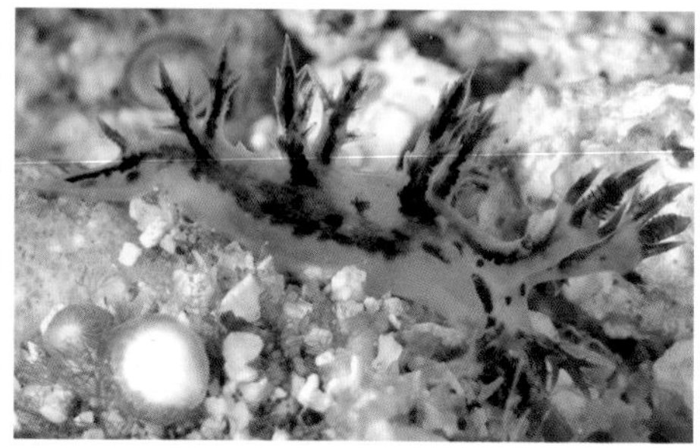

Regal Dendronotus / *Dendronotus reguis*

庄严枝背海蛞蝓分布于印度尼西亚及菲律宾海域，30 mm。身体呈橘色或白色，体表有褐色斑点。嗅角呈橘色，尖端色深。

Purple-Tipped Dendronotus / *Dendronotus* sp.

枝背海蛞蝓（未定种）分布于印度尼西亚海域，15 mm。身体呈浅褐色，嗅角呈白色。露鳃尖端呈白色，下方有紫色环形条带。

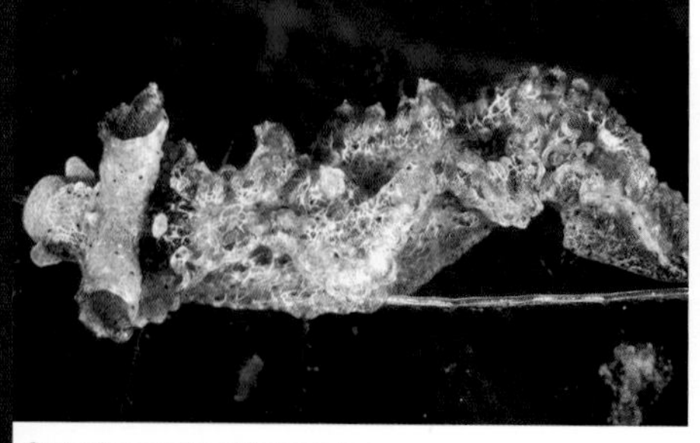

Gutter Lomanotus / *Lomanotus* sp.

中东海蛞蝓（未定种）分布于西太平洋中部海域，10 mm。身上有白色网纹和 3 对皮瓣。

Flat-Back Lomanotus / *Lomanotus* sp.

中东海蛞蝓（未定种）分布于西太平洋海域，10 mm。身体呈粉色，体表有白色和褐色斑点。

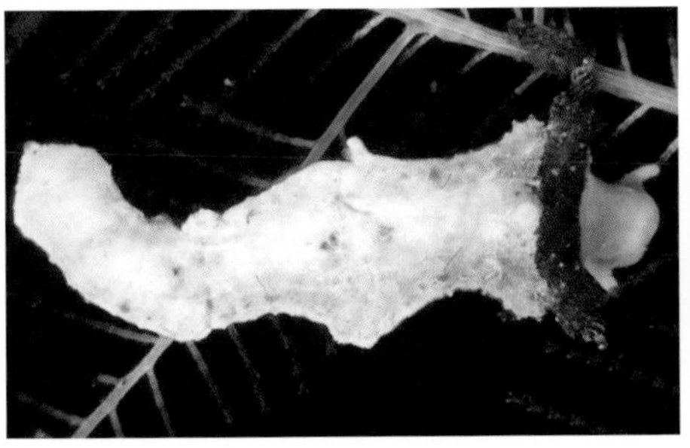

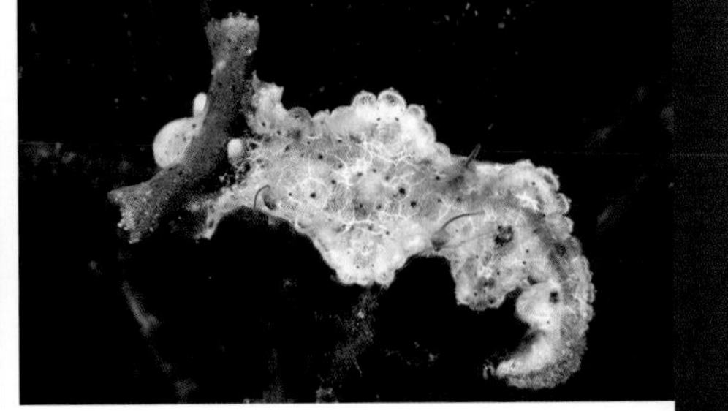

Red-Horned Lomanotus / *Lomanotus* sp.

中东海蛞蝓（未定种）分布于印度尼西亚海域，8 mm。嗅角鞘呈紫色或红色，背部有白色网纹，体侧有 4 个乳头状大突起。以带有刺细胞的水螅虫为食。

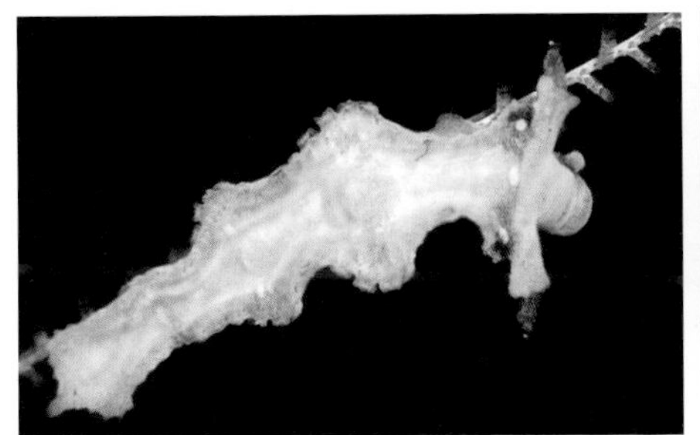

White Lomanotus / *Lomanotus* sp.

中东海蛞蝓（未定种）分布于印度尼西亚及菲律宾海域，20 mm。身体整体上呈白色，局部色深。

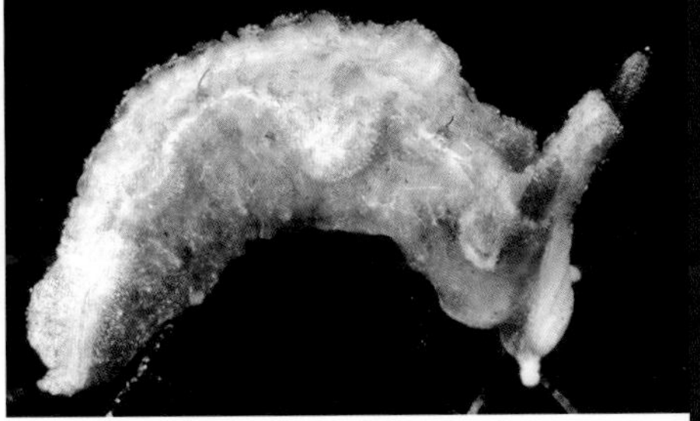

Four-Papillae Lomanotus / *Lomanotus* sp.

中东海蛞蝓（未定种）分布于印度尼西亚海域，15 mm。体侧有 4 个乳头状大突起。

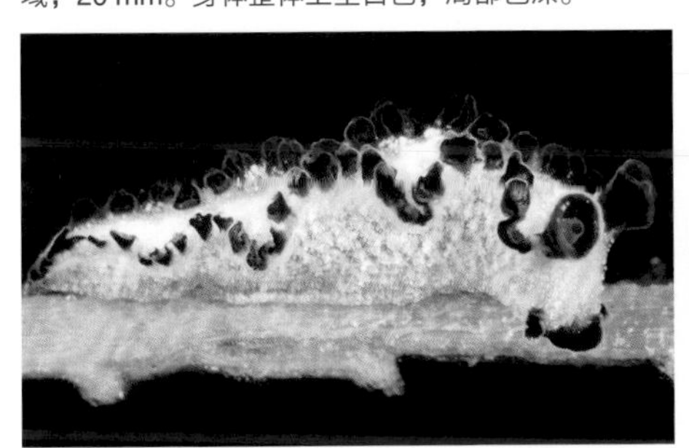

Wavy Lomanotus / *Lomanotus* sp.

中东海蛞蝓（未定种）分布于印度尼西亚及菲律宾海域，20 mm。身体呈白色或浅褐色，体表有黑色疣突。

Red Lomanotus / *Lomanotus* sp.

中东海蛞蝓（未定种）分布于印度尼西亚及菲律宾海域，20 mm。身体呈浅红褐色，背部扁平。

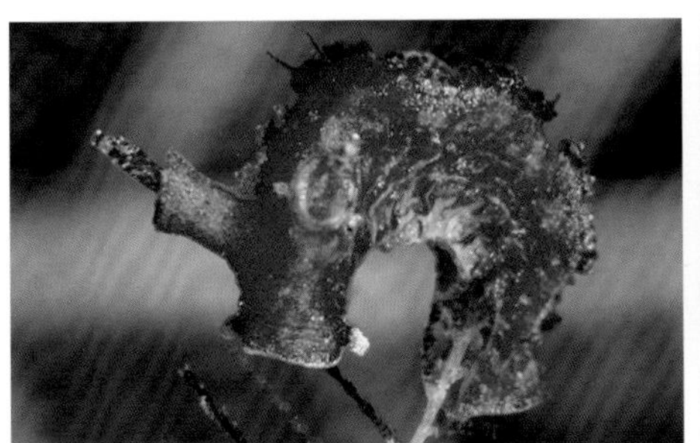

Scarlet Lomanotus / *Lomanotus* sp.

中东海蛞蝓（未定种）分布于印度尼西亚海域，12 mm。身体呈橘红色，体侧有数个乳头状突起。

Undulate Lomanotus / *Lomanotus* sp.

中东海蛞蝓（未定种）分布于印度尼西亚海域，15 mm。身体呈橘褐色，体表有白色斑点。

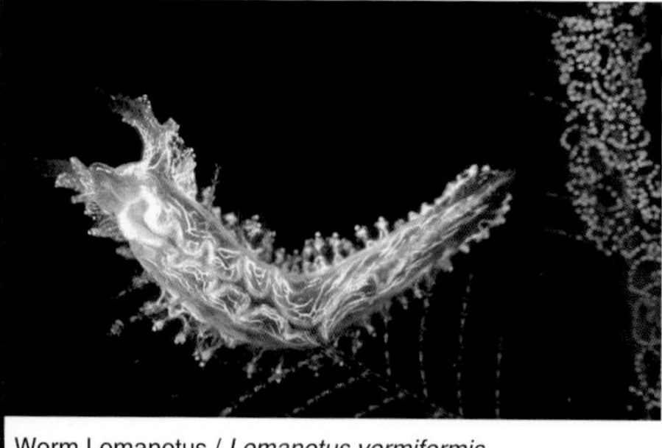
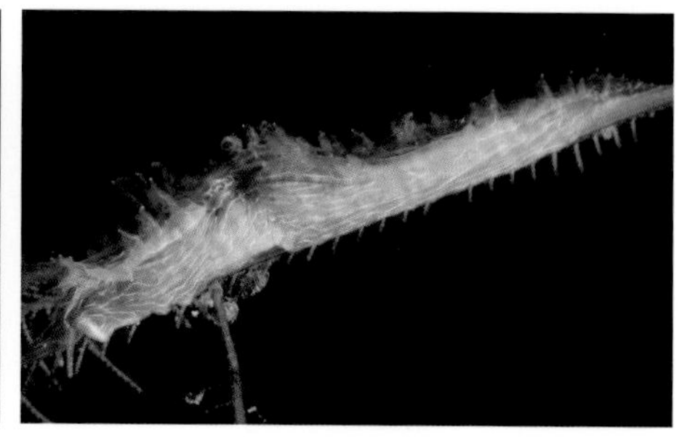

Worm Lomanotus / *Lomanotus vermiformis*

虫状中东海蛞蝓分布于印度洋–太平洋海域，30 mm。身体呈浅褐色，体表有白色线纹。以带有刺细胞的水螅虫为食。

Blue-Dot Crosslandia / *Crosslandia* sp.

四枝海蛞蝓（未定种）分布于印度尼西亚海域，25 mm。身体呈褐色，有白色斑块和蓝色斑点。

Blue-Dotted Scyllaea / *Scyllaea fulva*

蓝点四枝海蛞蝓分布于西太平洋海域，40 mm。常发现于漂浮的马尾藻上。

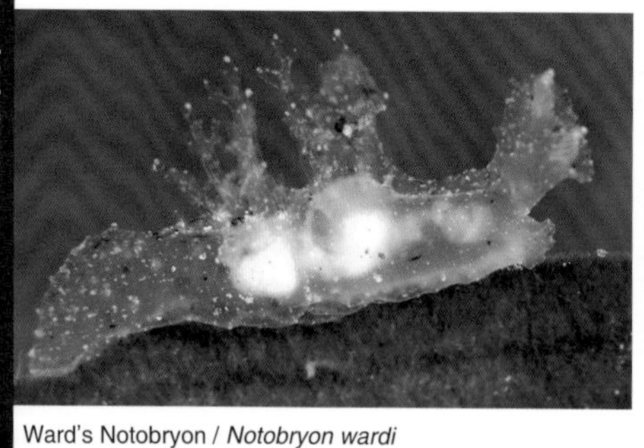

Ward's Notobryon / *Notobryon wardi*

沃德四枝海蛞蝓分布于西太平洋海域，40 mm。身体呈浅蓝色，半透明，常变成彩虹色。身上有白色乳头状突起。右图中的个体正在产卵。

Finger Melibe / *Melibe bucephala*

指状巨幕海蛞蝓分布于红海至印度尼西亚海域，100 mm。露鳃上有乳头状和指状突起。

Coral Melibe / *Melibe coralophilia*

珊瑚巨幕海蛞蝓分布于印度洋–西太平洋海域，120 mm。身体呈褐色，露鳃上有疣突。

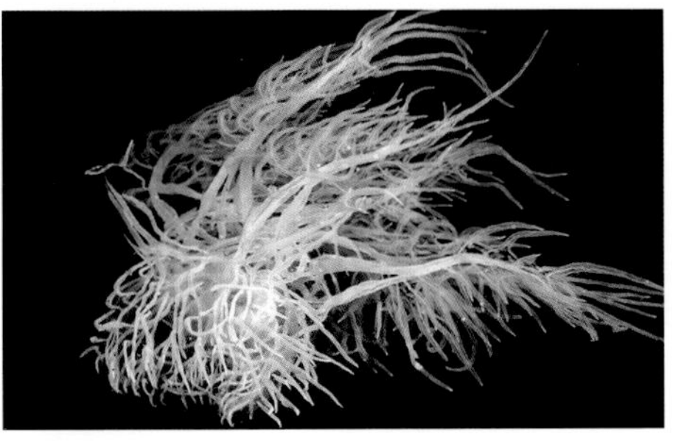

Coleman's Melibe / *Melibe colemani*

科尔曼巨幕海蛞蝓分布于西太平洋海域，50 mm。身体半透明，体表有白色线纹。露鳃外观与其栖息的伞软珊瑚相似。

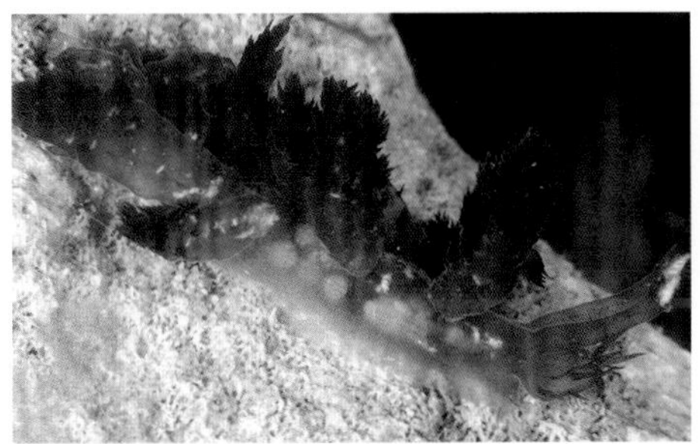

Branched Melibe / *Melibe digitata*

指缘巨幕海蛞蝓分布于西太平洋海域，35 mm。身体呈褐色，半透明，嗅角长。

Ghost Melibe / *Melibe engeli*

恩格尔巨幕海蛞蝓分布于印度洋–太平洋海域，45 mm。嗅角鞘后部的乳头状突起排列呈帆形。

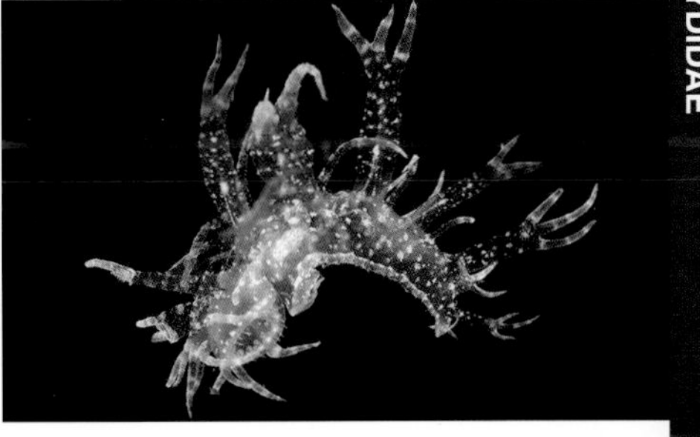

Large-Cerata Melibe / *Melibe megaceras*

巨鳃巨幕海蛞蝓分布于印度洋–太平洋海域，40 mm。身体半透明，体表有不透明的白色斑点和褐色斑块。露鳃大，有 2~4 个分枝。

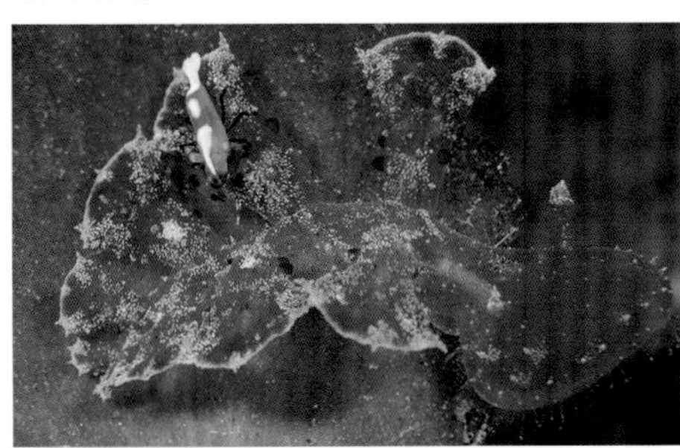

Papillose Melibe / *Melibe papillosa*

乳突巨幕海蛞蝓分布于西太平洋海域，100 mm。身体呈浅褐色，半透明。露鳃扁平，呈楔形。

Hairy Melibe / *Melibe pilosa*

披毛巨幕海蛞蝓分布于西太平洋中部海域，100 mm。身体半透明，体表有褐色斑块。露鳃呈楔形。

Papillate Melibe / *Melibe* sp.

巨幕海蛞蝓（未定种）分布于印度尼西亚海域，70 mm。身体呈浅褐色，体表密布乳头状突起。

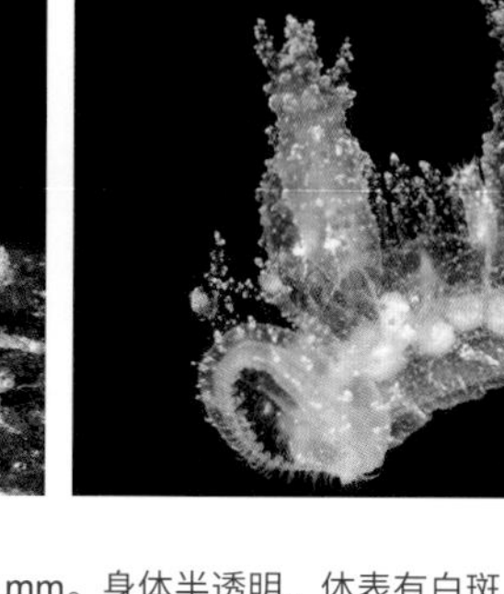

Spur-Papillae Melibe / *Melibe* sp.

巨幕海蛞蝓（未定种）分布于西太平洋海域，30 mm。身体半透明，体表有白斑。嗅角鞘后部有长乳头状突起。

Green Melibe / *Melibe viridis*

翠绿巨幕海蛞蝓分布于印度洋–太平洋海域，200 mm。体色从类白色至棕绿色均有，身上有褐色和白色的圆形突起。

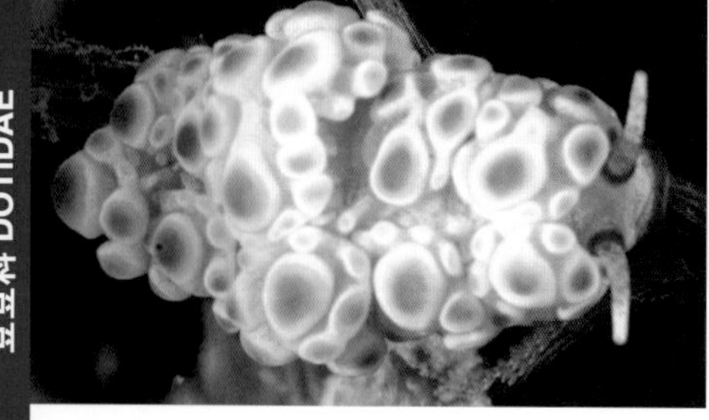

Pink-Spot Doto / *Doto* sp.

豆豆海蛞蝓（未定种）分布于巴布亚新几内亚海域，12 mm。身体呈浅黄色。露鳃扁平，上面有粉色斑。

Black Doto / *Doto* sp.

豆豆海蛞蝓（未定种）分布于西太平洋海域，14 mm。身体呈深灰色，嗅角尖端呈白色。

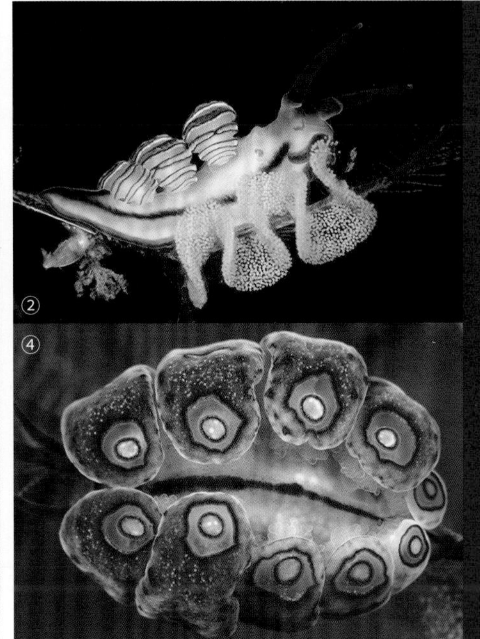

Donut Doto / *Doto greenamyeri*

格林迈尔豆豆海蛞蝓分布于印度尼西亚及巴布亚新几内亚海域，15 mm。体背中间有一褐色粗条纹，能模仿其所摄食的水螅体的分枝。露鳃上有灰色和橘色环纹。图③和图④中为露鳃异于常态的个体，可能是受伤导致的。

Racemose Doto / *Doto racemosa*

果序豆豆海蛞蝓分布于西太平洋海域，10 mm。身体呈褐色，露鳃上有环形皮瓣和白色斑点，嗅角鞘开口处呈白色。可能为复合种。

Black-Dotted Doto / *Doto* sp.

豆豆海蛞蝓（未定种）分布于印度尼西亚海域，8 mm。身体呈浅黄色，体表有黑色和白色斑点。嗅角和嗅角鞘上有白色斑点。左图中的个体嗅角和嗅角鞘上无斑点，较少见。

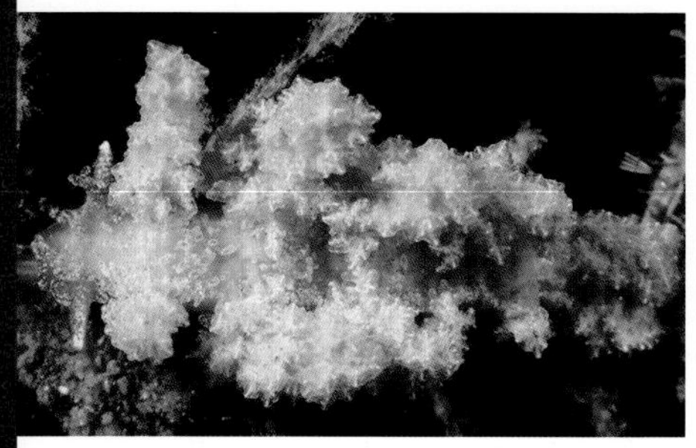

White Doto / *Doto* sp.

豆豆海蛞蝓（未定种）分布于印度尼西亚海域，8 mm。身体前半部呈浅黄色，后半部呈红褐色。露鳃呈白色，上面有白色斑点。嗅角和嗅角鞘上有白色斑点，嗅角鞘开口处较宽。

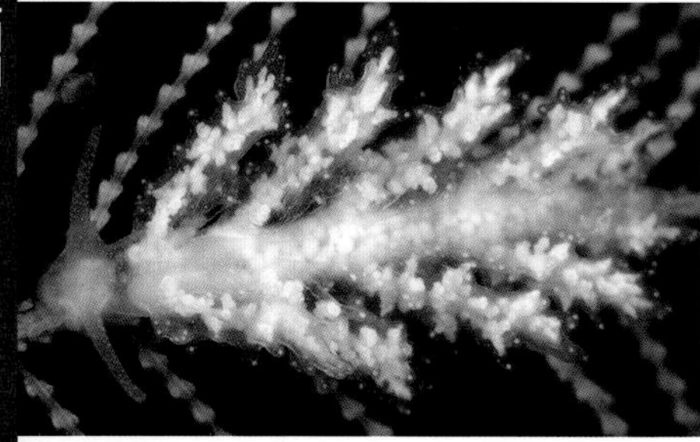

White-Spotted Doto / *Doto* sp.

豆豆海蛞蝓（未定种）分布于印度尼西亚海域，9 mm。露鳃半透明，能模仿水螅虫。

Blotched-Face Doto / *Doto* sp.

豆豆海蛞蝓（未定种）分布于菲律宾海域，20 mm。头部有深色斑块，嗅角呈黑色。

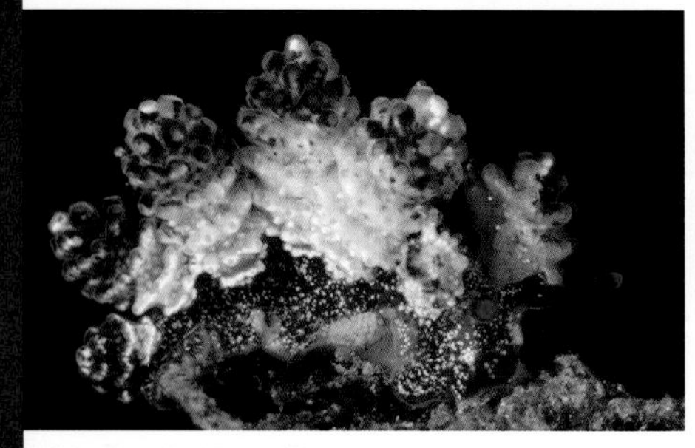

White-Speckled Doto / *Doto* sp.

豆豆海蛞蝓（未定种）分布于印度尼西亚海域，10 mm。体表密布白色斑点，嗅角尖端呈蓝色。

Black-Horned Doto / *Doto* sp.

豆豆海蛞蝓（未定种）分布于印度尼西亚海域，9 mm。嗅角鞘上有橘色条纹，露鳃呈白色。

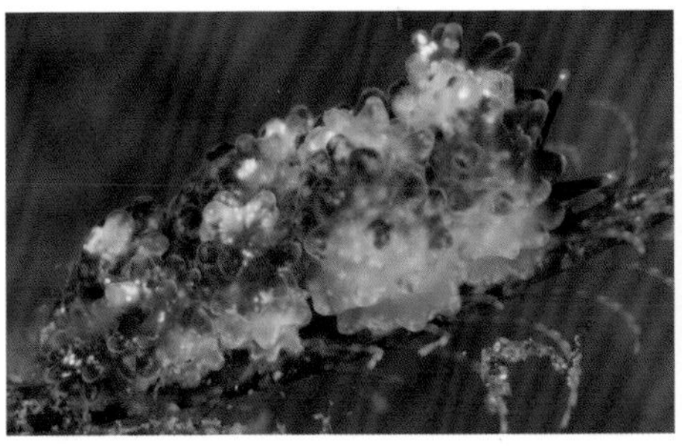

Yellow-Tipped Doto / *Doto* sp.

豆豆海蛞蝓（未定种） 分布于印度尼西亚海域，16 mm。身体呈深灰色或浅褐色。露鳃呈白色，局部有褐色和白色斑点。圆形突起的尖端有黄色斑点。嗅角鞘边缘呈黄色。

Maroon Doto / *Doto* sp.

豆豆海蛞蝓（未定种） 分布于菲律宾及印度尼西亚海域，20 mm。身体呈红褐色或褐色。嗅角鞘边缘呈黄色，上面有亮黄色斑点。疣突上有黄色斑点。

Red Doto / *Doto* sp.

豆豆海蛞蝓（未定种） 分布于印度尼西亚、中国香港及日本海域，7 mm。身体整体上呈橘红色，体侧局部呈白色。嗅角鞘边缘有乳头状突起。

Brown Doto / *Doto* sp.

豆豆海蛞蝓（未定种） 分布于巴布亚新几内亚海域，12 mm。身体呈深褐色，露鳃密布白色斑点。

Grape Doto / *Doto ussi*

葡萄豆豆海蛞蝓 分布于印度洋–西太平洋海域，30 mm。身体呈土黄色，体表有白斑。

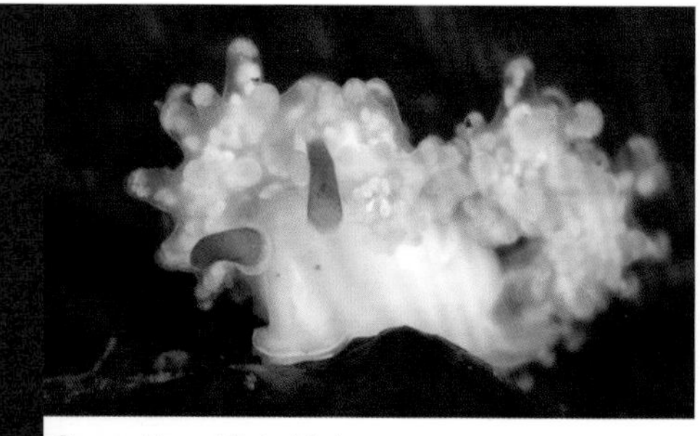

Orange-Horned Doto / *Doto* sp.

豆豆海蛞蝓（未定种）分布于印度尼西亚海域，5 mm。身体呈白色，嗅角呈橘色，露鳃半透明，圆形突起顶端均呈白色。

Black-Striped Doto / *Doto* sp.

豆豆海蛞蝓（未定种）分布于印度尼西亚海域，8 mm。身体呈乳黄色，指状突起上有黑色斑纹。

Black-Spotted Doto / *Doto* sp.

豆豆海蛞蝓（未定种）分布于印度尼西亚海域，11 mm。疣突尖端大多呈黑色，部分呈黄色。

Yellow Doto / *Doto* sp.

豆豆海蛞蝓（未定种）分布于印度尼西亚及新喀里多尼亚海域，15 mm。身体呈白色，半透明。头部呈黄色，嗅角呈黑色。露鳃呈橘黄色，上面有白色圆形突起。左图中为携带卵的个体。

Red-Berry Kabeiro / *Kabeiro* sp.

豆豆海蛞蝓（未定种）分布于印度尼西亚、菲律宾海域，15 mm。身体呈红褐色，露鳃顶部呈粉色。

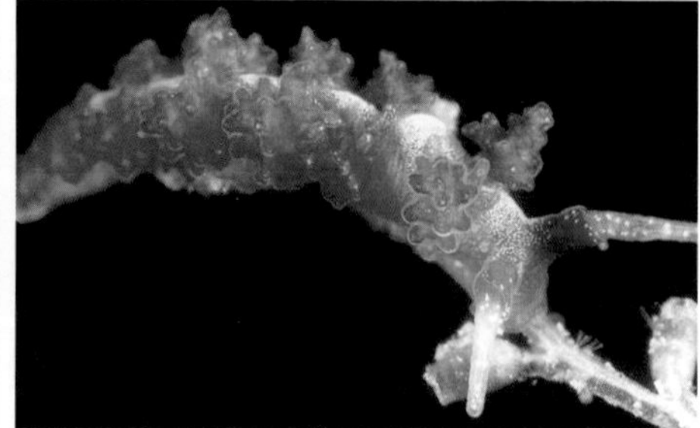

Red Kabeiro / *Kabeiro* sp.

豆豆海蛞蝓（未定种）分布于印度尼西亚海域，9 mm。身体呈红色，体表有白色斑点。

Stick Kabeiro / *Kabeiro phasmida*

竹节豆豆海蛞蝓分布于菲律宾海域，20 mm。体色从嫩黄色至棕褐色均有，露鳃上有锥形突起。

White Kabeiro / *Kabeiro* cf. *phasmida*

竹节豆豆海蛞蝓（近似种）分布于印度尼西亚海域，20 mm。身体呈白色。

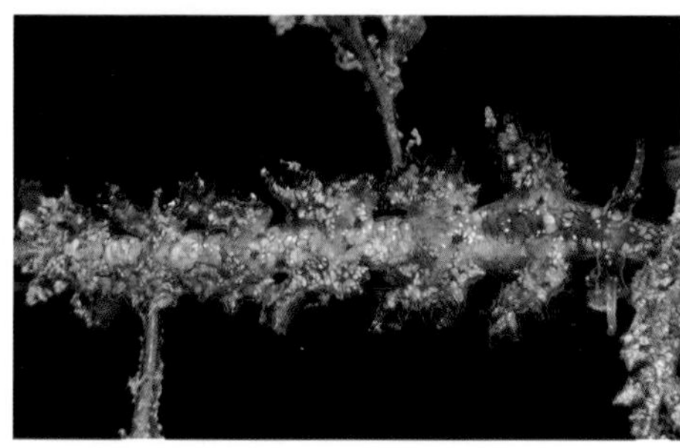

Red-Net Kabeiro / *Kabeiro rubroreticulata*

红网纹豆豆海蛞蝓分布于菲律宾及印度尼西亚海域，20 mm。身体呈浅红色，背部和露鳃上有红色网纹（左图）。浅体色型个体的网纹更明显（右图）。

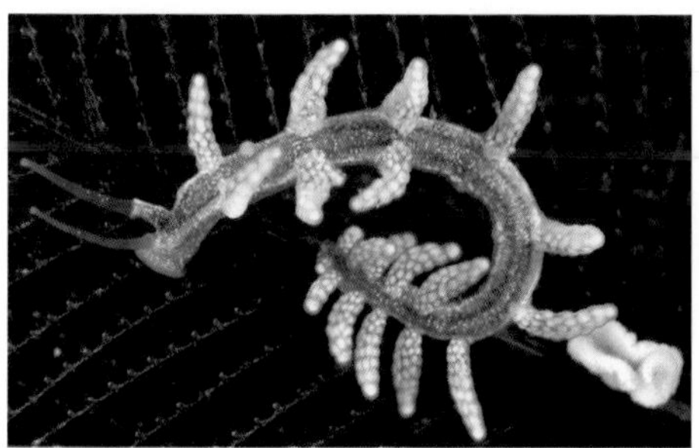

Brown Kabeiro / *Kabeiro* sp.

豆豆海蛞蝓（未定种）分布于印度尼西亚、巴布亚新几内亚及菲律宾海域，25 mm。身体呈褐色，有些个体有白色斑点和白色露鳃（左图），有些个体有金色斑点和浅褐色露鳃（右图）。

Pink Marianina / *Marianina rosea*

粉紫崔坦海蛞蝓分布于印度洋–西太平洋海域，15 mm。身体呈紫色，次生鳃呈白色。

Divided Marionia / *Marionia distincta*

显著崔坦海蛞蝓分布于西太平洋海域，60 mm。背部有浅褐色条纹。

Branched Marionia / *Marionia arborescens*

树状崔坦海蛞蝓分布于印度洋-西太平洋海域，65 mm。体色多变，从白色至粉褐色均有。背部有网纹，次生鳃带分枝，触须状触手无分枝。

Reticulate Marionia / *Marionia elongoreticulata*

网纹崔坦海蛞蝓分布于西太平洋海域，70 mm。身上有红色网纹。

Red Marionia / *Marionia rubra*

红崔坦海蛞蝓分布于印度洋-西太平洋海域，120 mm。体色从红色至褐色均有。

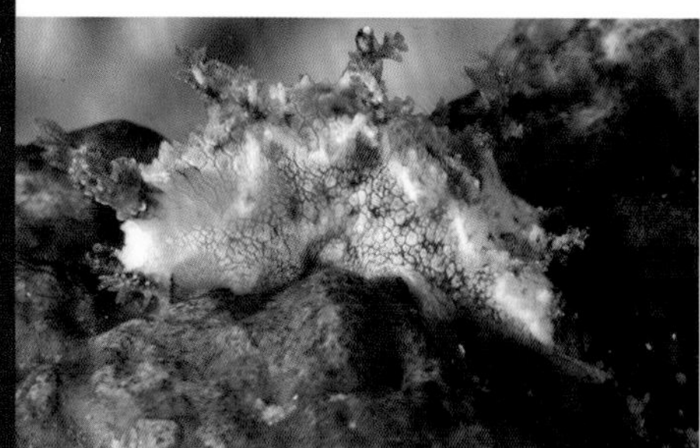

Reticulated Marionia / *Marionia* sp.

崔坦海蛞蝓（未定种）分布于菲律宾海域，25 mm。背部有网纹和橘色斑。

Yellow-Spotted Marionia / *Marionia* cf. *rubra*

红崔坦海蛞蝓（近似种）分布于印度洋-太平洋海域，70 mm。体色从红色至褐色均有。

White-Spotted Marionia / *Marionia* sp.

崔坦海蛞蝓（未定种）分布于西太平洋海域，70 mm。身体呈灰绿色，体表有白色斑点。

White-Lined Marionia / *Marionia* sp.

崔坦海蛞蝓（未定种）分布于西太平洋海域，100 mm。体表有白色细纹，次生鳃呈浅绿色。

Blue-Spotted Marionia / *Marionia* sp.

崔坦海蛞蝓（未定种）分布于西太平洋海域，22 mm。身体呈褐色，体表有网纹和蓝色斑点。

Strawberry Marionia / *Marionia* sp.

崔坦海蛞蝓（未定种）分布于西太平洋海域，40 mm。身体呈黄色，局部色深。

White-Lined Marionia / *Marionia* sp.

崔坦海蛞蝓（未定种）分布于菲律宾海域，20 mm。体表有白色网纹，次生鳃呈褐色。

Pale Marionia / *Marionia* sp.

崔坦海蛞蝓（未定种）分布于西太平洋海域，40 mm。身体呈浅褐色，体背中间有白色波浪状斑纹。

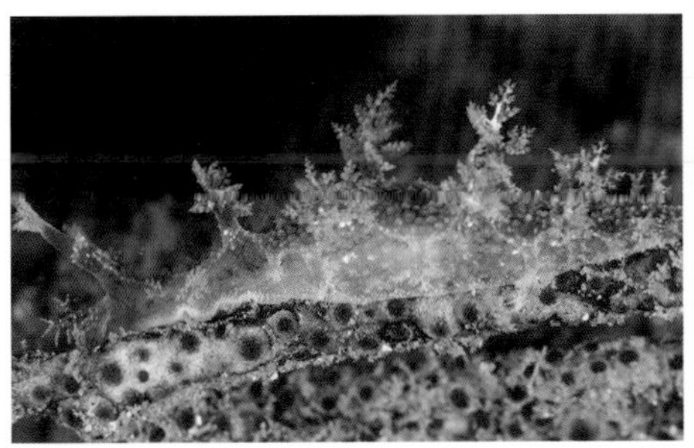

Nodular Marionia / *Marionia* sp.

崔坦海蛞蝓（未定种）分布于西太平洋海域，20 mm。身体呈褐色，半透明，体表有圆锥形突起。

Orange-Spot Marionia / *Marionia* sp.

崔坦海蛞蝓（未定种）分布于印度尼西亚海域，20 mm。体表有褐色网纹，体背中间呈橘色。

Pink Marionia / *Marionia* sp.

崔坦海蛞蝓（未定种）分布于巴布亚新几内亚海域，20 mm。身体呈粉红色，体表有网纹和蓝色斑点。

Milky Tritonia / *Tritonia* sp.

崔坦海蛞蝓（未定种）分布于菲律宾海域，25 mm。身体呈乳白色，次生鳃呈褐色。

Pale-Brown Tritonia / *Tritonia* sp.

崔坦海蛞蝓（未定种）分布于西太平洋海域，15 mm。身体呈灰白色，体表有褐色斑点。

Brown-Triangle Tritonia / *Tritonia* sp.

崔坦海蛞蝓（未定种）分布于印度洋–西太平洋海域，40 mm。身体半透明，背部有褐色三角形斑。

Bolland's Tritonia / *Tritonia bollandi*

柏兰德崔坦海蛞蝓分布于日本及印度尼西亚海域，88 mm。身体呈褐色，次生鳃边缘呈白色。

White-Dotted Tritonia / *Tritonia* sp.

崔坦海蛞蝓（未定种）分布于菲律宾海域，20 mm。头部呈浅绿色，体背中间呈白色。

Olive Tritonia / *Tritonia* sp.

崔坦海蛞蝓（未定种）分布于印度尼西亚海域，15 mm。身体呈橄榄灰色，体表有暗红色斑点。

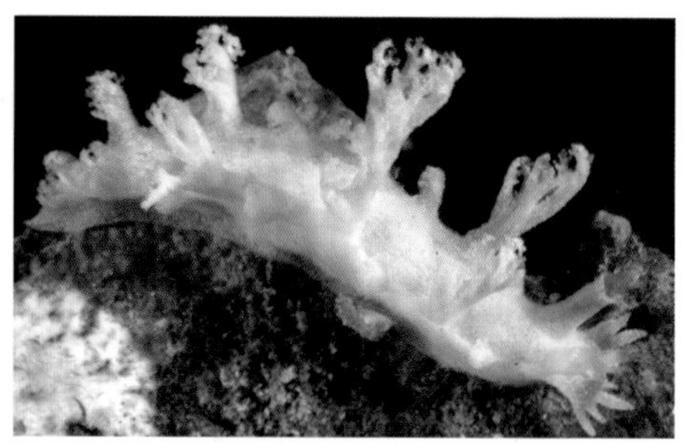

Frozen Tritonia / *Tritonia* sp.

崔坦海蛞蝓（未定种）分布于菲律宾海域，15 mm。身体半透明，体表有不透明的白色斑点。

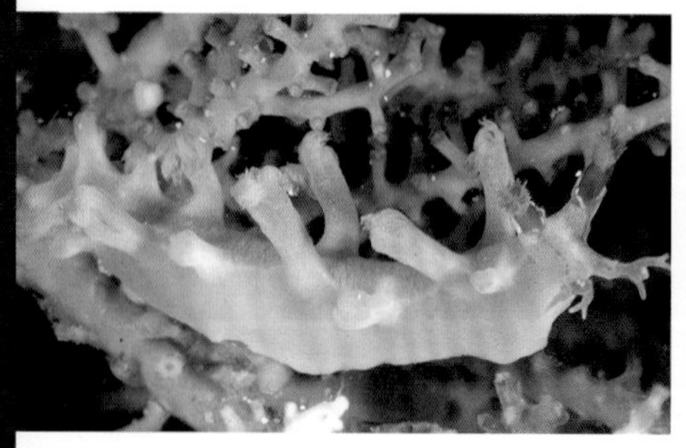

Comb Tritonia / *Tritonia* sp.

崔坦海蛞蝓（未定种）分布于印度洋–西太平洋海域，15 mm。身体呈米黄色。能模仿自身栖息的珊瑚。

Netted Tritonia / *Tritonia* sp.

崔坦海蛞蝓（未定种）分布于西太平洋海域，40 mm。背部半透明，次生鳃局部呈浅橘色。

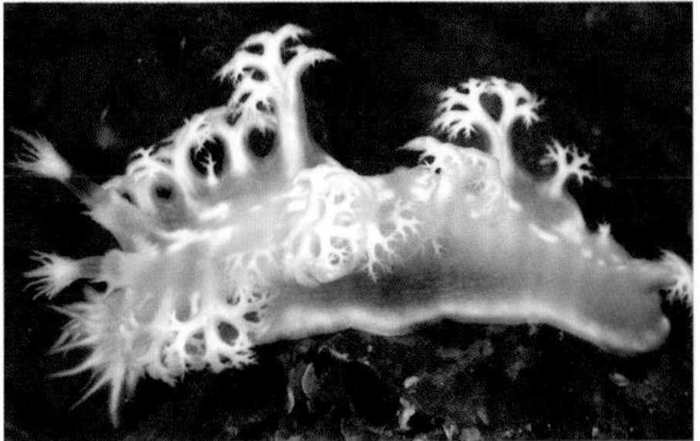

Elegant Tritoniopsis / *Tritoniopsis elegans*

华美崔坦海蛞蝓分布于印度洋–西太平洋海域，60 mm。背部平滑，上面有乳白色斑点。

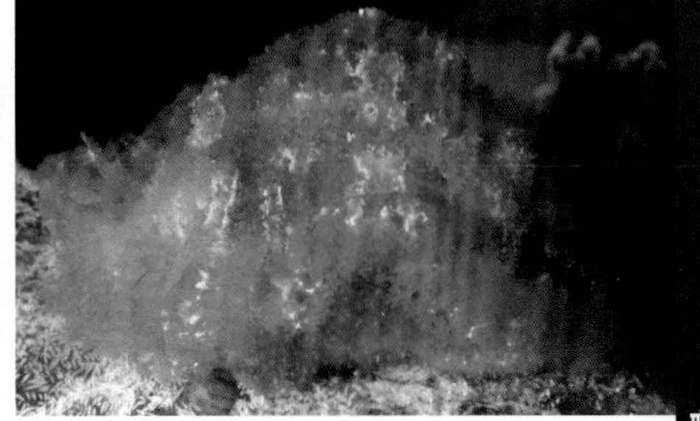

White Tritoniopsis / *Tritoniopsis alba*

白崔坦海蛞蝓分布于印度洋–西太平洋海域，27 mm。身体呈白色或橘色，体表遍布圆锥形小突起。

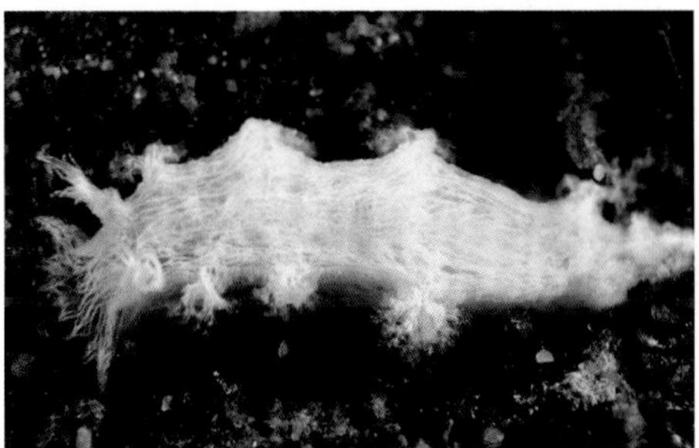

White-Lined Tritoniopsis / *Tritoniopsis* sp.

崔坦海蛞蝓（未定种）分布于印度尼西亚海域，18 mm。身体呈浅褐色，体表密布白色细线纹。次生鳃的分枝呈发散状。

Delicate Coryphellina / *Coryphellina delicata*

纤细扇羽海蛞蝓分布于印度洋–西太平洋海域，20 mm。嗅角呈乳头状，露鳃尖端呈紫色。

Purple Coryphellina / *Coryphellina* sp.

扇羽海蛞蝓（未定种）分布于印度洋–西太平洋海域，10 mm。身体呈紫色，体表有白斑。

Flame Coryphellina / *Coryphellina exoptata*

火焰扇羽海蛞蝓分布于印度洋–太平洋海域，20 mm。嗅角呈橘色、乳头状。露鳃尖端呈白色。

Pale Coryphellina / *Coryphellina* sp.

扇羽海蛞蝓（未定种）分布于西太平洋海域，20 mm。身体呈乳黄色，触觉触角尖端呈紫色。

Purple-Lined Coryphellina / *Coryphellina* sp. cf. *rubrolineata*

扇羽海蛞蝓（未定种）分布于西太平洋海域，25 mm。身上有 3 条橘色纵条纹。嗅角呈乳头状，尖端处有紫色环纹。

Lotos Coryphellina / *Coryphellina lotos*

忘忧树扇羽海蛞蝓分布于西太平洋海域，25 mm。身体半透明，体表有 3 条不连续的紫色线纹。

One-Line Coryphellina / *Coryphellina* sp.

扇羽海蛞蝓（未定种）分布于印度尼西亚海域，25 mm。体背中间有紫色条纹，体侧有红色条带。

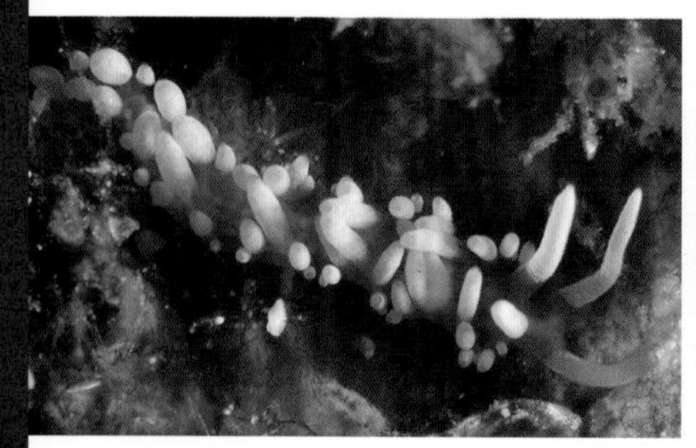

Yellow-Tipped Flabellina / *Flabellina* sp.

扇羽海蛞蝓（未定种）分布于西太平洋海域，12 mm。背部半透明，嗅角和口触手呈不透明的白色，露鳃尖端呈黄色。

Double-Ringed Samla / *Samla bilas*

双环山姆海蛞蝓分布于印度洋–太平洋海域，25 mm。体背中部有白斑，露鳃上有 2 条红色环纹。

Orange-Tipped Samla / *Samla macassarana*

橘端山姆海蛞蝓分布于印度洋–西太平洋海域，30 mm。露鳃尖端呈橘色，下方有红色环纹。

Netted Samla / *Samla riwo*

网纹山姆海蛞蝓分布于印度洋–西太平洋海域，25 mm。身体呈白色，体表有深蓝色或红褐色网纹。口触手上有 2 条深蓝色条带。

Bicolor Samla / *Samla bicolor*

双色山姆海蛞蝓分布于印度洋–太平洋海域，15 mm。背部半透明，上面有冰晶状白斑。嗅角和露鳃近尖端处有橘色条带。

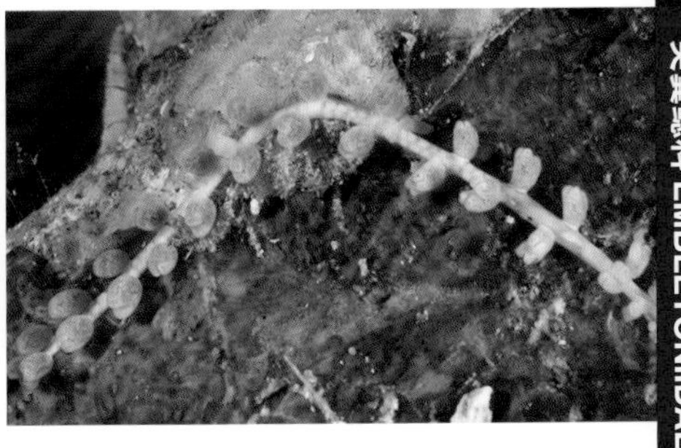

Slender Embletonia / *Embletonia gracilis*

细长突翼海蛞蝓分布于印度洋–太平洋海域，30 mm。露鳃呈杯状、浅灰色，基部有白色环纹。左图中为幼体，6 mm。

Inaba's Eubranchus / *Eubranchus inabai*

稻叶真海蛞蝓分布于西太平洋海域，12 mm。身体呈橘色，体表有白色大斑块。露鳃膨大。

Dark-Dots Eubranchus / *Eubranchus* sp.

真海蛞蝓（未定种）分布于印度尼西亚海域，7 mm。身体半透明，体表有深红色斑点。

Mandapam's Eubranchus / *Eubranchus mandapamensis*

曼达帕姆真海蛞蝓分布于印度洋-太平洋海域，15 mm。嗅角上有 3~5 个环状突起。

Red-Dots Eubranchus / *Eubranchus rubropunctatus*

红点真海蛞蝓分布于印度洋-西太平洋海域，15 mm。嗅角上有乳头状小突起。

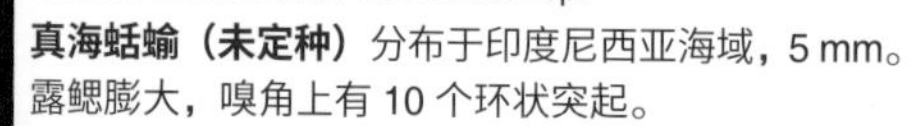

Swollen Eubranchus / *Eubranchus* sp.

真海蛞蝓（未定种）分布于印度尼西亚海域，5 mm。露鳃膨大，嗅角上有 10 个环状突起。

Ocellated Eubranchus / *Eubranchus ocellatus*

眼斑真海蛞蝓分布于印度洋-西太平洋海域，20 mm。身体半透明，露鳃上有褐色环纹。

Red-Speckled Eubranchus / *Eubranchus* sp.

真海蛞蝓（未定种）分布于印度尼西亚海域，20 mm。身体半透明，体表密布红色斑点，有少量不透明白斑。露鳃中黄色的消化腺清晰可见，露鳃尖端呈蓝色。

Pale Eubranchus / *Eubranchus* sp.

真海蛞蝓（未定种）分布于印度尼西亚海域，20 mm。体征与前一个种相似，消化腺色深。

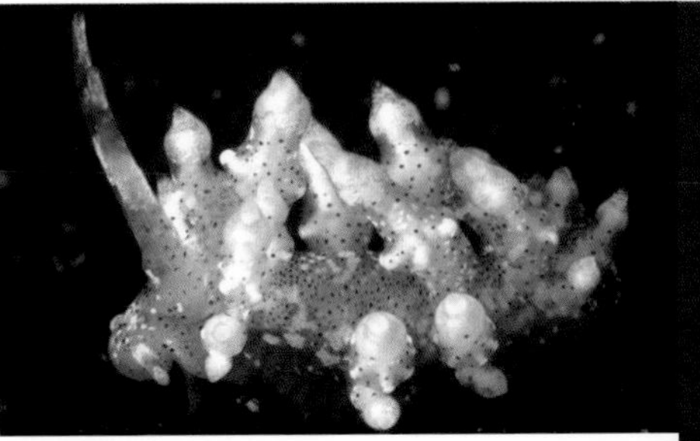

Long-Horn Eubranchus / *Eubranchus* sp.

真海蛞蝓（未定种）分布于巴布亚新几内亚海域，8 mm。身体半透明，体表有褐色斑点，露鳃呈白色。

Black-Ring Eubranchus / *Eubranchus* sp.

真海蛞蝓（未定种）分布于西太平洋中部海域，8 mm。嗅角和口触手上有黑色环纹。

Red-Ring Eubranchus / *Eubranchus* sp.

真海蛞蝓（未定种）分布于西太平洋海域，9 mm。身体上有白色斑点，嗅角上有红色环纹。

White Eubranchus / *Eubranchus* sp.

真海蛞蝓（未定种）分布于印度尼西亚海域，8 mm。嗅角上有乳头状突起和黑色环纹。

Red-Dots Eubranchus / *Eubranchus* sp.

真海蛞蝓（未定种）分布于印度尼西亚海域，10 mm。嗅角上有浅红色环纹。

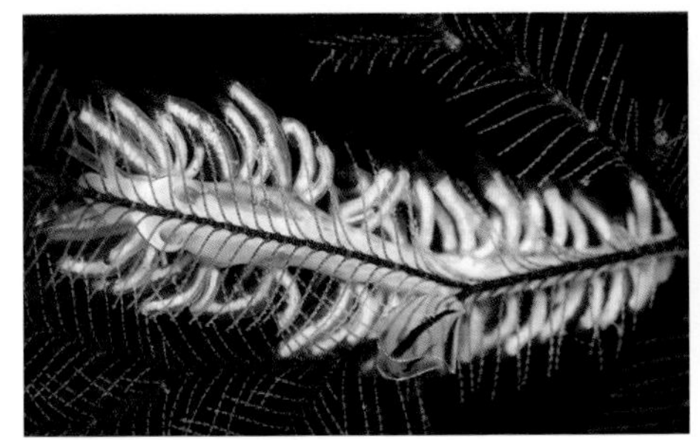

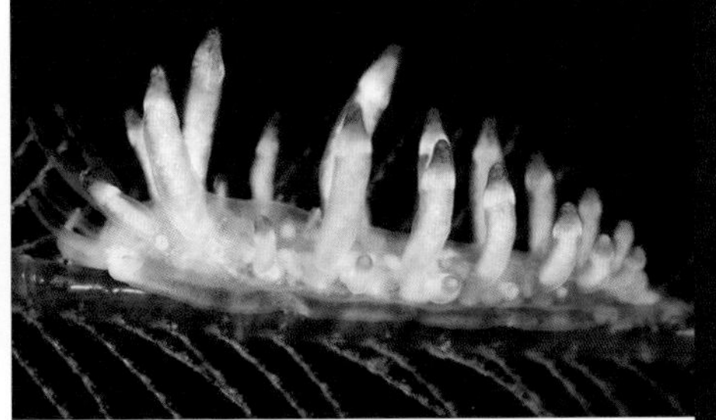

Red-Tipped Eubranchus / *Eubranchus* sp.

真海蛞蝓（未定种）分布于印度尼西亚海域，16 mm。身体半透明。露鳃尖端呈红色，露鳃中可见白色消化腺。

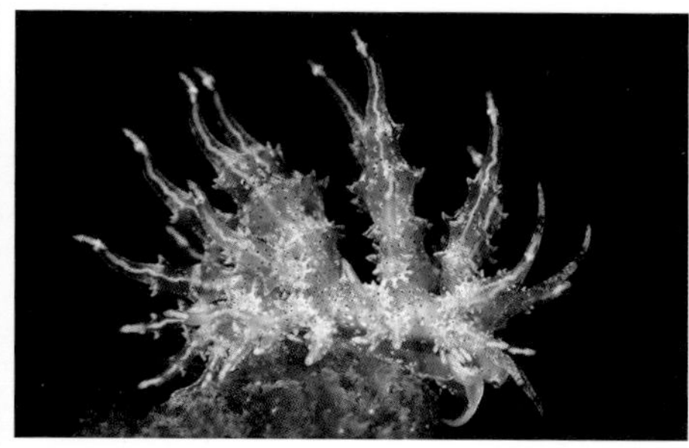

Yellow Zigzag Eubranchus / *Eubranchus virginalis*

火冠真海蛞蝓分布于西太平洋海域，40 mm。身体半透明，体表有黑色斑点。

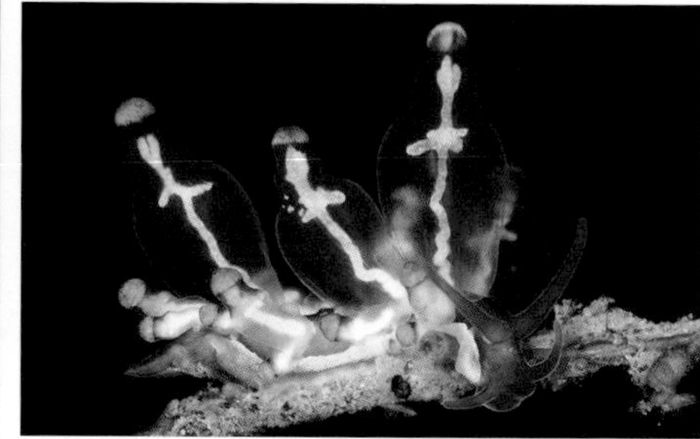

Purple Eubranchus / *Eubranchus* sp.

真海蛞蝓（未定种）分布于印度尼西亚海域，7 mm。身体呈紫色，体表有橘色斑点。露鳃膨大，露鳃中的白色消化腺清晰可见。头部呈紫色。

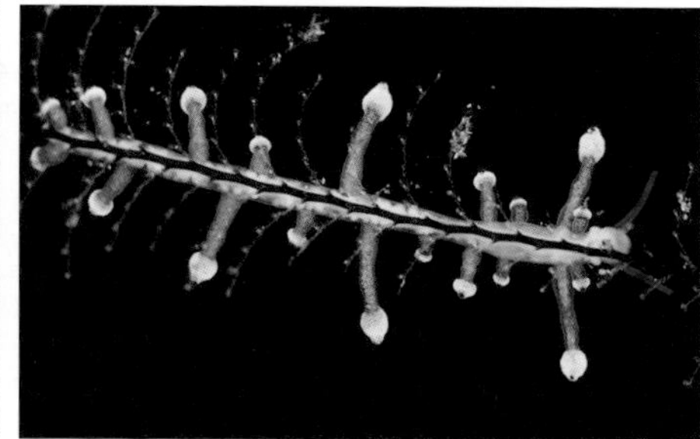

Pink Eubranchus / *Eubranchus* sp.

真海蛞蝓（未定种）分布于印度尼西亚及菲律宾海域，12 mm。露鳃大部分呈粉色，膨大的尖端呈白色。体内的褐色消化腺和水螅虫状分枝清晰可见。左图为俯视图，右图为仰视图。

Dark Eubranchus / *Eubranchus* sp.

真海蛞蝓（未定种）分布于印度尼西亚海域，20 mm。身体呈深褐色，露鳃上有褐色斑点。

Brown Eubranchus / *Eubranchus* sp.

真海蛞蝓（未定种）分布于西太平洋海域，20 mm。身体呈褐色。露鳃呈白色，露鳃尖端呈球形。

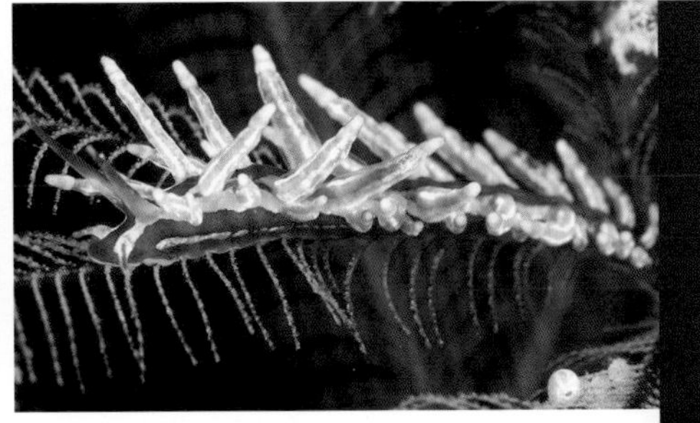

Brown-Stripe Eubranchus / *Eubranchus* sp.

真海蛞蝓（未定种）分布于印度尼西亚海域，17 mm。身体呈白色，有褐色条纹。露鳃半透明，尖端呈白色。左图中的个体消化腺呈浅红色，上面有白色斑点。右图中的个体消化腺呈浅褐色。

Black Eubranchus / *Eubranchus* sp.

真海蛞蝓（未定种）分布于菲律宾海域，12 mm。露鳃大部呈黑色，尖端呈白色，露鳃上有橘色斑点。

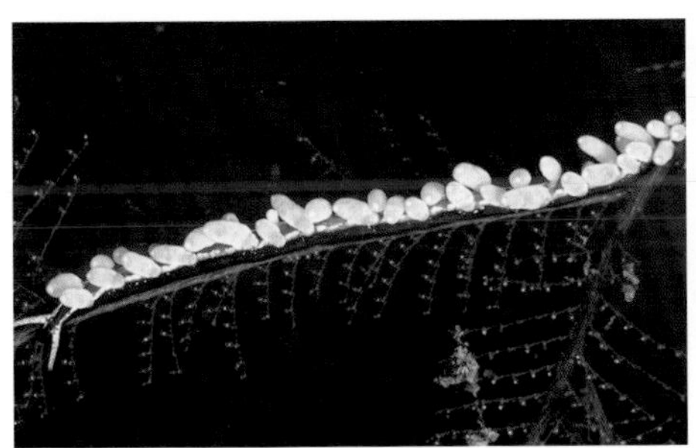

Thin Eubranchus / *Eubranchus* sp.

真海蛞蝓（未定种）分布于印度尼西亚海域，15 mm。身体呈褐色。露鳃短，呈圆形。

Dalmatian Eubranchus / *Eubranchus* sp.

真海蛞蝓（未定种）分布于西太平洋海域，25 mm。身体呈白色，半透明，体表有褐色斑点。

Orange-Gut Eubranchus / *Eubranchus* sp.

真海蛞蝓（未定种）分布于印度尼西亚海域，7 mm。身体半透明，可见红色内脏。

Red-Spots Eubranchus / *Eubranchus* sp.

真海蛞蝓（未定种）分布于菲律宾海域，6 mm。身体半透明，体表密布白色斑点，有少量红斑。

Egg-Sac Nudibranch / *Tergiposacca longicerata*

卵鞘菲纳海蛞蝓分布于西太平洋海域，15 mm。身体半透明，头部有箭头状斑纹，露鳃内浅褐色至深紫红色的消化腺清晰可见，卵为囊状。

Purple-Ring Abronica / *Abronica purpureoannulata*

紫斑阿尔邦海蛞蝓分布于西太平洋海域，10 mm。露鳃上有白色环纹，内有黄色腺体。

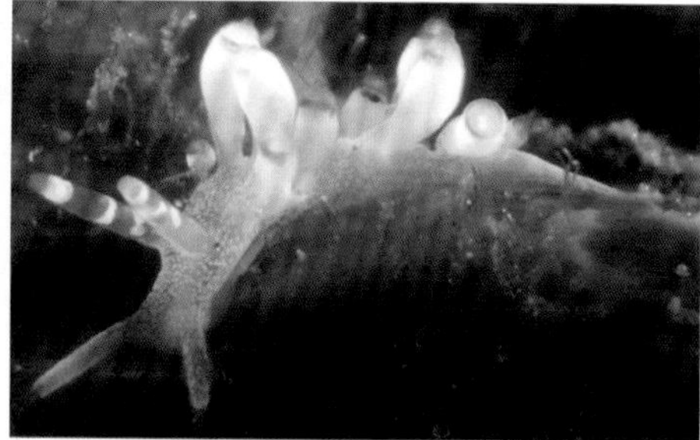

Red-Ring Abronica / *Abronica* sp.

阿尔邦海蛞蝓（未定种）分布于西太平洋中部海域，9 mm。嗅角上有红色和黄色环纹。

Purple Abronica / *Abronica* sp.

阿尔邦海蛞蝓（未定种）分布于西太平洋海域，7 mm。身体呈紫色，露鳃上有黄色环纹，嗅角上有白色环纹和斑点。

Mournful Phestilla / *Phestilla lugubris*

郁背鳃海蛞蝓分布于印度洋-太平洋海域，40 mm。身体半透明，体表有白斑。露鳃多处膨大，尖端呈白色。以滨珊瑚为食。

Black-Gill Phestilla / *Phestilla melanobrachia*

蓑翼背鳃海蛞蝓分布于印度洋-太平洋海域，50 mm。体色多变，从半透明的白色至橘色均有。露鳃的颜色从黄色至黑色均有，露鳃尖端呈橘色。以树珊瑚为食。

Striped Phestilla / *Phestilla* sp.

背鳃海蛞蝓（未定种）分布于印度洋-太平洋海域，60 mm。身体呈褐色，体表有横条纹。露鳃呈深褐色，尖端色浅，基部变细。以角孔珊瑚为食。右图中的个体正在捕食。

Tiny Phestilla / *Phestilla minor*

袖珍背鳃海蛞蝓分布于印度洋-太平洋海域，9 mm。身上有白斑。生活在滨珊瑚上。

Cryptic Phestilla / *Phestilla* sp.

背鳃海蛞蝓（未定种）分布于印度洋-西太平洋海域，30 mm。生活在牡丹珊瑚上。

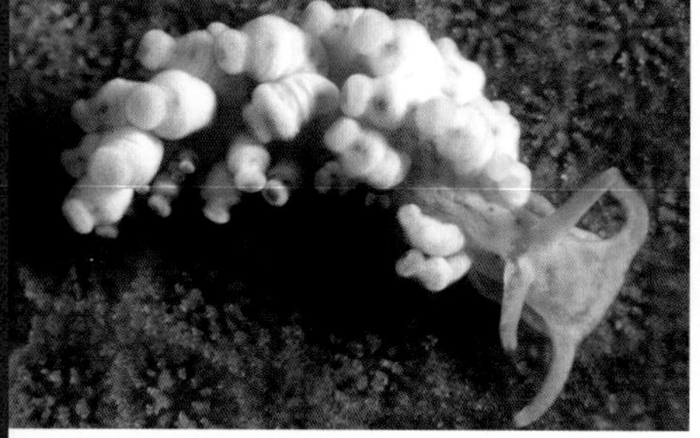

Spotted Phestilla / *Phestilla* sp.

背鳃海蛞蝓（未定种）分布于西太平洋海域，10 mm。露鳃上有白色环纹，近顶端处有深斑。

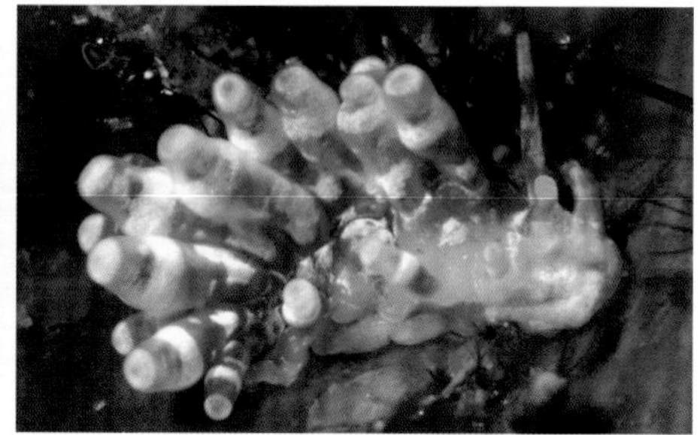

Coral-Killer Phestilla / *Phestilla poritophages*

嗜珊瑚背鳃海蛞蝓分布于印度洋-西太平洋海域，15 mm。身体呈褐色，体表有白色斑点。

Creamy Phestilla / *Phestilla* sp.

背鳃海蛞蝓（未定种）分布于印度尼西亚及澳大利亚海域，55 mm。身体呈白色，半透明。

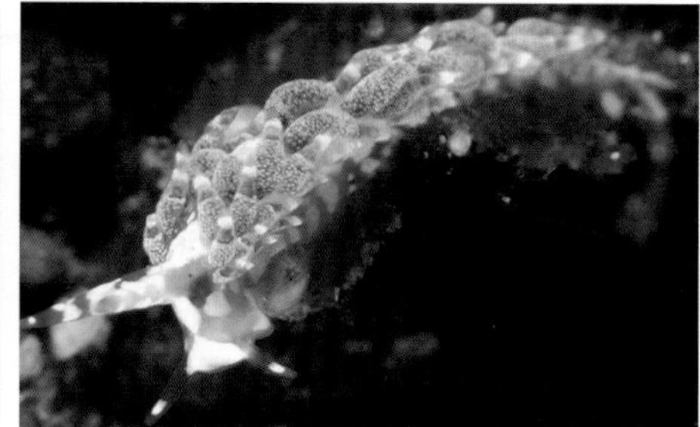

Multicolor Trinchesia / *Trinchesia diversicolor*

多彩背鳃海蛞蝓分布于西太平洋海域，20 mm。露鳃上密布白色斑点，并有蓝色和橘色环纹。

Yamasui's Trinchesia / *Trinchesia yamasui*

山须背鳃海蛞蝓分布于印度尼西亚、菲律宾及日本海域，15 mm。头部呈橘色，上面有白色斑纹。露鳃呈浅褐色或浅绿色，上面有不透明的白色斑点。

Siboga Trinchesia / *Trinchesia sibogae*

西氏背鳃海蛞蝓分布于印度洋-太平洋海域，35 mm。体色多变，背部的颜色从紫色至红色均有。露鳃上部呈浅黄色，尖端色浅。以水螅虫为食。

Orange-Mark Trinchesia / *Trinchesia* sp.

背鳃海蛞蝓（未定种）分布于印度尼西亚海域，20 mm。露鳃呈浅绿色，近尖端处有蓝色斑点。

Blue&Yellow Trinchesia / *Trinchesia* sp.

背鳃海蛞蝓（未定种）分布于西太平洋海域，7 mm。露鳃局部呈金黄色。

Pink-Top Trinchesia / *Trinchesia* sp.

背鳃海蛞蝓（未定种）分布于印度尼西亚海域，20 mm。露鳃呈灰色，尖端呈粉色。

White-Band Trinchesia / *Trinchesia* sp.

背鳃海蛞蝓（未定种）分布于印度尼西亚海域，20 mm。露鳃尖端呈白色，露鳃上有蓝色和黄色环纹。

Ringed Trinchesia / *Trinchesia* sp.

背鳃海蛞蝓（未定种）分布于印度尼西亚海域，20 mm。口触手和嗅角呈浅红色。露鳃尖端接近白色，露鳃上有蓝色宽环纹和黄色窄环纹。

Black-Horned Trinchesia / *Trinchesia* sp.

背鳃海蛞蝓（未定种）分布于巴布亚新几内亚海域，15 mm。嗅角呈黑色，露鳃上有黄色环纹。

Banded Trinchesia / *Trinchesia* sp.

背鳃海蛞蝓（未定种）分布于印度洋–西太平洋海域，50 mm。嗅角呈褐色，露鳃上有黄色环纹。

Blue Trinchesia / *Trinchesia* sp.

背鳃海蛞蝓（未定种）分布于西太平洋海域，40 mm。身体呈浅蓝色，口触手呈深褐色，嗅角尖端呈白色，露鳃近尖端处有亮黄色环纹。以水螅虫为食。

Blue-Cheek Trinchesia / *Trinchesia* sp.

背鳃海蛞蝓（未定种）分布于印度洋–西太平洋海域，8 mm。身体呈乳白色，头部呈浅蓝色。

White-Dotted Trinchesia / *Trinchesia* sp.

背鳃海蛞蝓（未定种）分布于印度尼西亚及菲律宾海域，9 mm。

Brown-Spotted Trinchesia / *Trinchesia* sp.

背鳃海蛞蝓（未定种）分布于印度尼西亚海域，8 mm。露鳃上有褐色和白色斑点。

Golden-Spotted Trinchesia / *Trinchesia* sp.

背鳃海蛞蝓（未定种）分布于印度尼西亚海域，8 mm。露鳃上有黄色环纹，露鳃尖端呈蓝色。

Purple Trinchesia / *Trinchesia* sp.

背鳃海蛞蝓（未定种）分布于西太平洋中部海域，15 mm。身体呈浅紫色，露鳃呈白色。

Red-Eyebrow Trinchesia / *Trinchesia* sp.

背鳃海蛞蝓（未定种）分布于印度尼西亚海域，5 mm。背部有红色斑点，头部有红色条纹。

White-Tipped Trinchesia / *Trinchesia* sp.

背鳃海蛞蝓（未定种）分布于西太平洋海域，9 mm。口触手呈白色。露鳃呈红色，上面有白色斑点。

Red-Face Trinchesia / *Trinchesia* sp.

背鳃海蛞蝓（未定种）分布于印度尼西亚海域，9 mm。露鳃呈红色，上面有少量不透明的白色斑点。

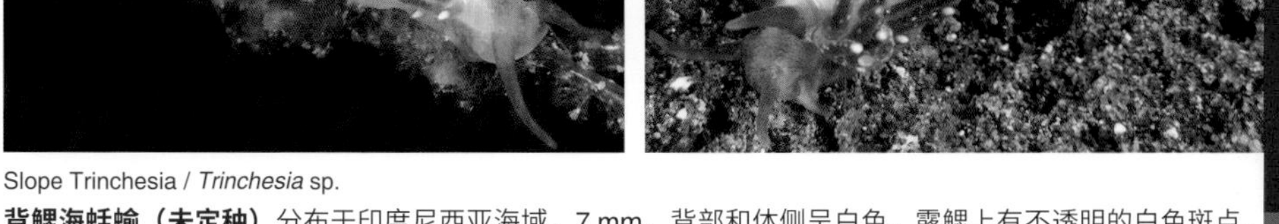

Slope Trinchesia / *Trinchesia* sp.

背鳃海蛞蝓（未定种）分布于印度尼西亚海域，7 mm。背部和体侧呈白色。露鳃上有不透明的白色斑点，露鳃尖端呈白色，近尖端处有紫色斑点。

U-Mark Trinchesia / *Trinchesia* sp.

背鳃海蛞蝓（未定种） 分布于西太平洋中部海域，7 mm。口触手间有一 U 形斑。

Maroon Trinchesia / *Trinchesia* sp.

背鳃海蛞蝓（未定种） 分布于西太平洋海域，12 mm。背部的颜色从紫色至红褐色均有。

Spotted Trinchesia / *Trinchesia* sp.

背鳃海蛞蝓（未定种） 分布于印度尼西亚海域，7 mm。体表遍布白色斑点，嗅角局部呈黄色。

Yellow-Back Trinchesia / *Trinchesia* sp.

背鳃海蛞蝓（未定种） 分布于印度尼西亚海域，7 mm。身体半透明。背部呈黄色，上面有白色斑点。

Yellow-Patched Trinchesia / *Trinchesia* sp.

背鳃海蛞蝓（未定种） 分布于印度尼西亚海域，7 mm。背部有白色和黄色斑块。露鳃呈褐色，上面有不透明的白色斑点。

Lined Trinchesia / *Trinchesia* sp.

背鳃海蛞蝓（未定种） 分布于印度尼西亚海域，7 mm。露鳃上有白色线纹，头部有橘色斑纹。

Yellow-Ring Trinchesia / *Trinchesia* sp.

背鳃海蛞蝓（未定种） 分布于西太平洋海域，8 mm。身体半透明，露鳃上有黄色环纹。

Blue-Spotted Trinchesia / *Trinchesia* sp.

背鳃海蛞蝓（未定种）分布于菲律宾海域，8 mm。身体半透明，有白色网状纹。

Orange-Ring Trinchesia / *Trinchesia* sp.

背鳃海蛞蝓（未定种）分布于印度尼西亚海域，5 mm。露鳃近尖端处有橘色环纹，头部有紫斑。

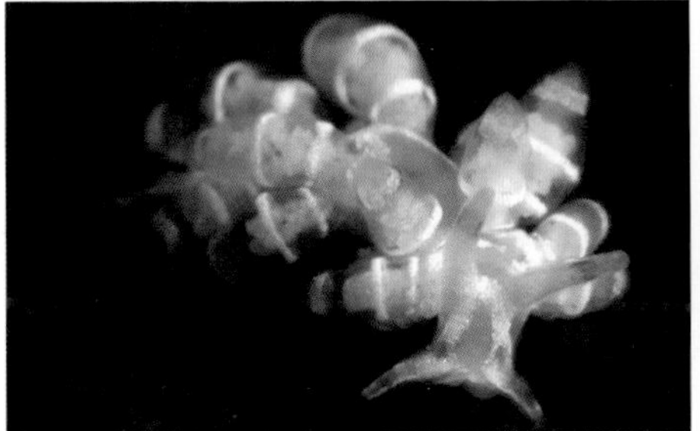

Three-Ring Trinchesia / *Trinchesia* sp.

背鳃海蛞蝓（未定种）分布于巴布亚新几内亚海域，8 mm。露鳃上有白色和橘红色环纹。

White Trinchesia / *Trinchesia* sp.

背鳃海蛞蝓（未定种）分布于菲律宾海域，5 mm。身体半透明，嗅角和口触手呈白色。

One-Spot Trinchesia / *Trinchesia* sp.

背鳃海蛞蝓（未定种）分布于西太平洋海域，6 mm。露鳃上有深色斑点，嗅角上有白色斑点。

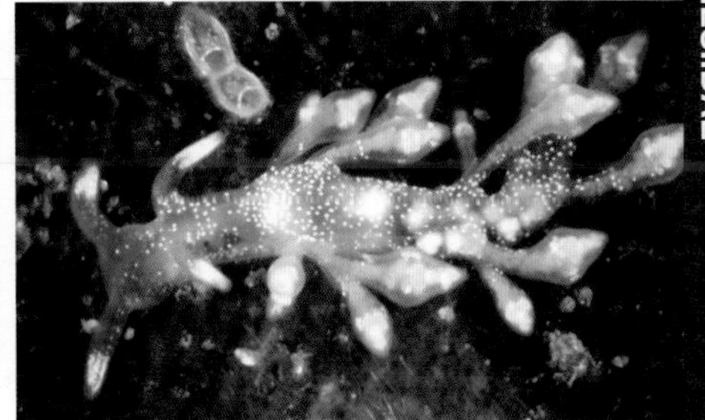

White-Dotted Trinchesia / *Trinchesia* sp.

背鳃海蛞蝓（未定种）分布于西太平洋海域，6 mm。露鳃尖端膨大，呈浅黄色。

Dark-Ring Trinchesia / *Trinchesia* sp.

背鳃海蛞蝓（未定种）分布于印度尼西亚海域，5 mm。头部局部呈橘色。露鳃整体呈黄色，尖端呈白色，近尖端处有深色环纹。

Red-Spotted Trinchesia / *Trinchesia* sp.

背鳃海蛞蝓（未定种）分布于印度洋–西太平洋海域，7 mm。身体半透明，体表有白色和红色斑点。

Orange-Spot Trinchesia / *Trinchesia* sp.

背鳃海蛞蝓（未定种）分布于西太平洋海域，6 mm。露鳃呈白色，近尖端处有橘色斑点。

Flame Trinchesia / *Trinchesia* sp.

背鳃海蛞蝓（未定种）分布于印度尼西亚海域，15 mm。露鳃呈浅紫色，其中可见黄色消化腺。

Pale Trinchesia / *Trinchesia* sp.

背鳃海蛞蝓（未定种）分布于西太平洋海域，9 mm。身体呈白色，半透明，无显著特征。

Orange-Ceras Trinchesia / *Trinchesia* sp.

背鳃海蛞蝓（未定种）分布于印度尼西亚海域，8 mm。身体呈白色，半透明。露鳃呈橘色，尖端色浅。右图中的个体为浅体色型，其消化腺颜色较浅。

Purple-Brown Trinchesia / *Trinchesia* sp.

背鳃海蛞蝓（未定种）分布于印度尼西亚及菲律宾海域，5 mm。身体半透明，背部有白色斑点和斑块，头部和露鳃局部呈紫色。

Orange-Band Trinchesia / *Trinchesia* sp.

背鳃海蛞蝓（未定种）分布于印度尼西亚海域，9 mm。露鳃上有橘色斑点和条带。

Orange-Barbel Trinchesia / *Trinchesia* sp.

背鳃海蛞蝓（未定种）分布于西太平洋海域，10 mm。露鳃上有红色斑点，口触手呈橘色。

Orange-Tip Trinchesia / *Trinchesia* sp.

背鳃海蛞蝓（未定种）分布于西太平洋海域，11 mm。口触手呈橘色，嗅角近尖端处呈橘色。

Hidden Trinchesia / *Trinchesia* sp.

背鳃海蛞蝓（未定种）分布于巴布亚新几内亚海域，8 mm。身体呈浅蓝色。露鳃呈橘色，尖端色浅。

White-Spotted Trinchesia / *Trinchesia* sp.

背鳃海蛞蝓（未定种）分布于印度尼西亚海域，5 mm。露鳃上有 2 条白色环纹和 1 条橘色环纹。

Yellow-Ceras Trinchesia / *Trinchesia* sp.

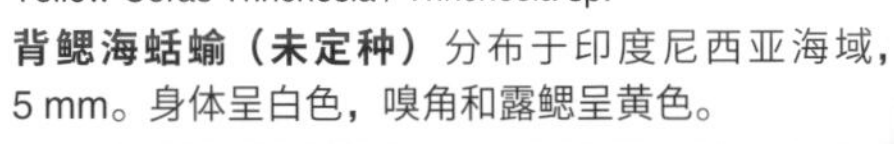

背鳃海蛞蝓（未定种）分布于印度尼西亚海域，5 mm。身体呈白色，嗅角和露鳃呈黄色。

Orange-Horned Trinchesia / *Trinchesia* sp.

背鳃海蛞蝓（未定种）分布于菲律宾海域，9 mm。身体呈白色，嗅角呈橘色。

Blue-Banded Trinchesia / *Trinchesia* sp.

背鳃海蛞蝓（未定种）分布于印度尼西亚海域，11 mm。头部有蓝色斑点。

Pink-Banded Trinchesia / *Trinchesia* sp.

背鳃海蛞蝓（未定种）分布于印度尼西亚海域，12 mm。露鳃呈橘色，近尖端处有粉色环带。

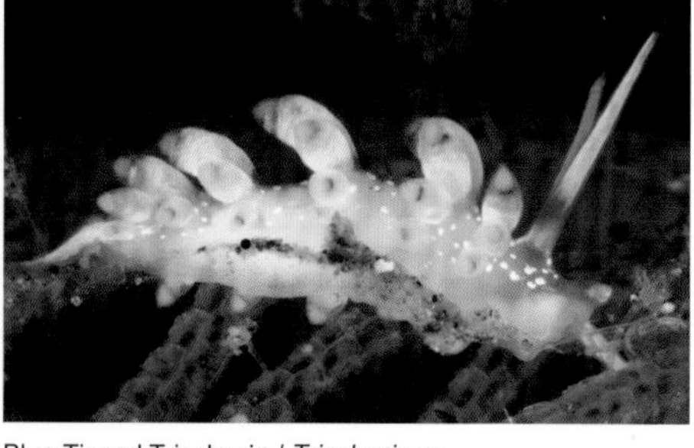

Blue-Tipped Trinchesia / *Trinchesia* sp.

背鳃海蛞蝓（未定种）分布于印度尼西亚海域，12 mm。露鳃上有红色和黄色环带，尖端呈蓝色。

Greenish Trinchesia / *Trinchesia* sp.

背鳃海蛞蝓（未定种）分布于印度尼西亚海域，8 mm。露鳃上有紫色环带，露鳃尖端呈橘色。

Yellow-Face Trinchesia / *Trinchesia* sp.

背鳃海蛞蝓（未定种）分布于印度尼西亚海域，9 mm。露鳃呈红色，其白色的尖端上有疣突。

Acinose Trinchesia / *Trinchesia acinosa*

粒状背鳃海蛞蝓分布于西太平洋海域，13 mm。身体呈乳白色，嗅角和露鳃呈橘色。

White-Lined Trinchesia / *Trinchesia* sp.

背鳃海蛞蝓（未定种）分布于印度尼西亚海域，7 mm。露鳃上有白色线纹，基部有黄色斑点。

Pink-Face Trinchesia / *Trinchesia* sp.

背鳃海蛞蝓（未定种）分布于印度尼西亚海域，6 mm。头部有粉色斑块，体侧有红色斑点。

Purplish Trinchesia / *Trinchesia* sp.

背鳃海蛞蝓（未定种）分布于印度尼西亚海域，5 mm。身体呈浅紫色，露鳃近尖端处有紫色斑块。

Two-Ring Trinchesia / *Trinchesia* sp.

背鳃海蛞蝓（未定种）分布于印度尼西亚海域，7 mm。露鳃上有深褐色环纹。

Pink&White Trinchesia / *Trinchesia* sp.

背鳃海蛞蝓（未定种）分布于印度尼西亚海域，12 mm。身体半透明，局部呈白色，有粉色斑块。

Blue-Body Trinchesia / *Trinchesia* sp.

背鳃海蛞蝓（未定种）分布于印度尼西亚海域，12 mm。露鳃上有黄色环纹。

Blue-Face Trinchesia / *Trinchesia* sp.

背鳃海蛞蝓（未定种）分布于印度尼西亚海域，8 mm。身体呈浅蓝色，露鳃上有橘色环纹。

Bluish Trinchesia / *Trinchesia* sp.

背鳃海蛞蝓（未定种）分布于印度尼西亚海域，15 mm。露鳃上有蓝色和白色环带。

White-Horned Trinchesia / *Trinchesia* sp.

背鳃海蛞蝓（未定种）分布于西太平洋中部海域，9 mm。露鳃上有蓝色和黄色环纹。

Blue-Spotted Trinchesia / *Trinchesia* sp.

背鳃海蛞蝓（未定种）分布于西太平洋海域，7 mm。露鳃上有蓝色和黄色环纹。

White-Face Trinchesia / *Trinchesia* sp.

背鳃海蛞蝓（未定种）分布于印度洋–西太平洋海域，8 mm。身体呈乳黄色，露鳃上有蓝色环纹。

Orange-Body Trinchesia / *Trinchesia* sp.

背鳃海蛞蝓（未定种）分布于印度尼西亚海域，15 mm。可能为扇羽海蛞蝓。

Red-Dotted Trinchesia / *Trinchesia* sp.

背鳃海蛞蝓（未定种）分布于印度尼西亚海域，15 mm。可能为扇羽海蛞蝓。

Purple-Line Unidentia / *Unidentia sandramillenae*

桑德拉米伦单齿海蛞蝓分布于西太平洋海域，9 mm。右下图中的个体身体呈白色，半透明，体背中间有一紫色条纹，嗅角平滑。其他 3 张图中的个体是不同的体色型还是另一个种有待确定。

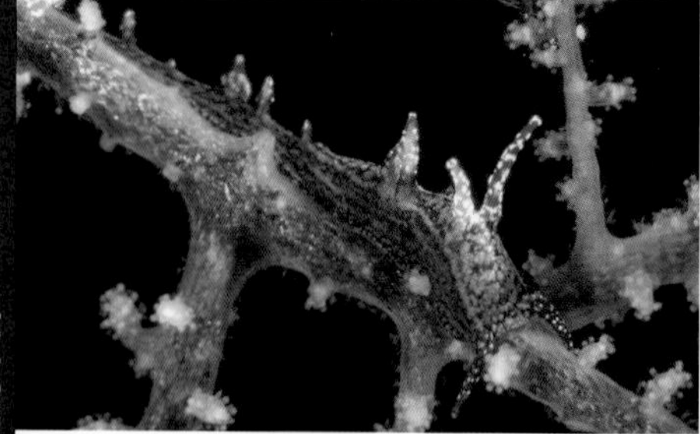

Caterpillar Slug / *Pleurolidia juliae*

朱莉无壳海蛞蝓分布于印度洋–西太平洋海域，30 mm。体色从褐色至黑色均有。以水螅虫为食。

Black Slug / *Protaeolidiella atra*

黑无壳海蛞蝓分布于西太平洋海域，40 mm。体色从深紫红色至黑色均有，以水螅虫为食。

White-Faced Babakina / *Babakina indopacifica*

印度洋 - 太平洋灰翼海蛞蝓分布于印度洋–太平洋海域，20 mm。触觉触角呈橘红色，与嗅角鞘融为一体。

Small Antonietta / *Antonietta* sp.

灰翼海蛞蝓（未定种）分布于印度尼西亚海域，7 mm。露鳃呈紫色，嗅角呈橘色。

Indian Caloria / *Caloria indica*

印度灰翼海蛞蝓分布于印度洋–太平洋海域，30 mm。身体呈橘色。露鳃基部呈蓝色，尖端色浅。

White-Spotted Caloria / *Caloria* sp.

灰翼海蛞蝓（未定种）分布于西太平洋中部海域，15 mm。身体呈橘色，体背中间有白色斑块。

White-Face Caloria / *Caloria* sp.

灰翼海蛞蝓（未定种）分布于菲律宾海域，22 mm。身体呈橘色，头部有明显的白色斑点。

Worm-Tube Caloria / *Caloria* sp.

灰翼海蛞蝓（未定种）分布于巴布亚新几内亚海域，15 mm。身体呈白色，半透明，体表有红色线纹。

Tiger Cratena / *Cratena simba*

辛巴灰翼海蛞蝓分布于印度洋–西太平洋海域，8 mm。身体呈白色，体表有橘色波浪状条纹。

Orange-Mark Cratena / *Cratena* sp.

灰翼海蛞蝓（未定种）分布于西太平洋海域，20 mm。头部有橘色斑纹，露鳃略带浅红色。

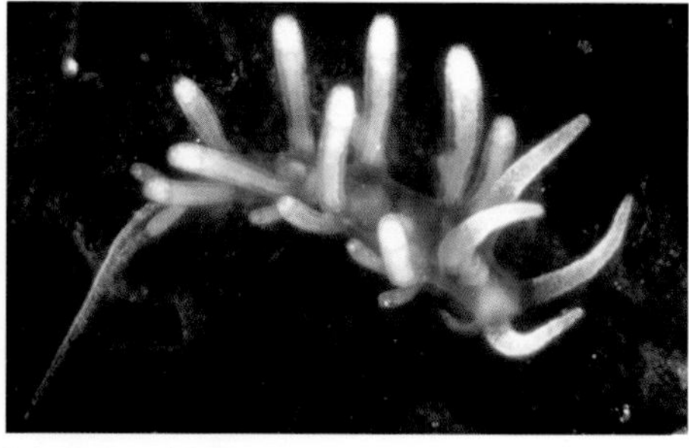

Pale Cratena / *Cratena* sp.

灰翼海蛞蝓（未定种）分布于西太平洋海域，10 mm。身体半透明，嗅角和露鳃呈白色。

Striated Cratena / *Cratena* sp.

灰翼海蛞蝓（未定种）分布于印度尼西亚海域，22 mm。身体呈褐色，半透明，体表遍布白色线纹。露鳃呈黄色或褐色。

Annulated Phidiana / *Phidiana anulifera*

多环灰翼海蛞蝓分布于西太平洋中部海域，15 mm。身体半透明，体表有白色斑点和橘色线纹。

Striated Phidiana / *Phidiana bourailli*

条纹灰翼海蛞蝓分布于印度洋–西太平洋海域，15 mm。身体呈白色，体表有橘色线纹。露鳃呈褐色。

Militant Phidiana / *Phidiana militaris*

凶猛灰翼海蛞蝓分布于印度洋–西太平洋海域，25 mm。身体半透明，体背中间有橘色条纹。

White-Head Facelina / *Facelina* sp.

灰翼海蛞蝓（未定种）分布于西太平洋海域，15 mm。头部呈白色。露鳃呈褐色，上面有白色斑点。

Red Facelina / *Facelina* sp.

灰翼海蛞蝓（未定种）分布于印度尼西亚海域，8 mm。身体半透明，体表有白色斑点。嗅角平滑。

Motley Facelina / *Facelina* sp.

灰翼海蛞蝓（未定种）分布于菲律宾海域，10 mm。身体呈浅褐色，半透明。嗅角上有结节状突起。

Black-Dotted Facelina / *Facelina* sp.

灰翼海蛞蝓（未定种）分布于西太平洋海域，15 mm。嗅角上有 2 个环形突起。

White-Tip Pruvotfolia / *Pruvotfolia* sp.

灰翼海蛞蝓（未定种）分布于西太平洋海域，15 mm。体色从灰色至黄褐色均有，体内可见褐色消化腺。

Rhodope Pruvotfolia / *Pruvotfolia rhodopos*

洛多佩灰翼海蛞蝓分布于印度洋-太平洋海域，20 mm。身体半透明，露鳃近尖端处呈粉色。

Pink-Face Pruvotfolia / *Pruvotfolia* sp.

灰翼海蛞蝓（未定种）分布于西太平洋海域，17 mm。体背中间有一白色条纹，头部有粉斑。

Yellow-Mark Pruvotfolia / *Pruvotfolia* sp.

灰翼海蛞蝓（未定种）分布于西太平洋海域，14 mm。嗅角间有黄斑。

Red-Spotted Facelinid / *Facelinid* sp.

灰翼海蛞蝓（未定种）分布于西太平洋中部海域，20 mm。露鳃基部有深红色斑点。

Orange-Lined Facelinid / *Facelinid* sp.

灰翼海蛞蝓（未定种）分布于西太平洋海域，35 mm。身体呈白色，体表有橘色线纹。露鳃上有紫斑。

Cream Facelinid / *Facelinid* sp.

灰翼海蛞蝓（未定种）分布于印度尼西亚海域，30 mm。身体呈奶油色，露鳃近尖端处有紫斑。

White Facelinid / *Facelinid* sp.

灰翼海蛞蝓（未定种）分布于印度尼西亚海域，20 mm。身体呈白色，露鳃呈粉紫色。

Japanese Favorinus / *Favorinus japonicus*

日本灰翼海蛞蝓分布于印度洋–太平洋海域，20 mm。露鳃的颜色因摄食品种颜色的不同而不同。背部有白色斑纹，嗅角上有 2~3 个环形突起。以其他海蛞蝓的卵为食。

Purple Facelinid / *Facelinid* sp.

灰翼海蛞蝓（未定种）分布于印度尼西亚海域，25 mm。身体呈白色，体表有橘色条纹。嗅角和口触手呈亮橘色。露鳃呈紫色，尖端呈白色。

Wonderful Favorinus / *Favorinus mirabilis*

奇异灰翼海蛞蝓分布于印度洋–太平洋海域，12 mm。嗅角后方有黄斑，触觉触角呈褐色。

Red Favorinus / *Favorinus* sp.

灰翼海蛞蝓（未定种）分布于菲律宾海域，15 mm。口触手上有橘色线纹，露鳃尖端呈浅紫色。

Grey-Brown Favorinus / *Favorinus* sp.

灰翼海蛞蝓（未定种）分布于巴布亚新几内亚海域，9 mm。背部密布白色斑点，嗅角局部膨大。

Translucent Favorinus / *Favorinus* sp.

灰翼海蛞蝓（未定种）分布于印度洋–西太平洋海域，15 mm。身体半透明，背部有白色或浅黄色斑点，露鳃内杂色的消化腺清晰可见。

Ringed Favorinus / *Favorinus tsuruganus*

敦贺灰翼海蛞蝓分布于印度洋–西太平洋海域，30 mm。露鳃尖端呈黑色，嗅角上有 3 个片状突起。

Black-Horns Favorinus / *Favorinus* sp.

灰翼海蛞蝓（未定种）分布于西太平洋海域，12 mm。身体呈白色。嗅角呈黑色，上面有 3 个球形突起。

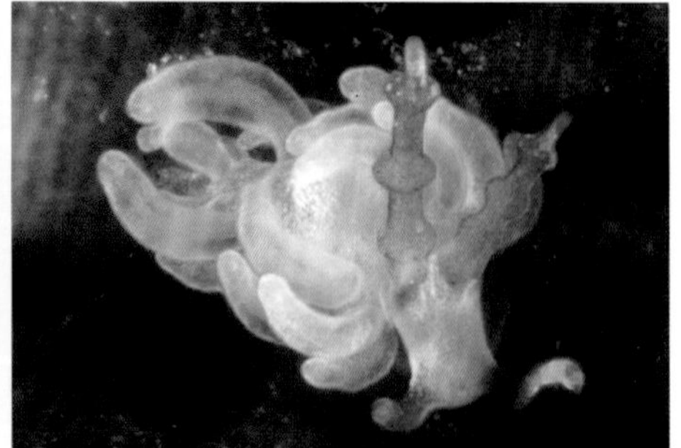

Brown-Horns Favorinus / *Favorinus* sp.

灰翼海蛞蝓（未定种）分布于西太平洋海域，12 mm。身体呈白色。嗅角呈褐色，上面有 3 个球形突起。

Small Favorinus / *Favorinus* sp.

灰翼海蛞蝓（未定种）分布于菲律宾海域，5 mm。口触手上有黑色条纹。

White Herviella / *Herviella albida*

白灰翼海蛞蝓分布于印度洋–太平洋海域，20 mm。露鳃上有白色环纹，露鳃尖端呈白色。

Dark-Spotted Herviella / *Herviella claror*

暗点灰翼海蛞蝓分布于西太平洋海域，12 mm。体表密布黑色斑点，露鳃近尖端处有橘色环纹。

Black Herviella / *Herviella* sp.

灰翼海蛞蝓（未定种）分布于印度尼西亚海域，9 mm。身体呈黑色，嗅角和露鳃呈灰色。

Orange Moridilla / *Moridilla brockii*

布拉克灰翼海蛞蝓分布于印度洋–西太平洋海域，40 mm。露鳃呈橘色或浅褐色，成簇生长。受到惊扰时会将露鳃展开并指向危险源。右图中为幼体。

Beautiful Sakuraeolis / *Sakuraeolis kirembosa*

美丽樱花海蛞蝓分布于印度洋海域，40 mm。身体半透明。露鳃上有亮蓝色环带，露鳃尖端呈白色。露鳃内的灰色消化腺近基部处呈黄色。右图中的个体正在产卵。

Blue Dragon / *Pteraeolidia semperi*

紫色灰翼海蛞蝓分布于印度洋–太平洋海域，100 mm。体色多变，口触手上有紫色条带，嗅角近尖端处有紫色环纹。

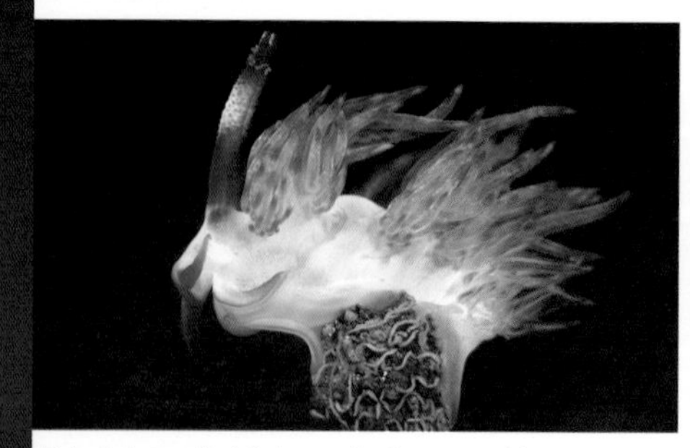

Pale Sakuraeolis / *Sakuraeolis* cf. *nungunoides*

火樱花海蛞蝓（近似种）分布于印度尼西亚海域，30 mm。身体呈浅褐色，露鳃尖端呈白色。

Orange Sakuraeolis / *Sakuraeolis nungunoides*

火樱花海蛞蝓分布丁西太平洋海域，35 mm。露鳃呈橘色，露鳃尖端呈白色。

Pinkish Sakuraeolis / *Sakuraeolis* sp.

樱花海蛞蝓（未定种）分布于西太平洋海域，20 mm。露鳃呈浅粉色，露鳃尖端呈白色。

Cream Sakuraeolis / *Sakuraeolis* sp.

樱花海蛞蝓（未定种）分布于西太平洋海域，35 mm。露鳃近尖端处有紫色环纹。

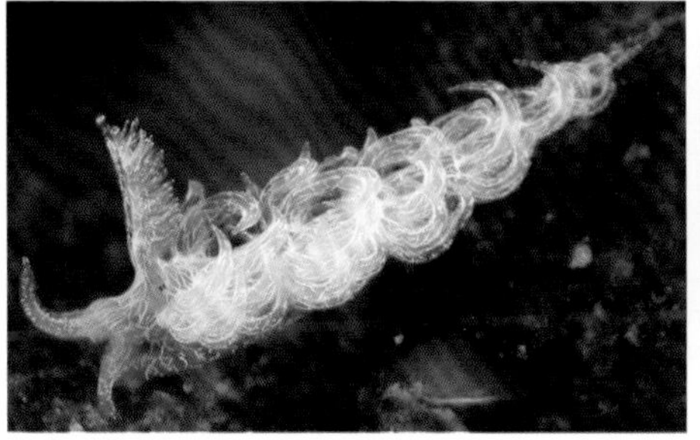

Cobweb Noumeaella / *Noumeaella isa*

伊佐灰翼海蛞蝓分布于印度洋–西太平洋海域，10 mm。身体呈白色，半透明，体表有白色网纹。

Rehder's Noumeaella / *Noumeaella rehderi*

雷德尔灰翼海蛞蝓分布于印度洋–太平洋海域，12 mm。身体半透明，体表有白色斑块。

Red-Tipped Noumeaella / *Noumeaella* sp.

灰翼海蛞蝓（未定种）分布于西太平洋海域，10 mm。嗅角近尖端处呈橘色。

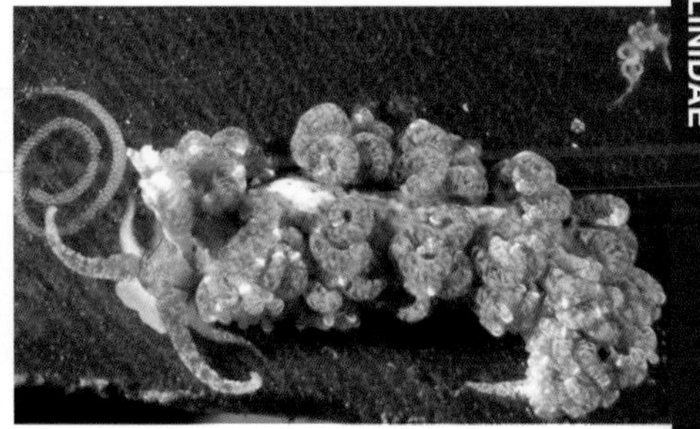

Brown Noumeaella / *Noumeaella* sp.

灰翼海蛞蝓（未定种）分布于印度尼西亚海域，12 mm。身体呈浅灰褐色，体表有白色斑块。

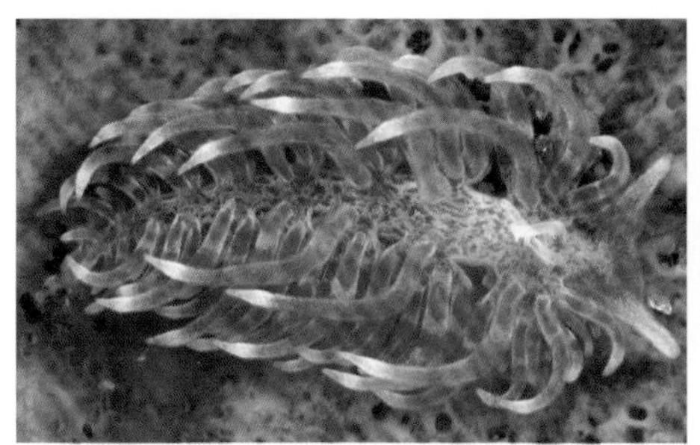

Red Sponge Noumeaella / *Noumeaella* sp.

灰翼海蛞蝓（未定种）分布于印度洋–西太平洋海域，20 mm。身体呈橘色，半透明，体表有白色斑纹。露鳃尖端呈白色。右图中的个体正在产卵。

Brown-Lined Noumeaella / *Noumeaella* sp.

灰翼海蛞蝓（未定种）分布于印度尼西亚海域，7 mm。头部和露鳃的基部有褐色线纹。

Small-Spots Noumeaella / *Noumeaella* sp.

灰翼海蛞蝓（未定种）分布于印度尼西亚海域，10 mm。露鳃上有黑色斑点。

Dotted Noumeaella / *Noumeaella* sp.

灰翼海蛞蝓（未定种）分布于印度尼西亚海域，7 mm。露鳃近尖端处有一簇深色斑点。

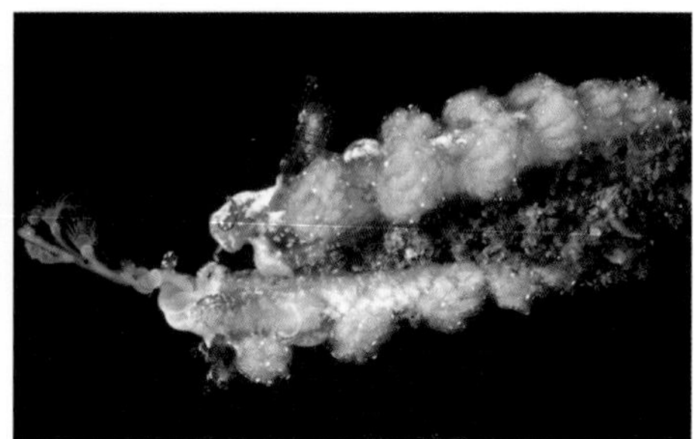

Dark-Horned Noumeaella / *Noumeaella* sp.

灰翼海蛞蝓（未定种）分布于西太平洋海域，7 mm。嗅角呈深褐色，露鳃呈浅褐色。

Pink-Bubble Myja / *Myja longicornis*

长角灰翼海蛞蝓分布于西太平洋海域，12 mm。身体半透明，体表有白色斑点。露鳃局部膨大，内部可见浅粉色消化腺。能模仿自身摄食的双列笔螅（*Pennaria disticha*）。

Greenish Myja / *Myja* sp.

灰翼海蛞蝓（未定种）分布于印度尼西亚海域，15 mm。身体整体上呈白色，半透明，局部呈浅绿色。露鳃局部膨大，内部可见浅褐色消化腺。

Rachelae's Godiva / *Godiva rachelae*

瑞秋灰翼海蛞蝓分布于印度洋海域，35 mm。体背中线处有白色斑纹，头部有橘色条纹，露鳃上有浅蓝色、橘色和白色条带，嗅角平滑或带有环形突起。

Blue-Patch Godiva / *Godiva* sp.

灰翼海蛞蝓（未定种）分布于西太平洋海域，9 mm。背部有蓝色斑块，露鳃尖端呈蓝色或紫色。

Red-Cheek Godiva / *Godiva* sp.

灰翼海蛞蝓（未定种）分布于西太平洋海域，30 mm。头部有浅红色线纹，露鳃尖端呈蓝色。

Blue-Tipped Godiva / *Godiva* sp.

灰翼海蛞蝓（未定种）分布于西太平洋海域，50 mm。背部有白色斑块。露鳃呈橘色，上面无紫色斑点，尖端呈蓝色。

Yellow-Tipped Phyllodesmium / *Phyllodesmium briareum*

八放灰翼海蛞蝓分布于西太平洋海域，30 mm。身体呈灰褐色；露鳃平滑，尖端呈黄色。能模仿自身摄食的软珊瑚。

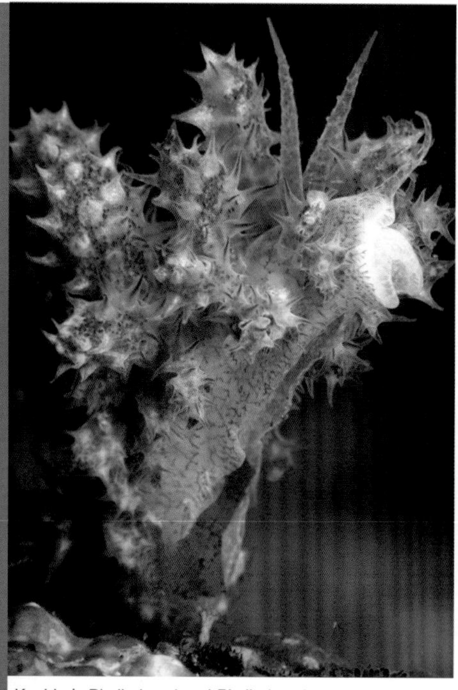

Brown Phyllodesmium / *Phyllodesmium kabiranum*

石垣灰翼海蛞蝓分布于西太平洋海域，40 mm。身体呈橘褐色，体背中间有一白色条纹。

Koehler's Phyllodesmium / *Phyllodesmium koehleri*

科勒灰翼海蛞蝓分布于西太平洋海域，20 mm。背部有红褐色网纹，露鳃上有尖钉状突起。以软珊瑚为食，能模仿自身摄食的软珊瑚。

Iriomote Phyllodesmium / *Phyllodesmium iriomotense*

西表岛灰翼海蛞蝓分布于西太平洋海域，100 mm。身体呈白色，半透明。露鳃呈卷曲状，内部可见浅粉色消化腺。以八放珊瑚为食。

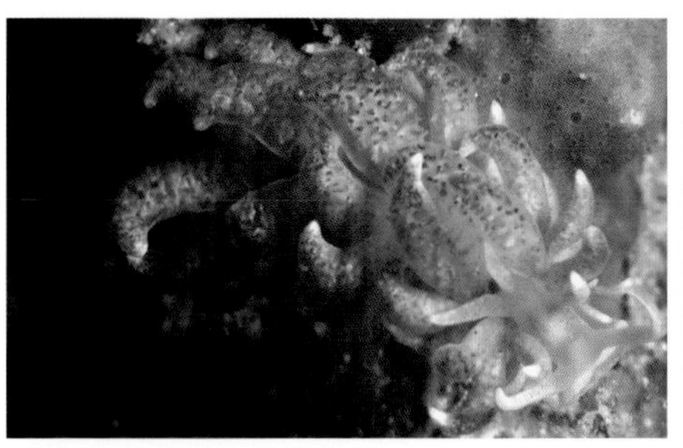

Glassy Phyllodesmium / *Phyllodesmium hyalinum*

透明灰翼海蛞蝓分布于印度洋-西太平洋海域，45 mm。身体半透明，有白霜状斑纹。露鳃呈卷曲状，上面有小疣突，露鳃内部可见白色或浅褐色消化腺。头部有浅粉色斑点。

Cryptic Phyllodesmium / *Phyllodesmium crypticum*

隐身灰翼海蛞蝓分布于印度洋-西太平洋海域，50 mm。身体呈白色，半透明。露鳃上有小疣突，露鳃边缘呈锯齿状。以伞软珊瑚为食。

Milky Phyllodesmium / *Phyllodesmium parangatum*

奶白灰翼海蛞蝓分布于菲律宾海域，20 mm。身体呈白色。露鳃尖端呈卷曲状，露鳃内部可见白色或浅褐色消化腺。左图中的个体正在摄食伞软珊瑚，右图中的个体正在交配。

Jakobsen's Phyllodesmium / *Phyllodesmium jakobsenae*

雅各布森灰翼海蛞蝓分布于西太平洋海域，35 mm。嗅角平滑。露鳃呈卷曲状，上面有褐色斑纹。以伞软珊瑚为食。

Great Phyllodesmium / *Phyllodesmium magnum*

巨大灰翼海蛞蝓分布于印度洋-太平洋海域，150 mm。露鳃扁平，颜色从浅褐色或浅蓝色至紫色均有，尖端呈卷曲状。以皮革珊瑚为食。

Rudman's Phyllodesmium / *Phyllodesmium rudmani*

鲁德曼灰翼海蛞蝓分布于西太平洋海域，50 mm。身体呈白色。露鳃呈浅褐色，上部膨大。能模仿伞软珊瑚。

Lembeh Phyllodesmium / *Phyllodesmium lembehense*

伦贝岛灰翼海蛞蝓分布于西太平洋海域，30 mm。身体呈白色，嗅角后方有褐色条纹（右图）。露鳃呈卷曲状，有褐色斑纹。

Lizard Island Phyllodesmium / *Phyllodesmium lizardense*

利扎尔灰翼海蛞蝓分布于西太平洋海域，30 mm。身体半透明。露鳃呈浅褐色，尖端呈卷曲状，露鳃上的脊状突起和疣突之间有浅褐色斑块。左图中的个体正栖息于自身摄食的伞软珊瑚上。

Solar Powered Phyllodesmium / *Phyllodesmium longicirrum*

长须灰翼海蛞蝓分布于西太平洋海域，150 mm。身上的褐色斑块因虫黄藻聚集而形成。它们通过虫黄藻的光合作用获取养分，虫黄藻来自它们所摄食的皮革珊瑚。

Coleman's Phyllodesmium / *Phyllodesmium colemani*

科尔曼灰翼海蛞蝓分布于西太平洋海域，20 mm。身体呈奶油色或白色，体表有褐色斑点。以笙珊瑚为食。

Opalescent Phyllodesmium / *Phyllodesmium opalescens*

乳白灰翼海蛞蝓分布于西太平洋海域，20 mm。身体半透明，体背中间有一不连续的白色或蓝色条纹，露鳃尖端呈浅蓝色。

Macpherson's Phyllodesmium / *Phyllodesmium macphersonae*

麦弗逊灰翼海蛞蝓分布于西太平洋海域，20 mm。身体半透明，体表有褐色斑块和斑点。露鳃呈卷曲状，有些个体的露鳃上有浅蓝色条带，尖端呈白色。

Tuberculate Phyllodesmium / *Phyllodesmium tuberculatum*

瘤突灰翼海蛞蝓分布于菲律宾海域，30 mm。身体呈浅灰褐色，露鳃上有圆形突起。左图中的个体正在摄食软珊瑚。

Pinnate Phyllodesmium / *Phyllodesmium pinnatum*

羽状灰翼海蛞蝓分布于菲律宾海域，40 mm。身体呈浅褐色，露鳃上有指状突起。

Poindimie's Phyllodesmium / *Phyllodesmium poindimiei*

波因迪米灰翼海蛞蝓分布于印度洋–太平洋海域，40 mm。身体呈白色或浅蓝色，半透明。背部和露鳃上常有白色斑点。露鳃平滑，呈卷曲状，内部可见浅黄色带分枝的消化腺。

White-Spotted Phyllodesmium / *Phyllodesmium* sp.

灰翼海蛞蝓（未定种）分布于西太平洋海域，12 mm。身体呈浅蓝色，体表有白色斑块。

Golden Phyllodesmium / *Phyllodesmium* sp.

灰翼海蛞蝓（未定种）分布于菲律宾海域，14 mm。体表密布金色斑点，露鳃尖端呈浅蓝色。

Green Phyllodesmium / *Phyllodesmium* sp.

灰翼海蛞蝓（未定种）分布于印度尼西亚海域，10 mm。背部有白色斑块。

Orange Phyllodesmium / *Phyllodesmium* sp.

灰翼海蛞蝓（未定种）分布于西太平洋海域，25 mm。足部宽，呈黄色。

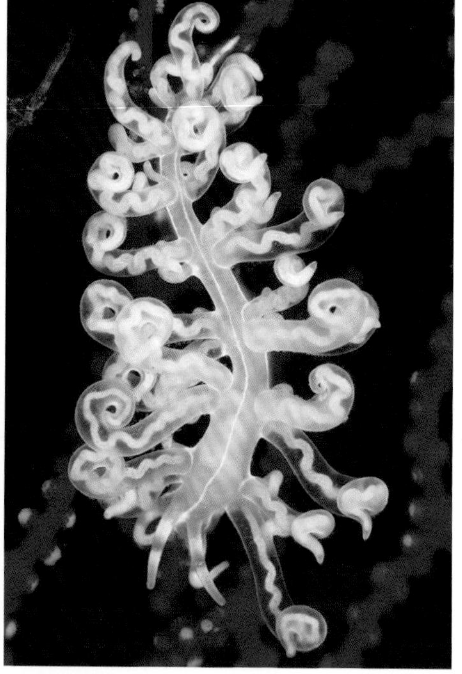

Undulate Phyllodesmium / *Phyllodesmium undulatum*

波状灰翼海蛞蝓分布于西太平洋海域，40 mm。体背中线处有一条贯穿身体的白色条纹。

Moebii's Baeolidia / *Baeolidia moebii*

米氏翼蓑海蛞蝓分布于印度洋–太平洋海域，70 mm。身体呈灰色，体表有褐色网纹。口触手间有一白色环纹。露鳃上有浅黄色斑点，近尖端处有蓝色和黄色环纹。

Salaamica Baeolidia / *Baeolidia salaamica*

合十翼蓑海蛞蝓分布于印度洋-太平洋海域，20 mm。身体半透明，头部和背部有白色斑块。露鳃上有白色斑纹，露鳃近尖端处有白色或橘色环纹。

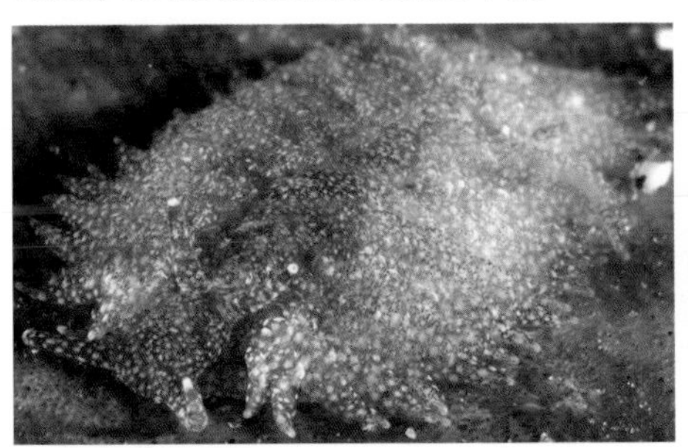
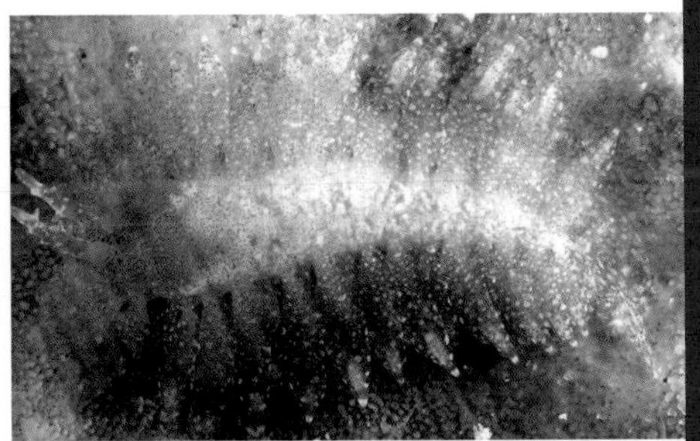

Hariet's Baeolidia / *Baeolidia harrietae*

哈里特翼蓑海蛞蝓分布于西太平洋海域，40 mm。身体呈浅褐色，体表密布白色斑点。嗅角尖端呈白色，嗅角上有乳头状突起（右图）。以沙群海葵为食。

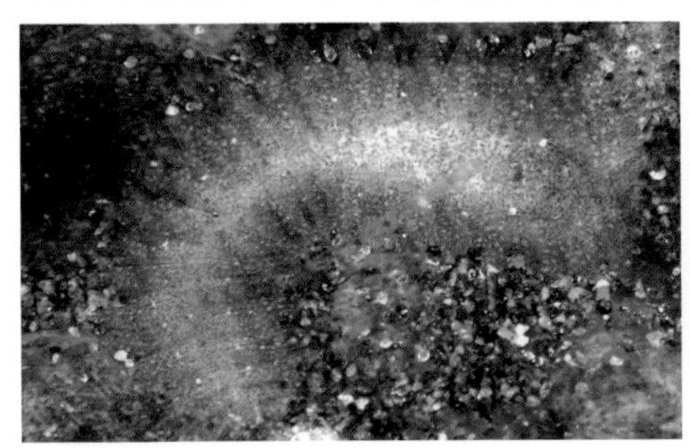

Ranson's Baeolidia / *Baeolidia ransoni*

兰森翼蓑海蛞蝓分布于印度洋-太平洋海域，20 mm。嗅角平滑。

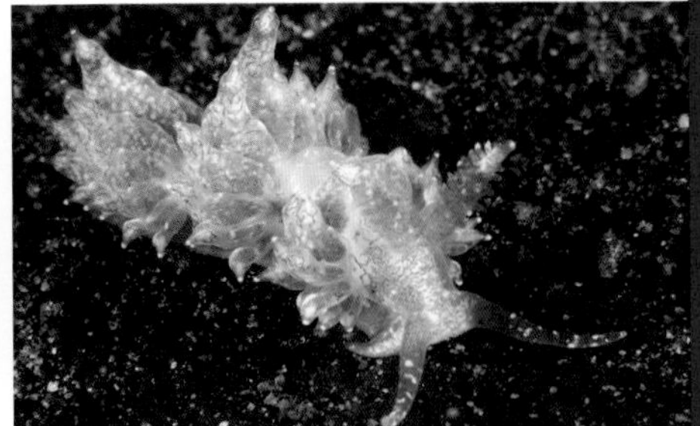

White-Tipped Baeolidia / *Baeolidia* sp.

翼蓑海蛞蝓（未定种）分布于印度尼西亚海域，9 mm。嗅角和露鳃的尖端呈白色。

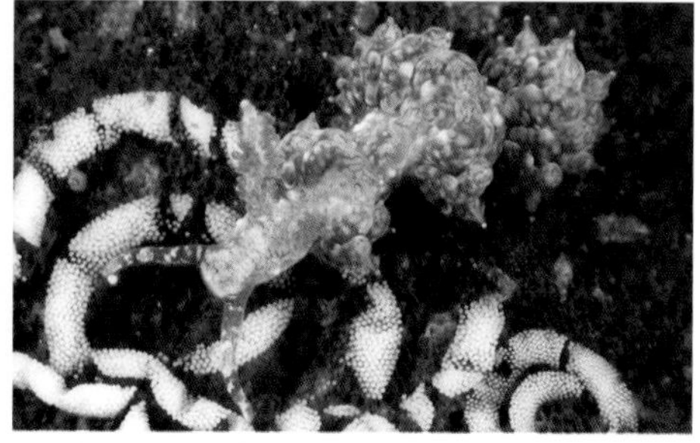

Japanese Baeolidia / *Baeolidia japonica*

日本翼蓑海蛞蝓分布于西太平洋海域，8 mm。身上有褐色网纹，露鳃上有蓝色斑纹。

Chocolate Anteaeolidiella / *Anteaeolidiella cacaotica*

可可翼蓑海蛞蝓分布于西太平洋中部海域，30 mm。身体呈橘色，体表有白色斑块。露鳃呈橘色，近尖端处有白色环纹。

White Aeolid / *Bulbaeolidia alba*

白翼蓑海蛞蝓环热带海域分布，15 mm。嗅角上有红色斑纹。

Brown-Stripe Aeolid / *Bulbaeolidia* cf. *alba*

白翼蓑海蛞蝓（近似种）分布于印度尼西亚海域，9 mm。嗅角上有浅褐色斑纹。

Affinitive Cerberilla / *Cerberilla affinis*

近源翼蓑海蛞蝓分布于印度洋-太平洋海域，90 mm。嗅角局部呈深灰色，露鳃尖端呈黄色。

White-Dotted Cerberilla / *Cerberilla* cf. *albopunctata*

白斑翼蓑海蛞蝓（近似种）分布于西太平洋海域，20 mm。露鳃上有黄色条带和白色斑点。

Ambon Cerberilla / *Cerberilla ambonensis*

安汶翼蓑海蛞蝓分布于西太平洋海域，50 mm。足部的颜色接近白色，边缘呈黑色。

Annulate Cerberilla / *Cerberilla annulata*

环纹翼蓑海蛞蝓分布于印度洋–太平洋海域，70 mm。露鳃上有黄色和黑色条带。

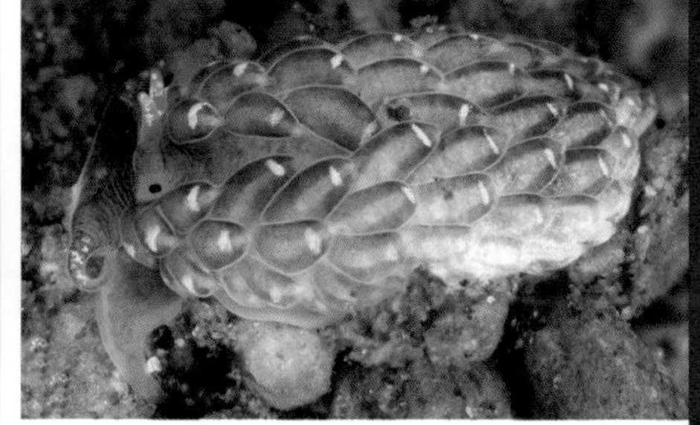

Purple Cerberilla / *Cerberilla* sp.

翼蓑海蛞蝓（未定种）分布于印度尼西亚海域，15 mm。身体呈浅紫色，露鳃近尖端处有黄斑。

White-Dotted Cerberilla / *Cerberilla* sp.

翼蓑海蛞蝓（未定种）分布于西太平洋海域，15 mm。身体呈浅灰褐色，露鳃带有光泽。

Yellow-Spotted Cerberilla / *Cerberilla* sp.

翼蓑海蛞蝓（未定种）分布于印度尼西亚海域，40 mm。身体呈白色，露鳃近尖端处呈浅黄色。

Yellow-Chin Cerberilla / *Cerberilla* sp.

翼蓑海蛞蝓（未定种）分布于印度尼西亚海域，15 mm。口触手间有一黄色条带。

Rosana's Limenandra / *Limenandra rosanae*

罗萨娜翼蓑海蛞蝓分布于西太平洋中部海域，40 mm。身体呈浅褐色，体表有白色斑纹。

Pink Limenandra / *Limenandra barnosii*

巴尔诺斯翼蓑海蛞蝓分布于印度洋–西太平洋海域，60 mm。身体呈黄色，背部、头部和露鳃上有粉色斑点，嗅角和口触手呈粉色。夜间在其自身摄食的海葵附近可见。

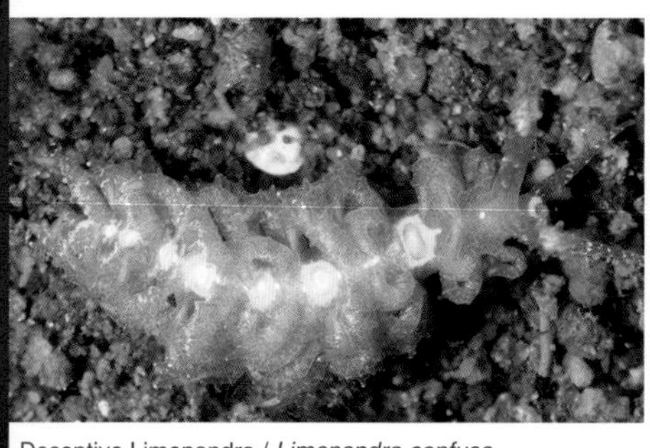

Deceptive Limenandra / *Limenandra confusa*

伪装翼蓑海蛞蝓分布于太平洋海域，8 mm。身体呈浅褐色，有成列的白色大斑点，斑点周围有粉色和黄色环纹。露鳃和嗅角上有明显的乳头状突起。

Scarlet Pupa / *Pupa coccinata*

红斑蛹螺属于艳捻螺科，分布于印度洋–西太平洋海域，20 mm。身体呈白色，壳上有排列整齐的橘色斑点。

Solid Pupa / *Pupa solidula*

坚固蛹螺属于艳捻螺科，分布于印度洋–西太平洋海域，20 mm。身体呈白色，壳上有排列整齐的黑色斑点。

Shining Pupa / *Pupa nitidula*

亮蛹螺属于艳捻螺科，分布于印度洋–西太平洋海域，15 mm。身体呈白色。以多毛类动物为食。

Red-Lined Bullina / *Bullina* sp.

红纹螺（未定种）属于红纹螺科，分布于西太平洋海域，15 mm。身体呈白色，壳上有粉红色细条纹。

Brown-Lined Paperbuble / *Hydatina physis*

泡螺环热带海域分布，60 mm。身体呈红色，边缘呈浅蓝色，壳上有条纹。

White-Lined Paperbuble / *Hydatina zonata*

黑带泡螺分布于印度洋–太平洋海域，50 mm。壳上有白色条带。

Swollen Bubble Snail / *Hydatina amplustre*

宽带泡螺分布于印度洋–太平洋海域，30 mm。壳上有边缘呈黑色的粉色条带。

Miniature Melo / *Micromelo undatus*

波纹泡螺环热带海域分布，30 mm。足边缘有蓝色和白色条带。

Miniature Melo / *Micromelo undatus*

波纹泡螺分布较广，太平洋、大西洋均有分布。左图中的幼体体形较小，2~3 mm。右图中的个体为浅绿体色型。

Fried-Eggs Slug / *Colpodaspis thompsoni*

汤氏透螺分布于印度洋–太平洋海域，3 mm。壳呈深褐色，上面有白色斑块和黄色疣突。

White-Dotted Colpodaspis / *Colpodaspis* sp.

透螺（未定种）分布于西太平洋海域，5 mm。内脏团隆起，上面密布白色斑点。

Bottle Bulla / *Bulla ampulla*

壶腹枣螺分布于印度洋–西太平洋海域，20 mm。身体呈橘色，体表有白色斑点。头盾完全展开。

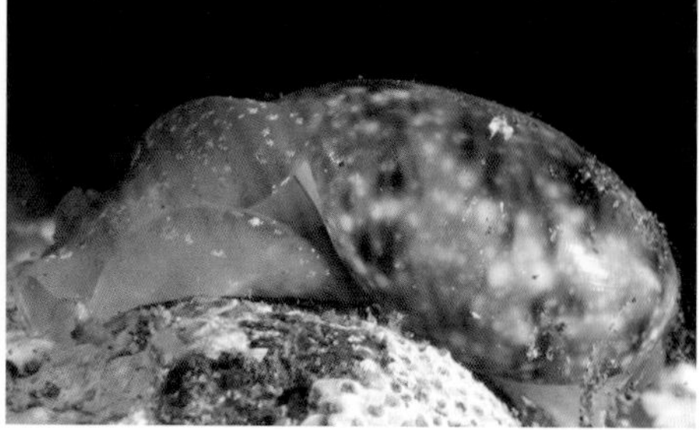

Oriental Bulla / *Bulla orientalis*

东方枣螺分布于印度洋–西太平洋海域，20 mm。身体呈褐色，壳上有螺旋形条带或散布深色斑点。

Shining Bulla / *Bulla vernicosa*

枣螺分布于西太平洋中部海域，30 mm。体色从浅红色至浅褐色均有，体表有亮白色斑点和斑块。壳呈红褐色，小而厚。

Pale Mnestia / *Mnestia* cf. *girardi*

吉氏扁螺（近似种）属于盒螺科，分布于印度尼西亚海域，9 mm。壳呈泡状。

Yellow-Spotted Ilbia / *Ilbia mariana*

马里亚纳羽叶鳃属于羽叶鳃科，分布于西太平洋海域，3 mm。身体呈白色，体表有大片黄色斑块。

Cylindrical Bubble / *Aliculastrum cylindricum*

柱形阿里螺分布于印度洋–太平洋海域，30 mm。身体呈浅绿色，壳两端均有线纹。

Debile's Bubble / *Aliculastrum debile*

弱阿里螺分布于西太平洋中部海域，20 mm。体表有白斑，壳两端均有白色线纹。

Pacific Nut Sheath Bubble / *Atys naucum*

阿地螺分布于印度洋-太平洋海域，40 mm。身体呈白色，体表有灰褐色斑点，眼部周围呈白色。幼体（左图）壳上有明显的褐色条纹。

Red Bubble / *Vellicolla* sp.

阿地螺（未定种）分布于菲律宾海域，9 mm。身体呈红褐色，壳两端均有条纹。

Red Bubble / *Vellicolla muscaria*

蝇阿地螺分布于西太平洋中部海域，9 mm。外套膜上有白色斑纹，头部中间有一浅色斑。

Pittman's Atys / *Atys pittmani*

皮特曼阿地螺分布于西太平洋中部海域，12 mm。壳上有白色和橘色斑点。

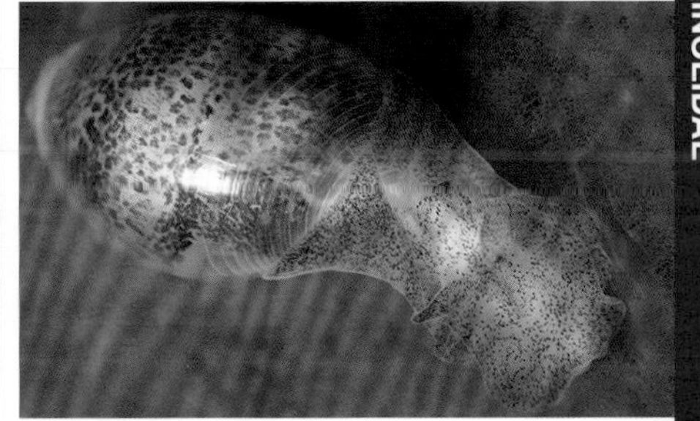

Striped Atys / *Atys semistriata*

半带阿地螺分布于西太平洋海域，8 mm。身上密布深色斑点，壳上有红色斑点。

Head-Stripe Diniatys / *Diniatys dentifer*

头带单齿漩阿地螺分布于印度洋-太平洋海域，5 mm。体色多变，头部中间有一深色斑。

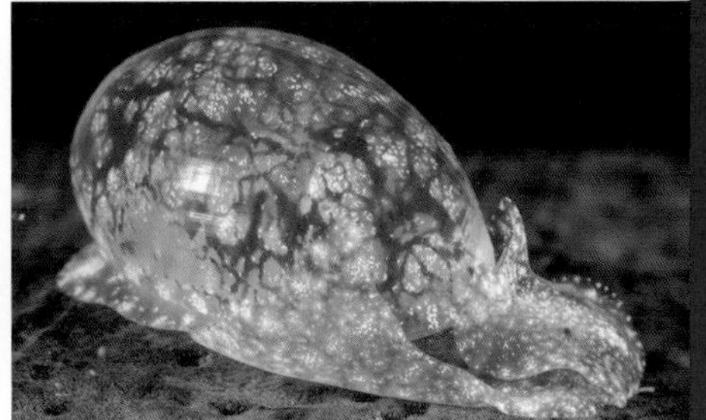

Red-Net Diniatus / *Diniatys dubius*

网纹漩阿地螺分布于西太平洋海域，12 mm。体表有褐色网纹，头部中间有一浅色斑。

Yellow-Eared Bubble Snail / *Vellicolla* sp.

阿地螺（未定种）分布于西太平洋海域，8 mm。体色从橘色至紫色均有，体表有黄色和白色斑纹。

Oval Bubble Snail / *Lamprohaminoea ovalis*

卵圆葡萄螺分布于太平洋海域，10 mm。身体呈浅绿色，体表有橘色、白色和紫色斑点。

Cymbal Bubble Snail / *Lamprohaminoea cymbalum*

扬琴葡萄螺分布于西太平洋海域，15 mm。身体呈浅绿色，体表有橘色斑点。

Yellow-Spotted Bubble Snail / *Lamprohaminoea* sp.

长葡萄螺（未定种）分布于西太平洋海域，10 mm。身上密布黄色大斑点。

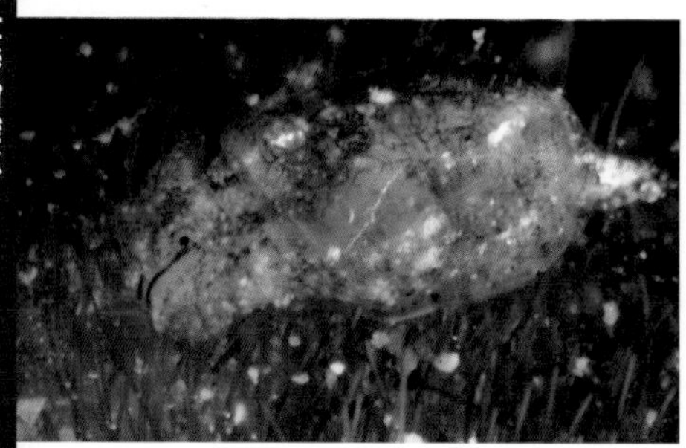

Red-Lined Haminoeid / *Haminoeid* sp.

长葡萄螺（未定种）分布于菲律宾海域，4 mm。身体半透明，体表有红色线纹。生活在蓝藻上。

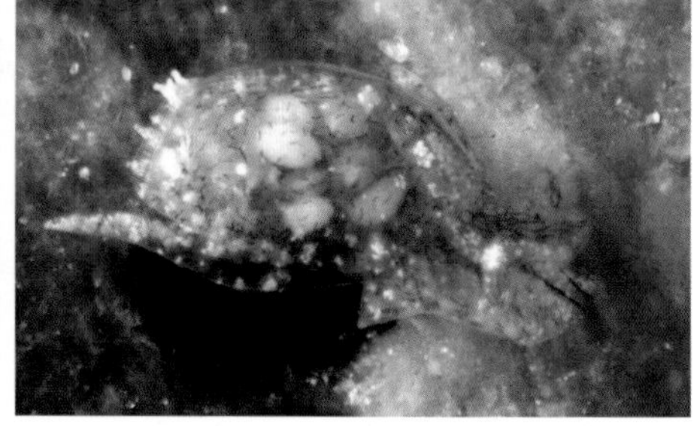

White-Spotted Haminoeid / *Haminoeid* sp.

长葡萄螺（未定种）分布于西太平洋中部海域，3 mm。身体半透明，体表有白色斑点。生活在蓝藻上。

Long-Tail Haminoeid / *Haminoeid* sp.

长葡萄螺（未定种）分布于菲律宾海域，5 mm。身体呈橘褐色，有白斑。尾长，尖端逐渐变细。

Brown-Marked Haminoeid / *Haminoeid* sp.

长葡萄螺（未定种）分布于西太平洋海域，3 mm。身体呈白色，有深褐色环纹和粗条纹。尾长。

Dark-Blue Haminoeid / *Haminoeid* sp.

长葡萄螺（未定种）分布于印度尼西亚海域，8 mm。身体呈蓝色，体表有雪花状斑纹。

Pale Haminoeid / *Haminoeid* sp.

长葡萄螺（未定种）分布于印度尼西亚海域，8 mm。身体呈白色，体表有褐色斑块和斑点。

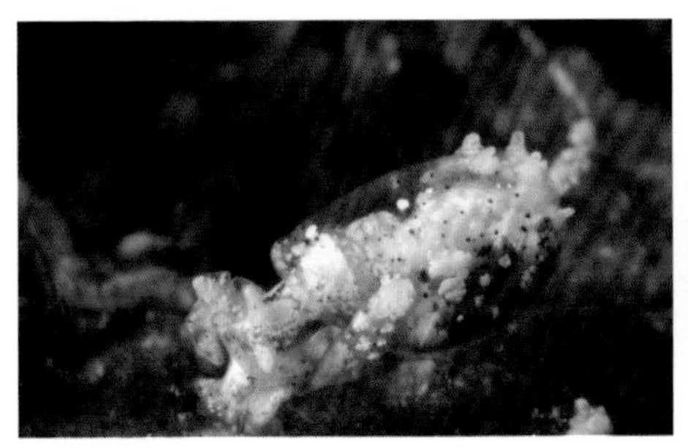

Brown-Dots Haminoeid / *Haminoeid* sp.

长葡萄螺（未定种）分布于菲律宾海域，8 mm。壳上有白色突起和红色斑点。

White-Triangle Haminoeid / *Phanerophthalmus albotriangulatus*

白三角隐肺螺分布于西太平洋海域，10 mm。头盾上有白斑。

Boucheti Haminoeid / *Phanerophthalmus boucheti*

布歇隐肺螺分布于菲律宾海域，8 mm。身体呈浅绿色，体表有白斑。

W-Mark Haminoeid / *Phanerophthalmus albocollaris*

白领隐肺螺分布于西太平洋海域，10 mm。头盾尖端有一白色 W 形斑。

Annet's Haminoeid / *Phanerophthalmus anettae*

安妮特隐肺螺分布于西太平洋中部海域，20 mm。

White-Patched Haminoeid / *Phanerophthalmus lentigines*

白斑隐肺螺分布于印度洋–太平洋海域，9 mm。体背中间有白色斑块。

Olive Haminoeid / *Phanerophthalmus* cf. *olivaceus*

橄榄隐肺螺（近似种）分布于巴布亚新几内亚海域，15 mm。身体呈橄榄绿色，头盾尖端呈白色。

Purple Haminoeid / *Phanerophthalmus purpureus*

紫隐肺螺分布于西太平洋海域，25 mm。身体呈紫色。

Yellow-Spotted Headshield Slug / *Biuve fulvipunctata*

褐斑燕尾海牛分布于西太平洋海域，30 mm。体色多变，身上有黄色斑点，头部有一白色波浪形斑。

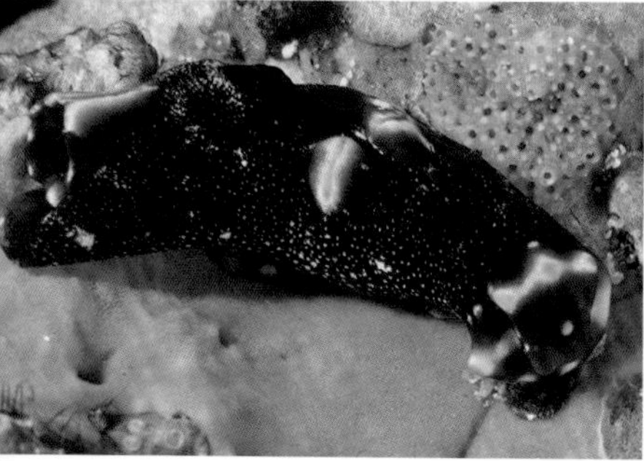

Oriental Headshield Slug / *Spinoaglaja orientalis*

东方燕尾海牛分布于印度洋–西太平洋海域，25 mm。身上有白色条带，条带上有黄色斑。

Lovely Headshield Slug / *Chelidonura amoena*

爱蒙娜燕尾海牛分布于西太平洋海域，55 mm。身体呈灰白色。

Brilliant Headshield Slug / *Chelidonura electra*

灿烂燕尾海牛分布于西太平洋海域，80 mm。身体呈白色，侧足边缘有黄色细条带。

Livid Headshield Slug / *Chelidonura livida*

青灰燕尾海牛分布于印度洋–太平洋海域，80 mm。体色从深灰色至黑色均有，体表有亮蓝色斑块。

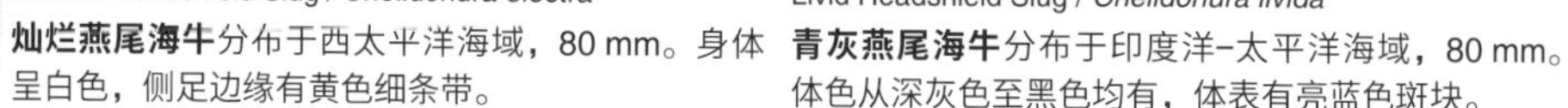

Swallowtail Head Shield slug / *Chelidonura hirundinina*

燕尾海牛环热带海域分布，30 mm。体色多变，体表有纵条纹，头部有一 T 形斑。

Pale Chelidonura / *Chelidonura pallida*

苍白燕尾海牛分布于印度洋–西太平洋海域，50 mm。身体呈白色，边缘有黄色和黑色条纹。

Black Chelidonura / *Chelidonura sandrana*

黑燕尾海牛分布于印度洋–西太平洋海域，20 mm。身体呈黑色，边缘有白斑。

Headband Headshield Slug / *Mariaglaja inornata*

无饰燕尾海牛分布于西太平洋中部海域，50 mm。身体呈黑色或红褐色，头盾上常有橘色斑块。

Blue Edge Headshield Slug / *Chelidonura varians*

蓝缘燕尾海牛分布于西太平洋海域，70 mm。身体呈黑色，身体边缘和背部中间有蓝色条纹。

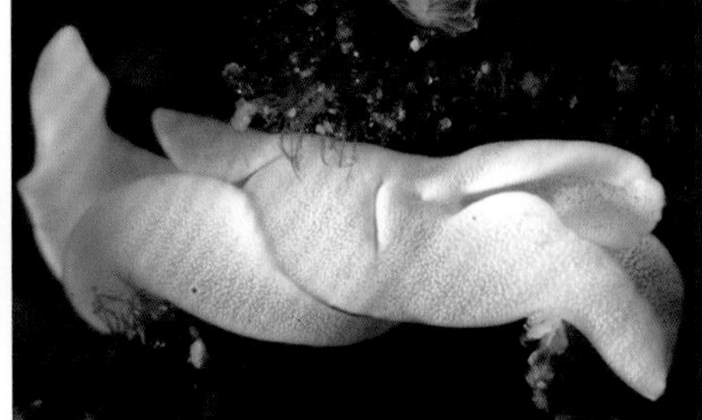

White Noalda / *Noalda* sp.

拟海牛（未定种）分布于印度洋–西太平洋海域，7 mm。身体呈白色，头盾前端开裂。

Brown-Lined Noalda / *Noalda* sp.

拟海牛（未定种）分布于西太平洋海域，4 mm。头盾开口处有褐色斜线纹，尾长。

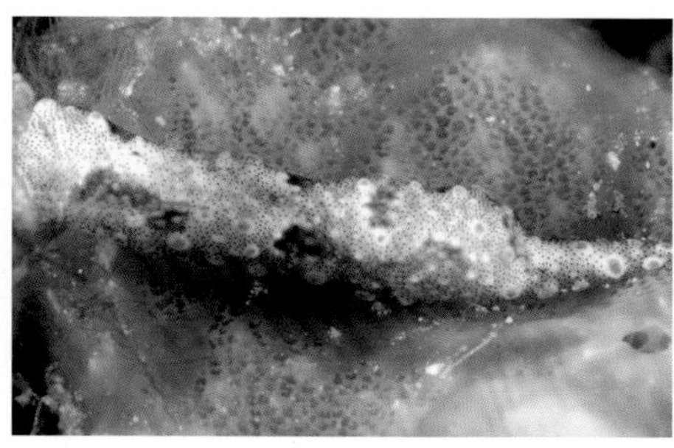

Guam Odontoglaja / *Odontoglaja guamensis*

关岛拟海牛分布于西太平洋海域，15 mm。身体呈白色，体表有尖端呈粉色的疣突和深色斑点。

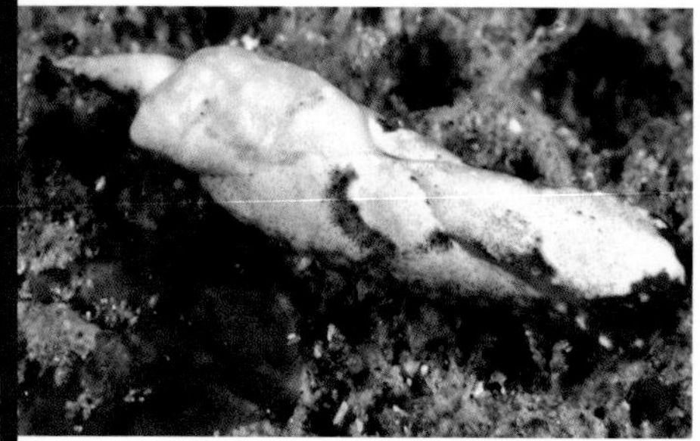

Strawberry-Face Odontoglaja / *Odontoglaja* sp.

拟海牛（未定种）分布于西太平洋海域，8 mm。身体呈白色，体表有褐色斑点和条带。

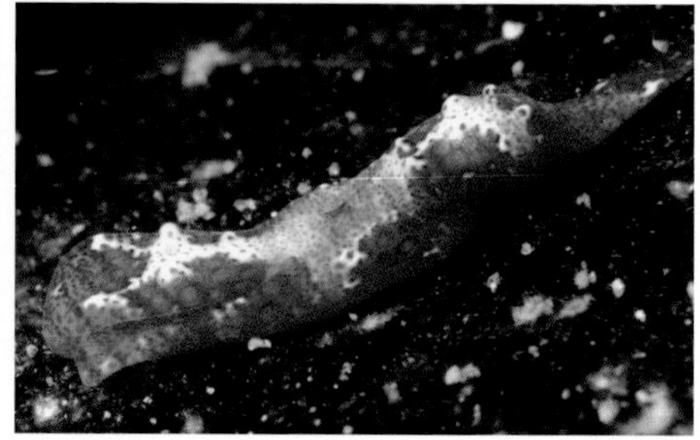

Red Odontoglaja / *Odontoglaja* sp.

拟海牛（未定种）分布于西太平洋中部海域，10 mm。身体呈浅红色，有白色和浅蓝色斑点。

Showy Philinopsis / *Philinopsis speciose*

艳丽拟海牛分布于印度洋–太平洋海域，35 mm。体色多变，以杨桃螺科海蛞蝓和海兔为食。图①中的个体正在摄食杨桃螺科的海蛞蝓。

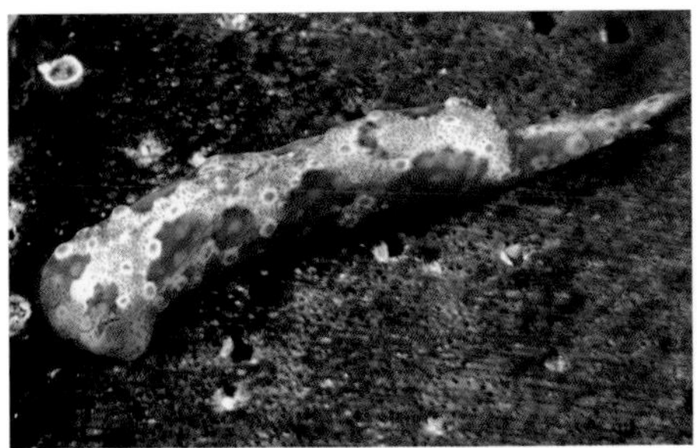

Spotted Odontoglaja / *Odontoglaja* sp.

拟海牛（未定种）分布于西太平洋海域，10 mm。身体局部呈橘色，体表有蓝色斑点。

Pink Philinopsis / *Philinopsis ctenophoraphaga*

粉拟海牛分布于西太平洋海域，20 mm。身体呈粉红色，体表有白色斑点。

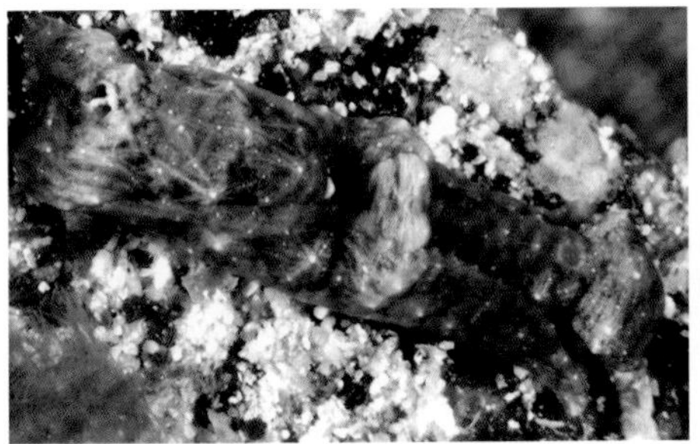

Red-Spot Philinopsis / *Philinopsis* sp.

拟海牛（未定种）分布于西太平洋海域，15 mm。身体呈浅绿色或浅褐色，头盾上有明显的红斑。

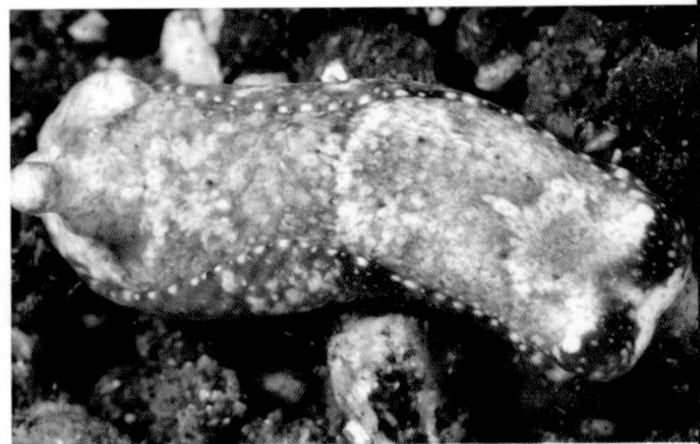

Yellow-Dotted Philinopsis / *Philinopsis falciphallus*

镰突拟海牛分布于西太平洋海域，9 mm。身体呈粉色。侧足边缘色深，上面有黄色斑点。

Pilsbryi's Philinopsis / *Tubulophilinopsis pilsbryi*

皮氏拟海牛分布于印度洋–太平洋海域，40 mm。身体底色为白色，被黑色、深褐色或深蓝色网纹覆盖。

White-Lined Philinopsis / *Tubulophilinopsis gardineri*

加氏拟海牛分布于印度洋–太平洋海域，35 mm。头盾后部有一白色条纹。

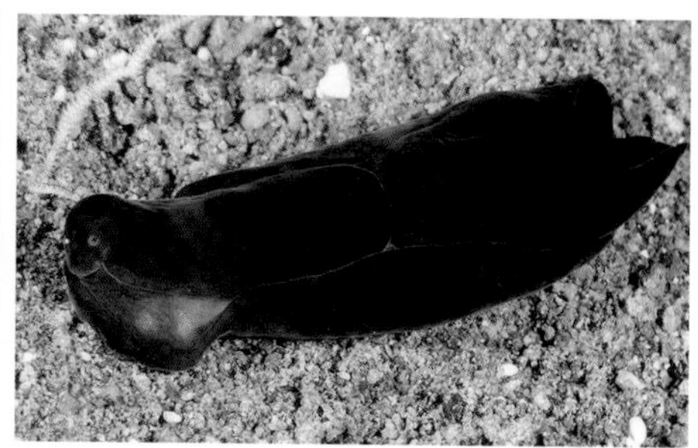

Black Philinopsis / *Tubulophilinopsis* sp.

拟海牛（未定种）分布于西太平洋海域，10 mm。身体整体上呈黑色，局部呈浅蓝色。

Reticulate Philinopsis / *Tubulophilinopsis* cf. *reticulate*

网纹拟海牛（近似种）分布于西太平洋海域，30 mm。身体局部呈浅绿色，体表有网纹和蓝色条带。

Double-Horned Gastropteron / *Gastropteron bicornutum*

双角腹翼螺分布于西太平洋海域，15 mm。身体底色为白色，体表密布黑色斑块和橘色斑点。

Red-Spotted Gastropteron / *Gastropteron* sp.

腹翼螺（未定种）分布于印度尼西亚海域，10 mm。身体呈浅蓝色，半透明，体表有红斑。

Orange-Dotted Gastropteron / *Gastropteron* sp.

腹翼螺（未定种）分布于菲律宾海域，5 mm。身体呈浅蓝色，半透明，体表密布橘色小斑点。

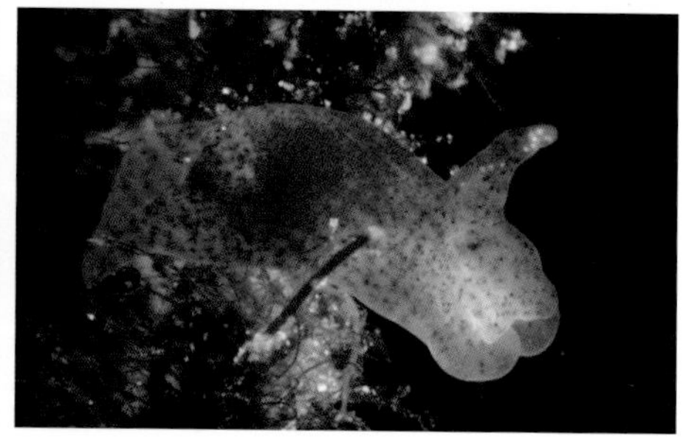

Purple-Speckled Gastropteron / *Gastropteron* sp.

腹翼螺（未定种）分布于菲律宾海域，4 mm。身体呈浅蓝色，半透明，体表密布紫色小斑点。

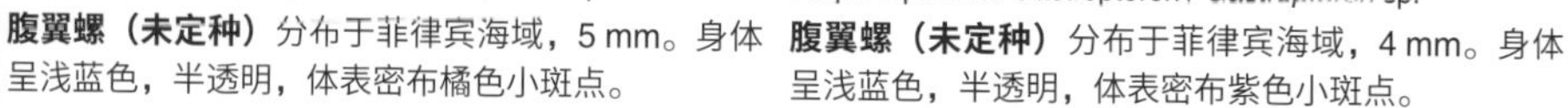

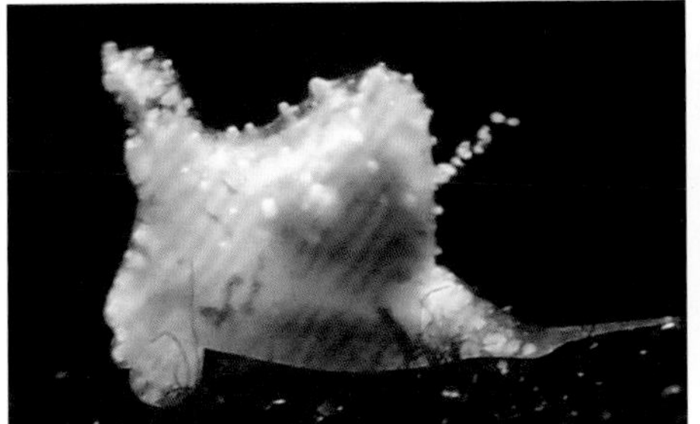

Tiny Gastropteron / *Gastropteron minutum*

袖珍腹翼螺分布于西太平洋海域，3 mm。身体呈白色，体表有圆形突起。

Ornate Sagaminopteron / *Sagaminopteron ornatum*

华丽腹翼螺分布于西太平洋海域，15 mm。身体呈紫色，体表有橘色长疣突。

Red-Horned Sagaminopteron / *Sagaminopteron* sp.

腹翼螺（未定种）分布于菲律宾海域，15 mm。

White-Margin Sagaminopteron / *Sagaminopteron* sp.

腹翼螺（未定种）分布于西太平洋海域，15 mm。身体呈紫色，侧足边缘呈白色。

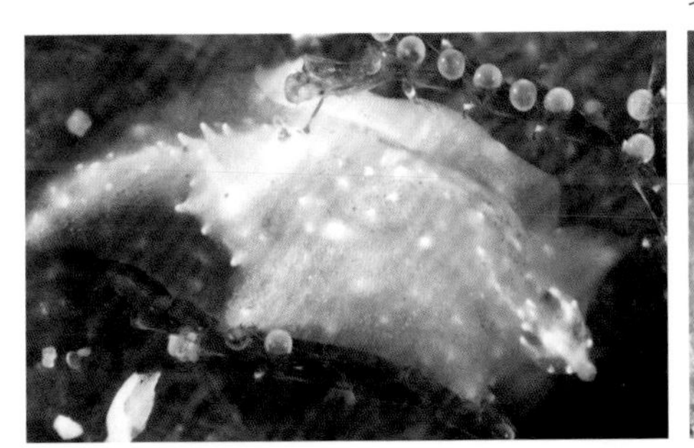

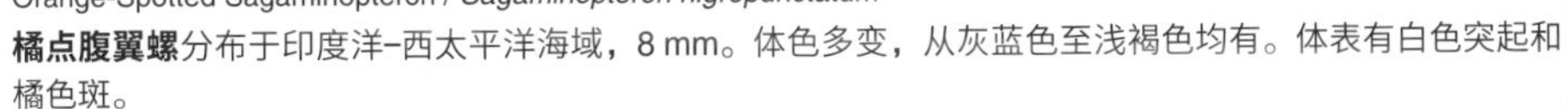

Orange-Spotted Sagaminopteron / *Sagaminopteron nigropunctatum*

橘点腹翼螺分布于印度洋–西太平洋海域，8 mm。体色多变，从灰蓝色至浅褐色均有。体表有白色突起和橘色斑。

Milky Sagaminopteron / *Sagaminopteron* sp.

腹翼螺（未定种）分布于菲律宾海域，18 mm。身体呈乳白色，侧足边缘呈橘色。

Brown Sagaminopteron / *Sagaminopteron pohnpei*

褐色腹翼螺分布于西太平洋中部海域，5 mm。身体呈褐色，体表有白色和黄色斑点。

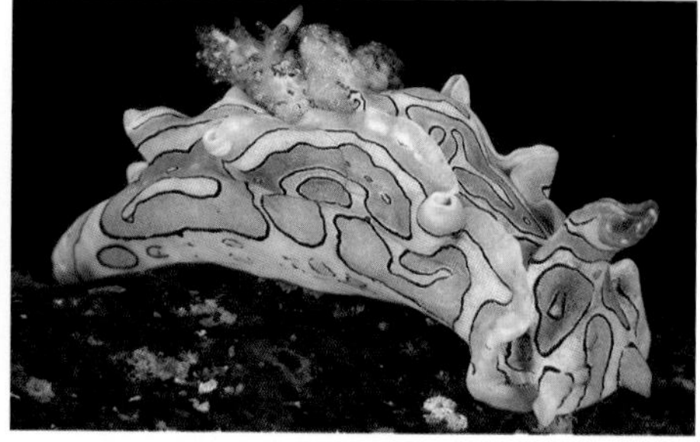

Psychedelic Sagaminopteron / *Sagaminopteron psychedelicum*

迷幻腹翼螺分布于西太平洋海域，20 mm。身上有形状不规则的橘黄色斑块，看起来很迷幻。侧足边缘呈粉色或橘色，鳃部半透明。

Orange-Lined Siphopteron / *Siphopteron flavolineatum*

橙纹腹翼螺分布于菲律宾海域，5 mm。身体呈黄色，体表有白色大斑点。

Lemon Siphopteron / *Siphopteron citrinum*

柠黄腹翼螺分布于西太平洋海域，4 mm。身体呈黄色，虹吸管和鞭状体尖端色深。

White-Spotted Siphopteron / *Siphopteron* sp.

腹翼螺（未定种）分布于日本及菲律宾海域，5 mm。身体呈橘色，体表有白色斑点。

Orange Siphopteron / *Siphopteron* sp.

腹翼螺（未定种）分布于西太平洋海域，5 mm。通体橘色。

Amusing Siphopteron / *Siphopteron nakakatuwa*

中川腹翼螺分布于西太平洋海域，8 mm。身上的白色斑块被橘色条纹环绕。

Dark-Margined Siphopteron / *Siphopteron brunneomarginatum*

暗纹腹翼螺分布于西太平洋海域，5 mm。身体呈黄色，侧足边缘呈褐色。

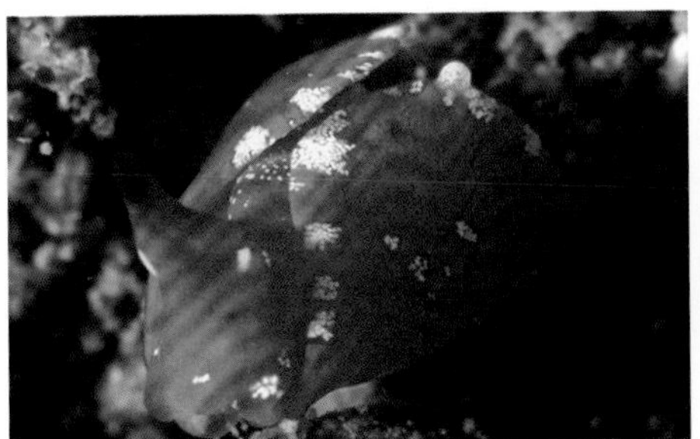

Dark-Tipped Siphopteron / *Siphopteron* sp.

腹翼螺（未定种）分布于西太平洋海域，5 mm。身体呈橘色，体表有白色斑块。

Red-Margin Siphopteron / *Siphopteron* sp.

腹翼螺（未定种）分布于印度洋–西太平洋海域，5 mm。身体呈黄色，边缘呈红褐色。

Spiral-Mark Siphopteron / *Siphopteron* sp.

腹翼螺（未定种）分布于印度尼西亚海域，8 mm。身体呈白色，体表有黄色和深红色斑纹。

Milky Hopper / *Siphopteron* sp.

腹翼螺（未定种）分布于菲律宾海域，2 mm。身体呈乳白色，体表有小突起。

Elegant Siphopteron / *Siphopteron makisig*

优雅腹翼螺分布于西太平洋海域，5 mm。身体呈白色，虹吸管和鞭状体局部呈橘色。

Tiger Siphopteron / *Siphopteron tigrinum*

虎纹腹翼螺分布于印度洋–西太平洋海域，10 mm。体色从黄色至橘色均有，体表有紫色斑纹。

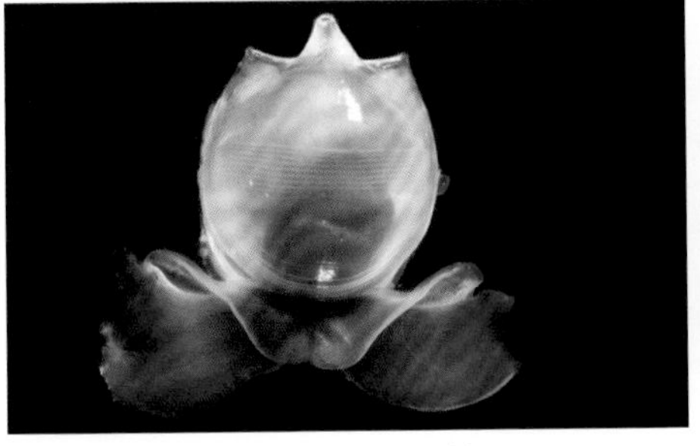

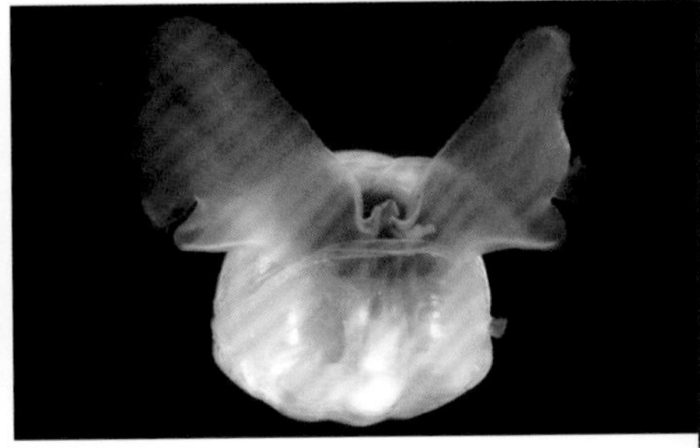

Three-Teeth Sea Butter y / *Cavolinia tridentata*

龟螺在世界各地均有分布，20 mm。生活在水域表层，能自由游动，以浮游植物为食，偶尔会附着在珊瑚礁上。身体半透明，外壳后半部有 3 根棘。

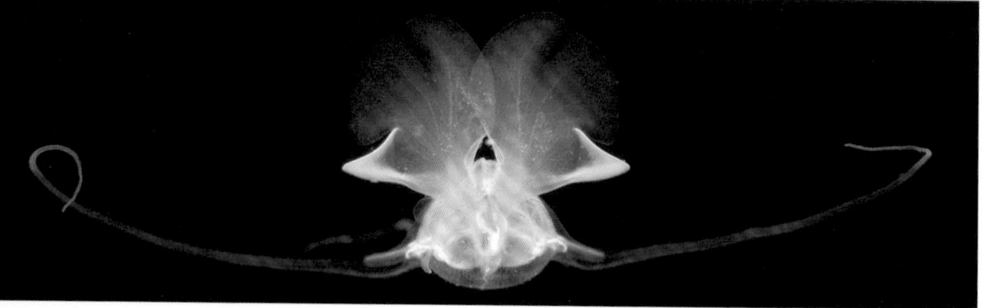

Hooked Sea Butterfly / *Cavolinia uncinata*

钩龟螺在世界各地均有分布，8 mm。生活在水域表层，能自由游动，以浮游植物为食。身体半透明，外壳后半部有 3 根棘。

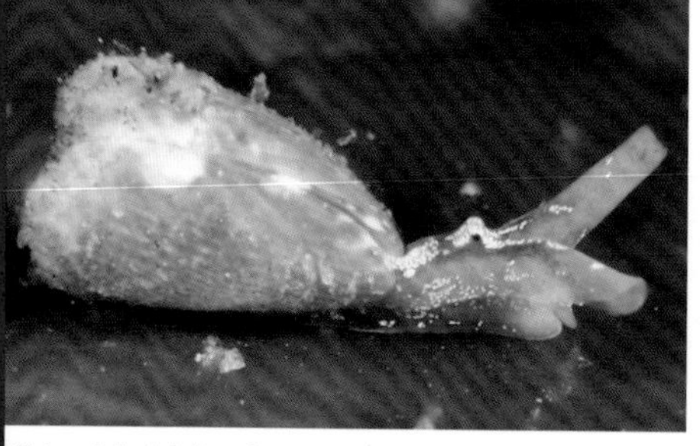

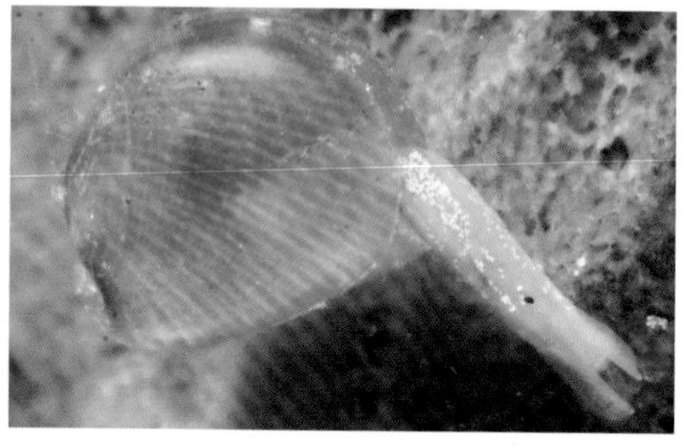

Zebra Julia / *Julia zebra*

斑马珠绿螺分布于印度洋–太平洋海域，5 mm。双壳腹足类，外壳分为两片。体表有白色和浅红色斑点，外壳上有深色条带。以蕨藻为食。

White Volvatella / *Volvatella* sp.

圆卷螺（未定种）分布于西太平洋海域，8 mm。壳呈白色，壳上散布橘色斑点。

Orange Volvatella / *Volvatella vigourouxi*

斑带圆卷螺分布于西太平洋中部海域，25 mm。受到惊扰时会喷出白色黏液（如图）。

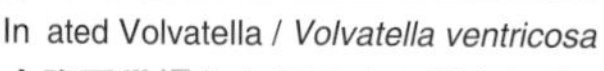

In ated Volvatella / *Volvatella ventricosa*

大腹圆卷螺分布于西太平洋中部海域，15 mm。身体呈白色，绿色的壳呈卵圆形。可见于总状蕨藻上。

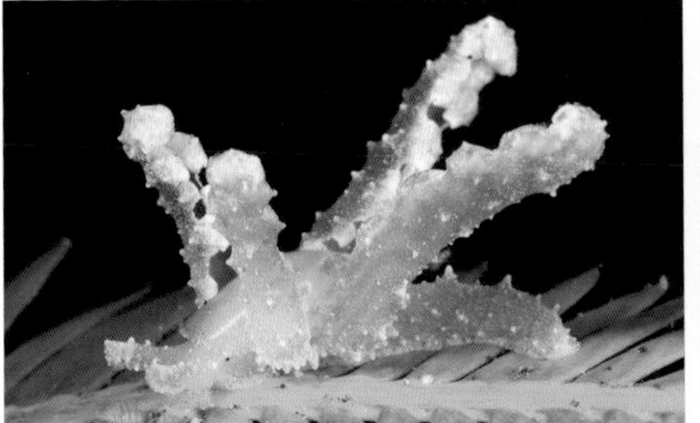

White-Spotted Lobiger / *Lobiger* sp.

长足螺（未定种）分布于印度洋–太平洋海域，15 mm。壳呈绿色，无蓝色线纹。生活在蕨藻上。

Green Lobiger / *Lobiger viridis*

翠绿长足螺分布于印度洋–太平洋海域，20 mm。壳上有蓝绿色细线纹。以蕨藻为食。

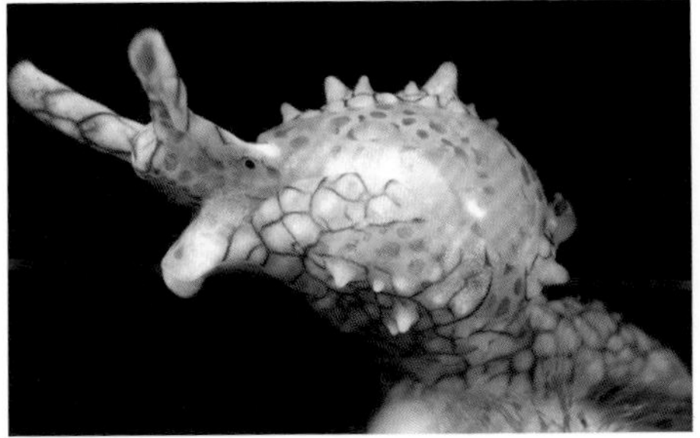

Tessellate Oxynoe / *Oxynoe kylie*

镶嵌长足螺分布于西太平洋中部海域，15 mm。身体呈奶油色，体表有褐色网纹、蓝色斑点和乳头状突起。以丝状蕨藻为食。

Pale Oxynoe / *Oxynoe jordani*

乔氏长足螺分布于西太平洋海域，22 mm。体表有中心呈黑色的蓝色斑点。

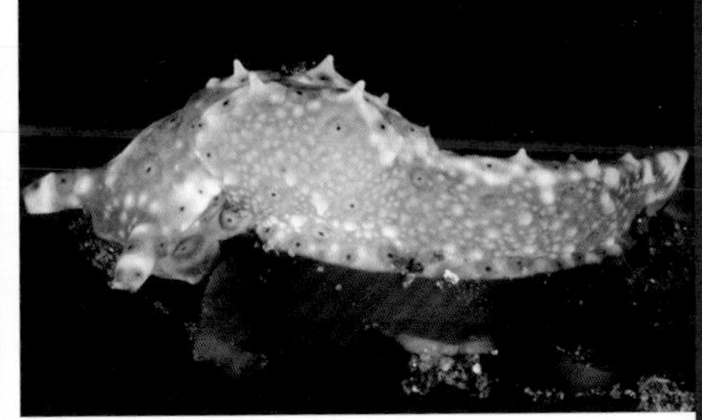

Dark-Dot Oxynoe / *Oxynoe* sp.

长足螺（未定种）分布于西太平洋海域，20 mm。体表有中心呈黑色的蓝色斑点。可能为乔氏长足螺。

Green Oxynoe / *Oxynoe viridis*

青绿长足螺分布于印度洋–太平洋海域，20 mm。身体呈绿色，体表有黄色斑块和边缘呈黄色的蓝色斑点。可见于总状蕨藻上，常成群出现。

Bourbon Butterfly Slug / *Cyerce bourbonica*

波旁叶海蛞蝓分布于印度洋–太平洋海域，20 mm。身体呈白色，半透明，体表有灰色斑块和褐色小斑点。可能是 Yellow Butterfly Slug（见下文）的幼体。

Yellow Butterfly Slug / *Cyerce* sp.

叶海蛞蝓（未定种）分布于西太平洋海域，30 mm。身体呈白色，体表有灰色斑块。露鳃上有褐色斑点。

Peacock Butter y Slug / *Cyerce pavonina*

孔雀叶海蛞蝓分布于印度洋–太平洋海域，30 mm。露鳃呈浅褐色，上面有半透明突起。

Elegant Butterfly Slug / *Cyerce elegans*

华美叶海蛞蝓分布于印度洋–太平洋海域，50 mm。露鳃半透明，边缘有白色非连续条纹。

Starry Butterfly Slug / *Cyerce* sp.

叶海蛞蝓（未定种）分布于西太平洋海域，60 mm。露鳃呈淡紫色，上面有中心呈白色的蓝色斑点。

White-Edged Butterfly Slug / *Cyerce* sp.

叶海蛞蝓（未定种）分布于菲律宾及巴布亚新几内亚海域，25 mm。露鳃半透明，边缘呈白色。

Kikutaro's Butterfly Slug / *Cyerce kikutarobabai*

菊太郎叶海蛞蝓分布于西太平洋海域，15 mm。露鳃尖端有橘色条纹。

Dark Butter y Slug / *Cyerce nigra*

黑蝶叶海蛞蝓分布于西太平洋海域，15 mm。身体呈橘黄色，体表有黑色条纹和白斑。露鳃上有黄色条纹和斑点。

Black And Gold Butter y Slug / *Cyerce nigricans*

黑美叶海蛞蝓分布于印度洋–西太平洋海域，40 mm。生活在丝藻上。

Dark-Net Butter y Slug / *Cyerce* sp.

叶海蛞蝓（未定种）分布于菲律宾海域，18 mm。体表有深色网纹以及白色和黄色斑点。

Dark-Dotted Mourgona / *Mourgona* sp.

叶海蛞蝓（未定种）分布于西太平洋海域，20 mm。露鳃和嗅角上有黑色斑点。

White-Edge Mourgona / *Mourgona* sp.

叶海蛞蝓（未定种）分布于菲律宾海域，20 mm。露鳃内可见消化腺。生活在气泡藻上。

Grainy Mourgona / *Mourgona* sp.

叶海蛞蝓（未定种）分布于印度尼西亚及菲律宾海域，15 mm。眼部附近有褐色斑，露鳃上有白色圆齿状边缘，露鳃内可见消化腺。生活在气泡藻上。左图中为幼体。

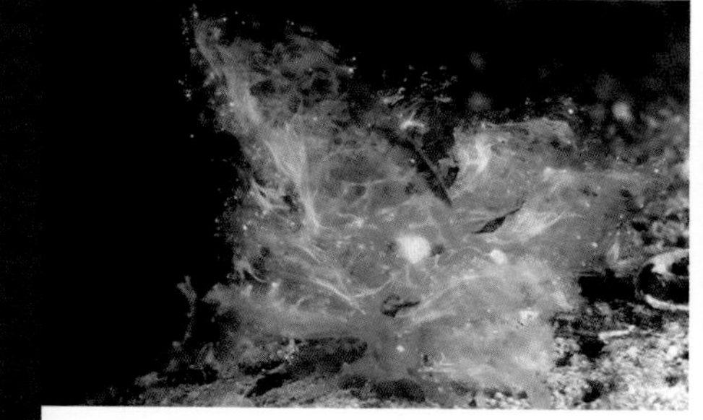

Red-Filament Polybranchia / *Polybranchia* sp.

叶海蛞蝓（未定种）分布于印度尼西亚海域，10 mm。露鳃内可见黄色腺体和浅红色条纹。

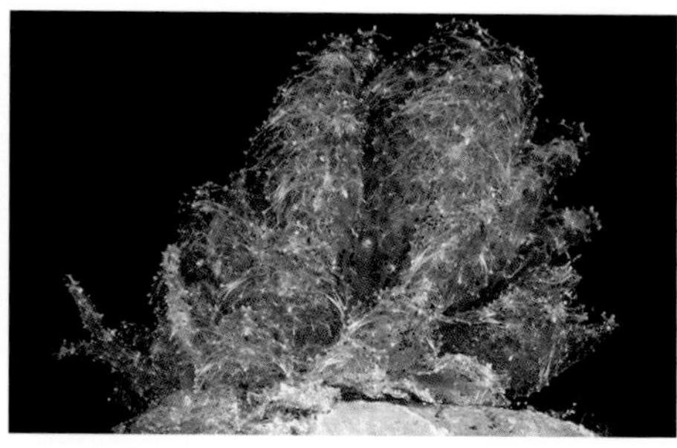

Black-Dotted Polybranchia / *Polybranchia jannae*

简叶海蛞蝓分布于西太平洋海域，20 mm。露鳃呈乳突状，上面有黑色斑点和红色条纹。

Oriental Polybranchia / *Polybranchia orientalis*

东方叶海蛞蝓分布于印度洋–太平洋海域，70 mm。体色从浅绿色至粉色均匀，体表有褐色斑纹。

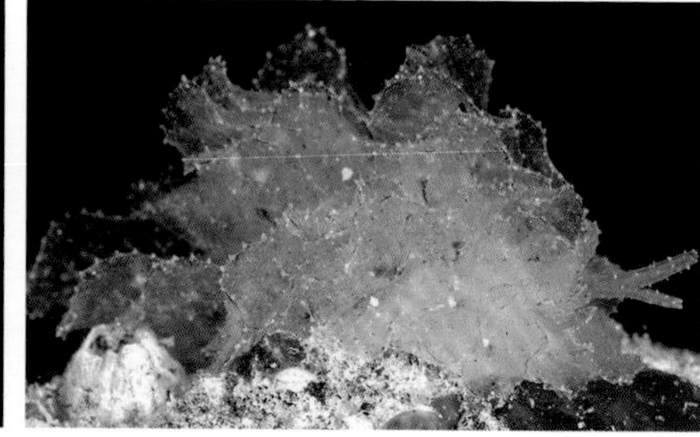

Black-Edge Polybranchia / *Polybranchia* sp.

叶海蛞蝓（未定种）分布于西太平洋海域，18 mm。消化腺呈黄色，露鳃边缘有黑色线纹。

Green-Gland Polybranchia / *Polybranchia* sp.

叶海蛞蝓（未定种）分布于印度尼西亚海域，10 mm。露鳃内可见浅绿色腺体。

Palau Soghenia / *Soghenia palauensis*

帕劳叶海蛞蝓分布于印度洋–西太平洋海域，15 mm。露鳃上有红色斑点，露鳃局部呈白色。

White-Dotted Costasiella / *Costasiella formicaria*

白点柱海蛞蝓分布于印度洋–西太平洋海域，15 mm。以蓝藻为食。

Black-Loop Costasiella / *Costasiella* sp.

柱海蛞蝓（未定种）分布于西太平洋海域，12 mm。嗅角后方有一黑色大斑。

Yellow Costasiella / *Costasiella* sp.

柱海蛞蝓（未定种）分布于印度尼西亚海域，12 mm。露鳃呈黄色，中间有黑色线纹。

Rabbit Costasiella / *Costasiella usage*

兔柱海蛞蝓分布于西太平洋海域，10 mm。嗅角呈黑色，露鳃上有白色线纹。

Leaf Sheep / *Costasiella kuroshimae*

黑点柱海蛞蝓分布于印度洋–西太平洋海域，7 mm。常发现于绒扇藻上，体征与其他柱海蛞蝓相似。体色多变，眼部后方有一沙漏形斑块，嗅角尖端色深。

Purple-Tipped Costasiella / *Costasiella* sp.

柱海蛞蝓（未定种）分布于印度尼西亚及巴布亚新几内亚海域，12 mm。身体呈白色，半透明。嗅角呈浅灰蓝色。露鳃呈绿色，露鳃尖端呈紫色。

White-Cap Costasiella / *Costasiella* sp.

柱海蛞蝓（未定种）分布于印度尼西亚海域，5 mm。嗅角后方有一白斑。露鳃呈绿色，上面有蓝色斑点，露鳃尖端呈白色。

Deceptive Costasiella / *Costasiella* sp.

柱海蛞蝓（未定种）分布于印度尼西亚及菲律宾海域，10 mm。常发现于绒扇藻上。眼间距小，深蓝色嗅角上有黄色条纹。

White-Dotted Ercolania / *Ercolania annelyleorum*

白斑柱海蛞蝓分布于西太平洋海域，5 mm。体内可见消化腺。

White Ercolania / *Ercolania* sp.

柱海蛞蝓（未定种）分布于印度尼西亚海域，3 mm。身体半透明，体内可见浅红色消化腺。

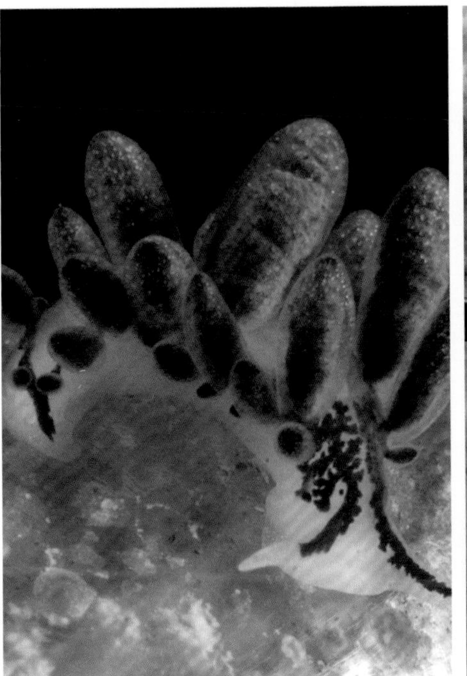

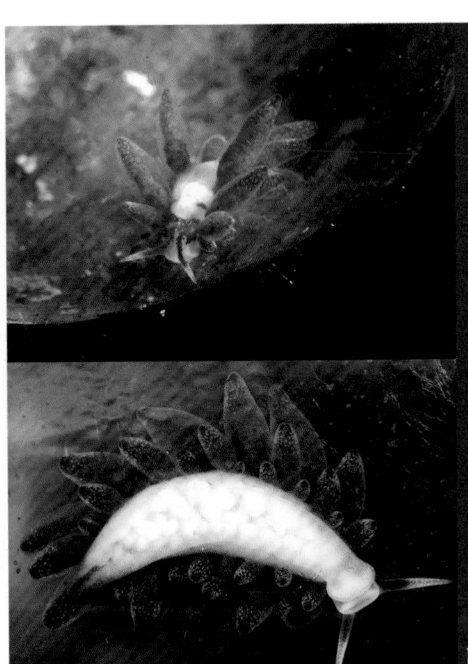

Bubble-Alga Ercolania / *Ercolania endophytophaga*

寄居柱海蛞蝓分布于澳大利亚及菲律宾海域，13 mm。露鳃和嗅角内可见绿色消化腺。生活在羽状网叶藻和泡影法囊藻的大型细胞内。

Green Ercolania / *Ercolania kencolesi*

肯果柱海蛞蝓分布于西太平洋中部海域，6 mm。身体呈浅绿色，嗅角上有白色环带。

Yellow-Tipped Ercolania / *Ercolania* sp.

柱海蛞蝓（未定种）分布于西太平洋海域，8 mm。露鳃上有白色斑点，露鳃尖端呈黄色。

Golden Ercolania / *Ercolania* sp.

柱海蛞蝓（未定种）分布于菲律宾海域，10 mm。头内可见消化腺。

White-Patch Ercolania / *Ercolania* sp.

柱海蛞蝓（未定种）分布于菲律宾海域，9 mm。身体呈白色，头、露鳃和嗅角内可见绿色消化腺。生活在大型香蕉菜藻的球状细胞内。

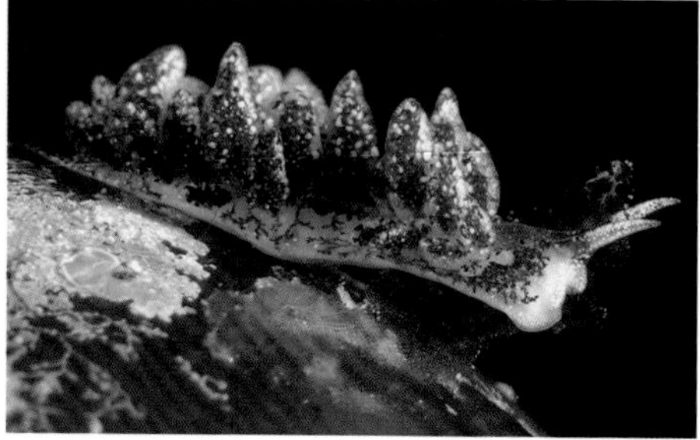

Tattooed Ercolania / *Ercolania* sp.

柱海蛞蝓（未定种）分布于菲律宾海域，10 mm。身体内可见带分枝的消化腺。同其他柱海蛞蝓一样，生活在藻类的细胞内，以海藻为食。

Fuzzy Ercolania / *Ercolania* sp.

柱海蛞蝓（未定种）分布于菲律宾海域，8 mm。消化腺上有明显的斑纹。

你知道吗？这些海蛞蝓不仅以海藻为食，还会在海藻中产卵！

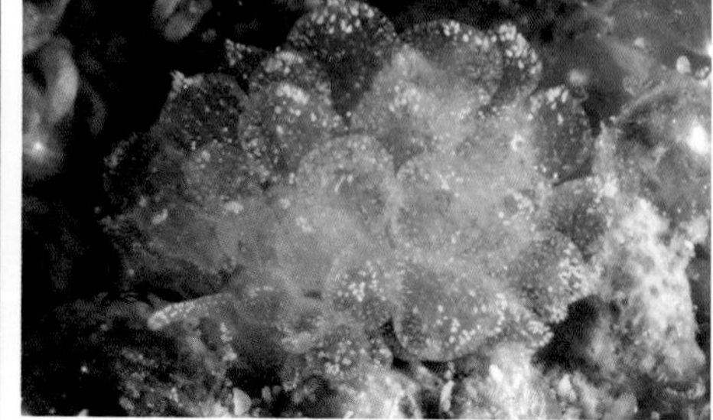

Yellow-Spotted Ercolania / *Ercolania* sp.

柱海蛞蝓（未定种）分布于菲律宾海域，8 mm。身体半透明，体表有白色斑点。露鳃尖端呈白色，露鳃上有黄色斑点。生活在网球藻上。

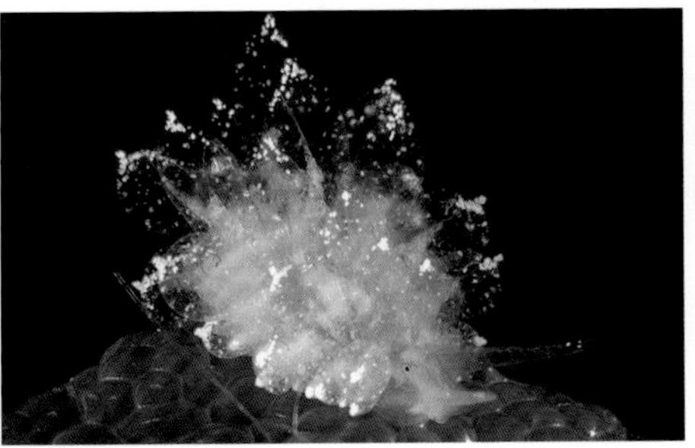
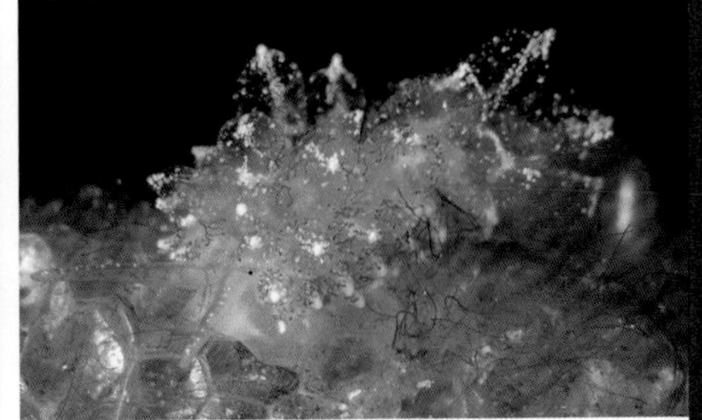

Decorated Ercolania / *Ercolania* sp.

柱海蛞蝓（未定种）分布于菲律宾海域，9 mm。身体半透明，头和嗅角内可见带分枝的消化腺。生活在网球藻上。

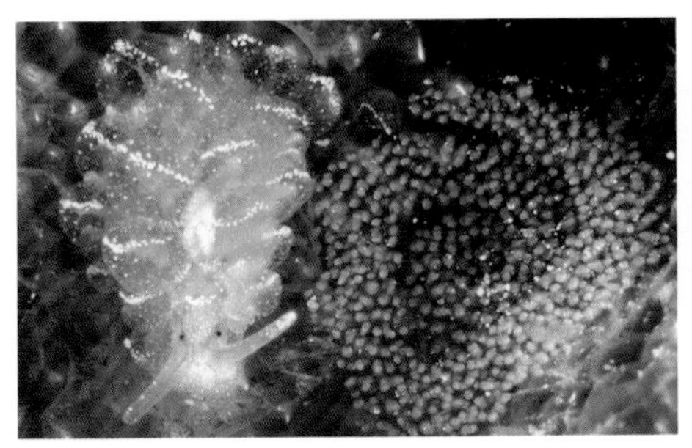

White-Margin Ercolania / *Ercolania* sp.

柱海蛞蝓（未定种）分布于菲律宾海域，5 mm。露鳃边缘有白斑。

Small-Bubble Ercolania / *Ercolania* sp.

柱海蛞蝓（未定种）分布于西太平洋海域，4 mm。体表有白色斑点，体内可见红色消化腺。

Yellow-Tipped Placida / *Placida* sp.

柱海蛞蝓（未定种）分布于巴布亚新几内亚海域，8 mm。露鳃呈圆形，尖端呈黄色。

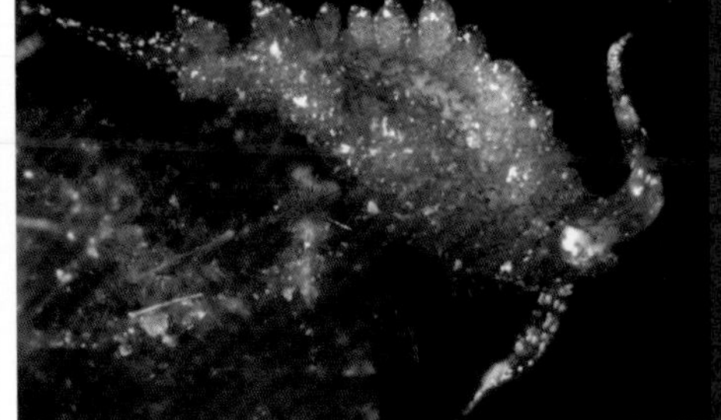

White-Tipped Placida / *Placida* sp.

柱海蛞蝓（未定种）分布于巴布亚新几内亚海域，6 mm。露鳃局部呈浅黄色，露鳃上有白色斑点。

Orange Placida / *Placida kevinleei*

凯文柱海蛞蝓分布于日本至肯尼亚海域，12 mm。身体呈橘色，嗅角呈黑色，露鳃尖端呈黑色。常躲在丝藻间。

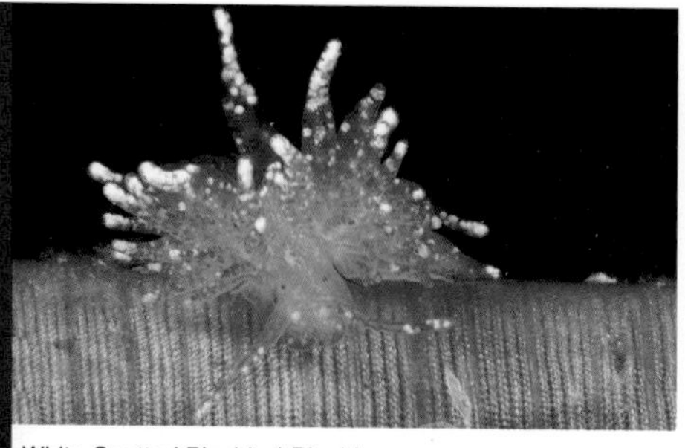

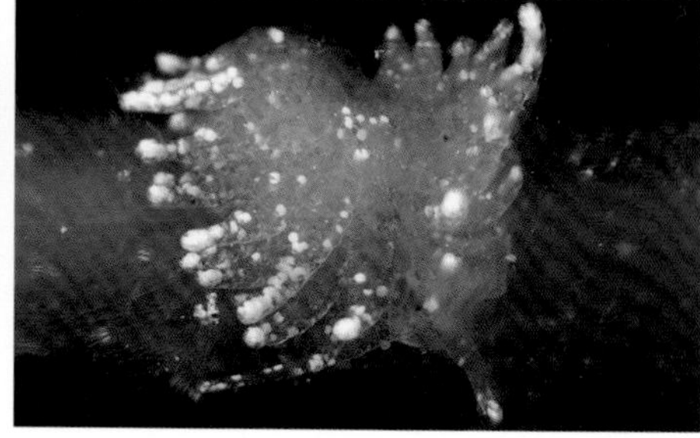

White-Spotted Placida / *Placida* sp.

柱海蛞蝓（未定种）分布于西太平洋海域，8 mm。露鳃内可见浅褐色消化腺，露鳃尖端有白色斑点。生活在松藻上。

White-Dotted Placida / *Placida* sp.

柱海蛞蝓（未定种）分布于菲律宾海域，5 mm。生活在羽藻上。

Golden-Gland Placida / *Placida* sp.

柱海蛞蝓（未定种）分布于菲律宾海域，6 mm。露鳃内可见黄色消化腺，露鳃尖端有白色斑点。

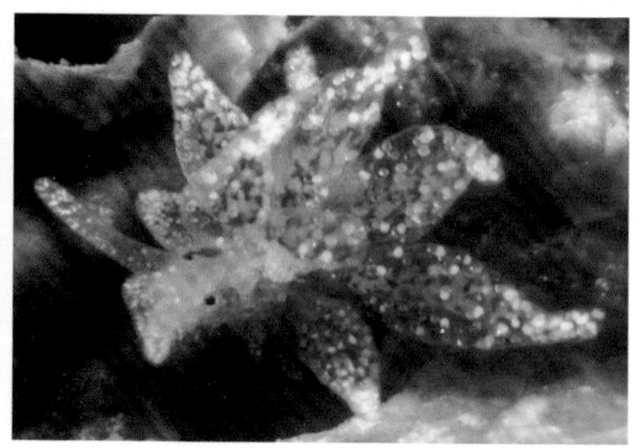

Golden-Horned Stiliger / *Stiliger* sp.

柱海蛞蝓（未定种）分布于菲律宾海域，3 mm。露鳃尖端呈黄色，露鳃上有白色斑点。嗅角局部呈黄色。

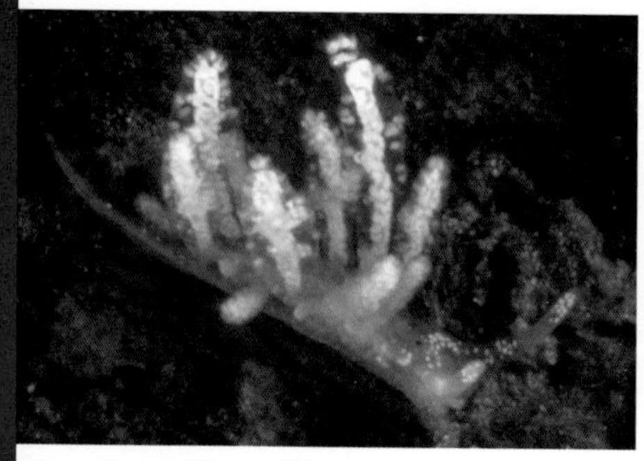

Green-Horned Stiliger / *Stiliger* sp.

柱海蛞蝓（未定种）分布于菲律宾海域，3 mm。嗅角局部呈绿色。

Motley Stiliger / *Stiliger* sp.

柱海蛞蝓（未定种）分布于菲律宾海域，3 mm。露鳃内可见绿色和黄色消化腺。

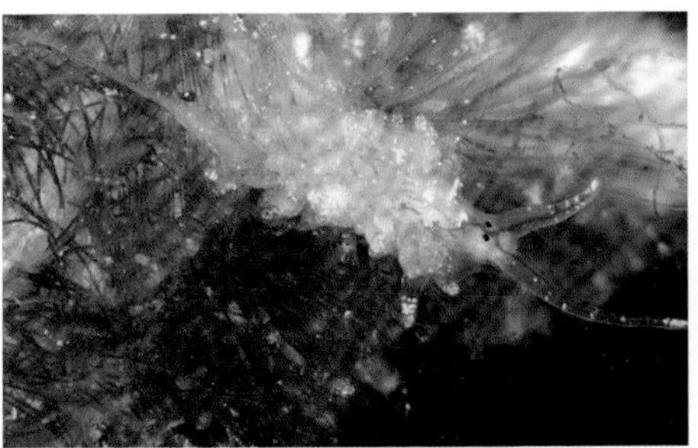

Long-Tail Stiliger / *Stiliger* sp.

柱海蛞蝓（未定种）分布于菲律宾海域，6 mm。身体半透明，露鳃呈浅黄色。

Yellow-Capped Stiliger / *Stiliger* sp.

柱海蛞蝓（未定种）分布于西太平洋中部海域，8 mm。身体呈白色或浅蓝色，露鳃黄蓝相间。

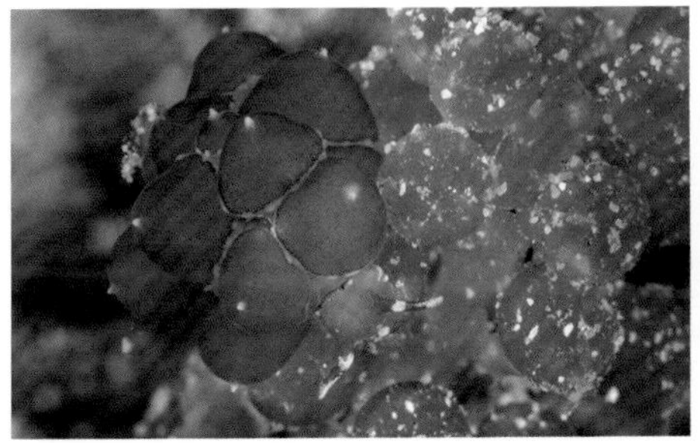

Mushroom Slug / *Sacoproteus nishae*

菇状柱海蛞蝓分布于西太平洋中部海域，30 mm。露鳃呈菌菇状。

Emerald Slug / *Sacoproteus smaragdinus*

翠绿柱海蛞蝓分布于印度洋–太平洋海域，50 mm。露鳃呈泡状。常发现于总状蕨藻上。

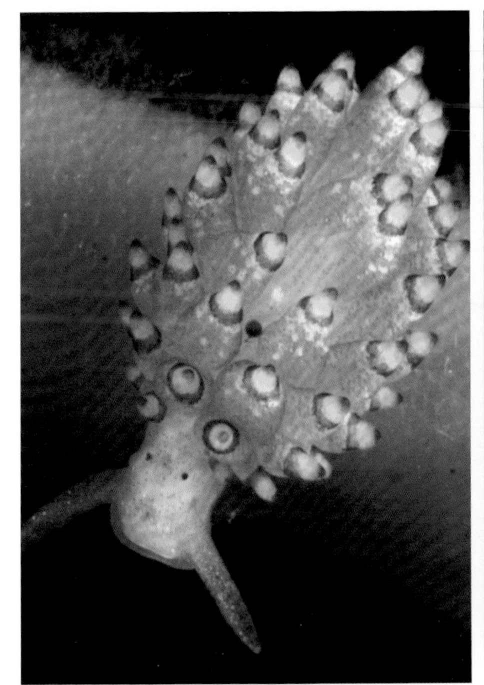

Yellow-Chin Stiliger / *Stiliger* sp.

柱海蛞蝓（未定种）分布于菲律宾及中国台湾海域，10 mm。头上有蓝色斑块。生活在松藻上。

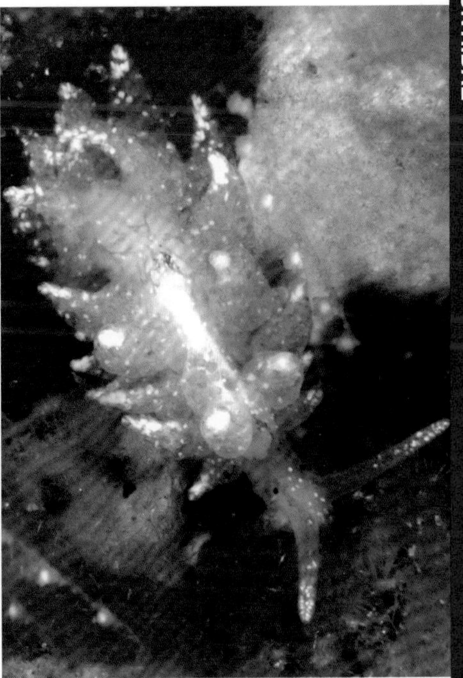

Pale Stiliger / *Stiliger* sp.

柱海蛞蝓（未定种）分布于西太平洋海域，6 mm。露鳃、头和嗅角上有不透明的白色斑点。

Ornate Stiliger / *Stiliger ornatus*

饰丽柱海蛞蝓分布于印度洋–西太平洋海域，10 mm。身体呈橘色。露鳃上部呈橘色，下部有深色环形条带。嗅角之间和嗅角附近有黑色斑块。以松藻为食。

Median-Line Stiliger / *Stiliger* sp.

柱海蛞蝓（未定种）分布于西太平洋中部海域，8 mm。身体半透明，头部有纤细的褐色消化腺。露鳃上有白色斑点，露鳃内可见浅绿色消化腺。

Orange-Sail Hermaea / *Hermaea* sp.

棍螺（未定种）分布于印度尼西亚海域，10 mm。体表有白色斑点，消化腺呈橘色。

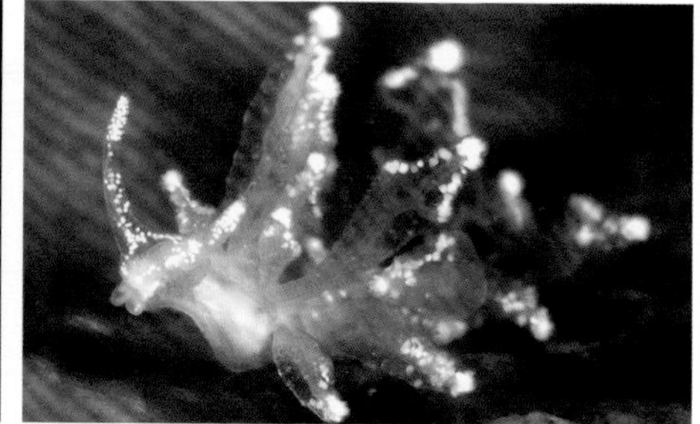

White-Spotted Hermaea / *Hermaea* sp.

棍螺（未定种）分布于印度尼西亚海域，4 mm。身体半透明，体表有白色斑点，体内有浅褐色导管。

Dark-Dotted Hermaea / *Hermaea* sp.

棍螺（未定种）分布于印度尼西亚海域，8 mm。体表遍布黑色小斑点。

Purple-Tipped Hermaea / *Hermaea* sp.

棍螺（未定种）分布于西太平洋海域，10 mm。露鳃呈橘黄色。

Orange-Margined Elysia / *Elysia marginata*

橙边海天牛分布于印度洋–太平洋海域，50 mm。体色多变，体表有黑色和白色斑点。

Rusty Elysia / *Elysia rufescens*

锈红海天牛分布于印度洋–太平洋海域，60 mm。侧足边缘有橘色和蓝色条带。

Black-Margined Elysia / *Elysia* sp.

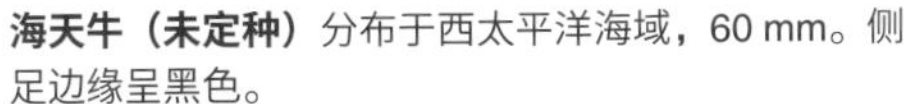

海天牛（未定种）分布于西太平洋海域，60 mm。侧足边缘呈黑色。

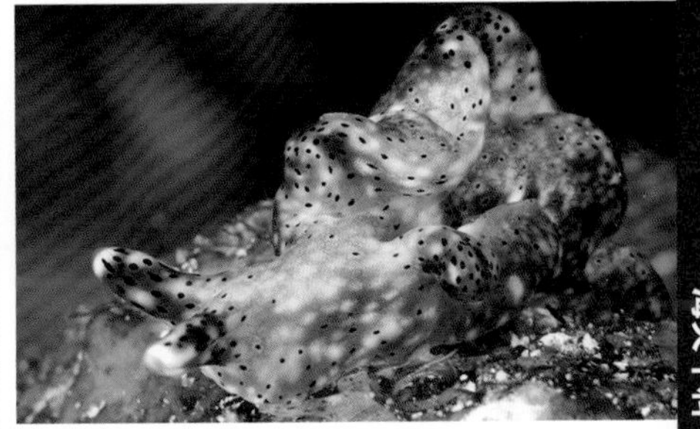

Stout Elysia / *Elysia* sp.

海天牛（未定种）分布于印度洋–太平洋海域，30 mm。嗅角呈褐色，上面深色斑点。侧足肥厚。

Sandy Elysia / *Elysia arena*

沙海天牛分布于西太平洋中部海域，32 mm。身体呈棕褐色，体表有红褐色斑点和白色疣突。

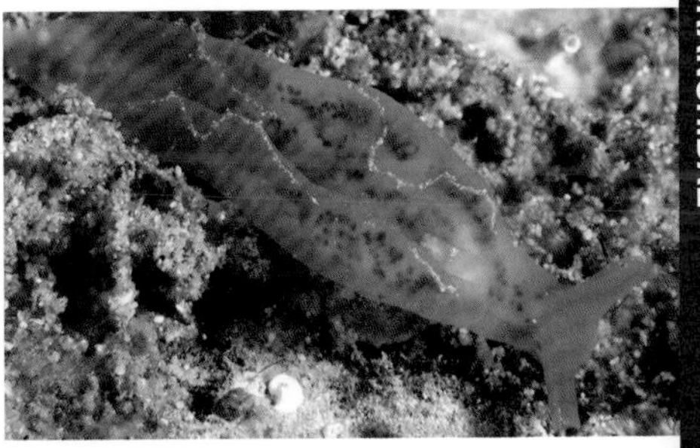

Obtuse Elysia / *Elysia obtusa*

圆头海天牛分布于印度洋–太平洋海域，20 mm。身体呈黄绿色，侧足边缘呈白色。

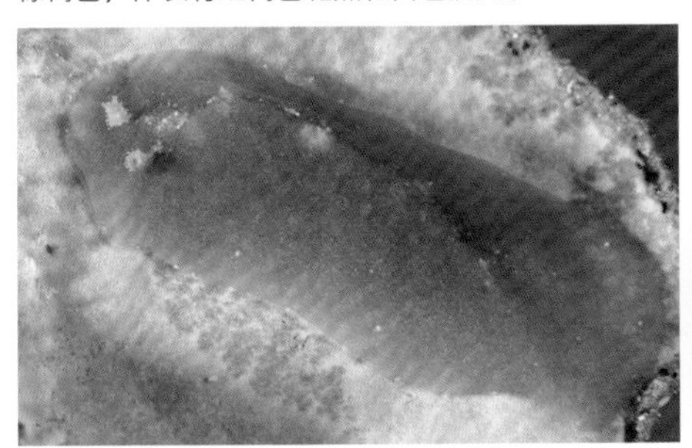

Halimeda Elysia / *Elysia pusilla*

棍海天牛分布于印度洋–太平洋海域，35 mm。嗅角尖端呈白色。常发现于仙掌藻上。

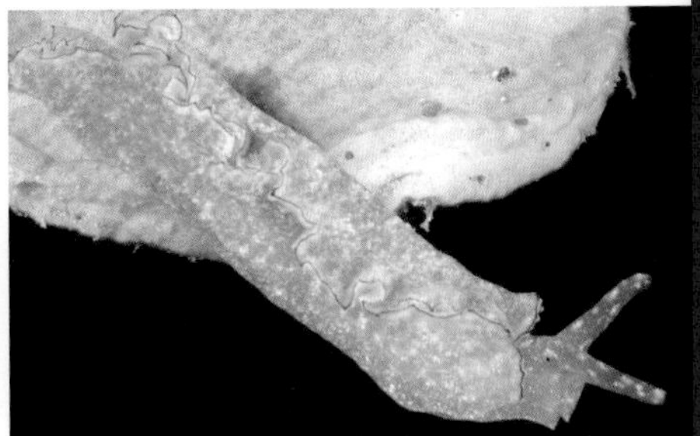

Red-Margin Elysia / *Elysia* sp.

海天牛（未定种）分布于巴布亚新几内亚海域，20 mm。侧足边缘有红色条纹。

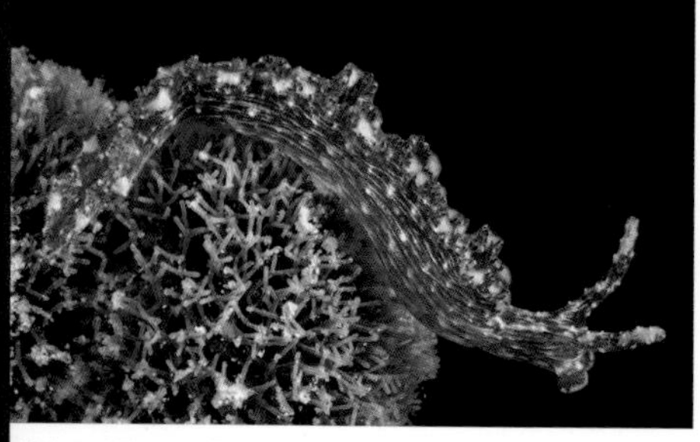

Striated Elysia / *Elysia* sp.

海天牛（未定种）分布于西太平洋海域，15 mm。体表有白色线纹和黄色斑点。生活在瘤枝藻上。

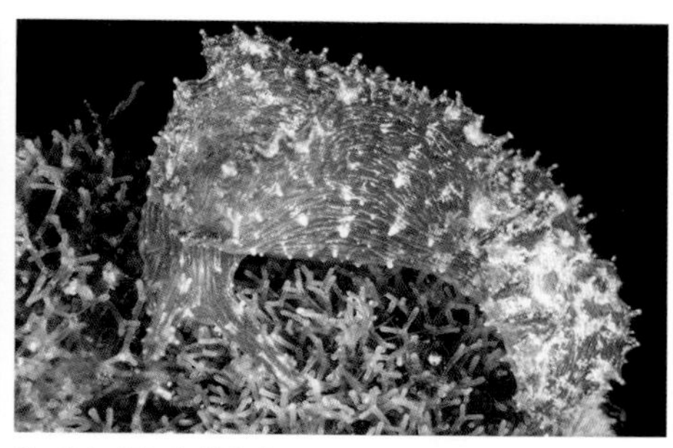

Papillated Elysia / *Elysia* sp.

海天牛（未定种）分布于西太平洋海域，12 mm。体表有白色线纹和乳头状突起。生活在瘤枝藻上。

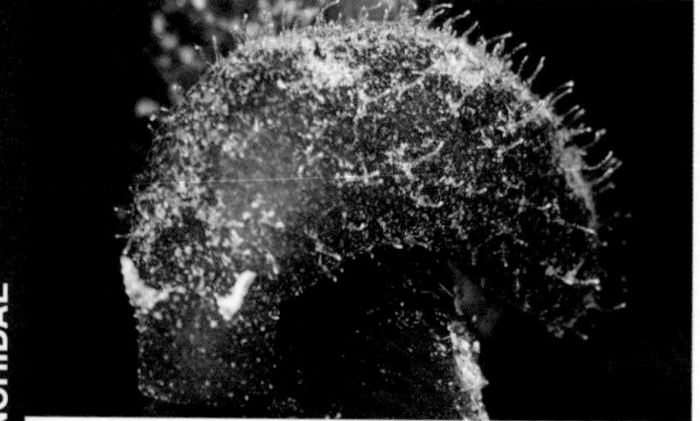

Codium Elysia / *Elysia* sp.

海天牛（未定种）分布于西太平洋中部海域，25 mm。体表有乳头状突起。生活在松藻上。

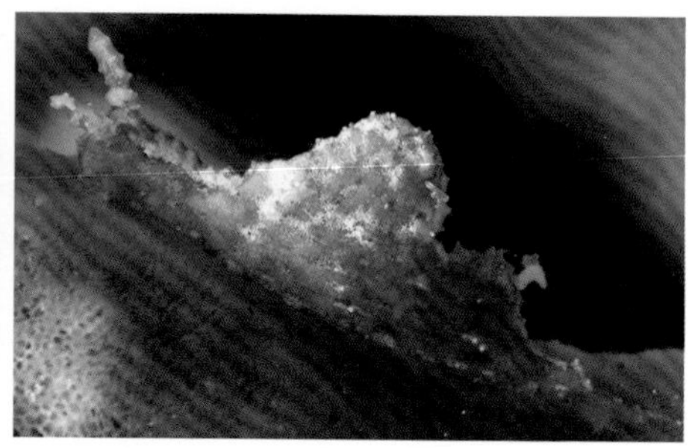

White-Patch Elysia / *Elysia* sp.

海天牛（未定种）分布于巴布亚新几内亚海域，10 mm。头和侧足上有白色斑块。

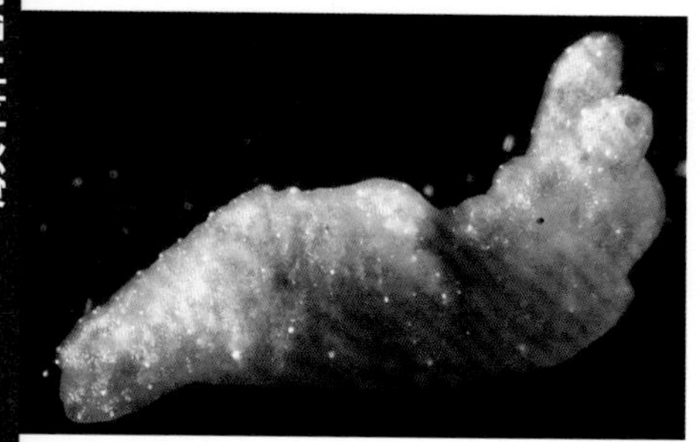

Orange-Dotted Elysia / *Elysia* sp.

海天牛（未定种）分布于菲律宾海域，5 mm。外形与右图中的海天牛相似，但体表无黑色条纹。

Dark-Line Elysia / *Elysia* sp.

海天牛（未定种）分布于西太平洋海域，7 mm。体表有白色圆锥形突起和黑色条纹。

Blue-Tail Elysia / *Elysia* sp.

海天牛（未定种）分布于印度尼西亚海域，15 mm。身体呈浅褐色，尾和侧足上有亮蓝色斑点。

Yellow-Spotted Elysia / *Elysia* sp.

海天牛（未定种）分布于印度尼西亚海域，10 mm。体表有黄色斑点，侧足边缘有白色斑块。

Blue-Horned Elysia / *Elysia* sp.

海天牛（未定种）分布于菲律宾及印度尼西亚海域，10 mm。身体呈绿色或浅褐色，体表有细密的白色斑点和明显的蓝色大斑点。嗅角尖端呈蓝色。

Pale Elysia / *Elysia* sp.

海天牛（未定种）分布于印度尼西亚及菲律宾海域，6 mm。头部和侧足边缘有白色斑块。

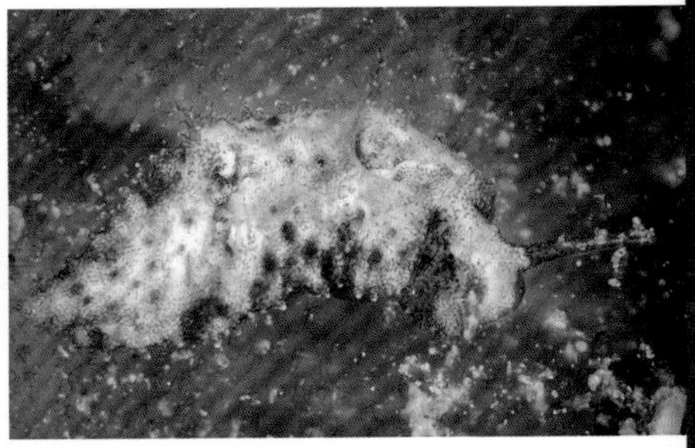

Mercier's Elysia / *Elysia mercieri*

梅西埃海天牛分布于印度洋-太平洋海域，7 mm。身上有绿色斑纹和乳头状突起。

White-Patch Elysia / *Elysia* sp.

海天牛（未定种）分布于印度尼西亚海域，6 mm。头部有白色斑块，眼后有明显的蓝色或浅色斑点。

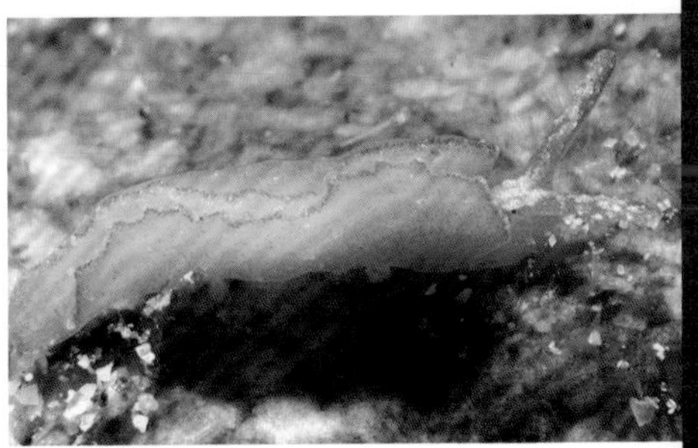

White-Dotted Elysia / *Elysia* sp.

海天牛（未定种）分布于菲律宾海域，7 mm。头部和嗅角上有白色斑点。

Blue-Spotted Elysia / *Elysia* sp.

海天牛（未定种）分布于西太平洋海域，6 mm。嗅角上有蓝色斑纹，头部和侧足边缘有白色斑点。

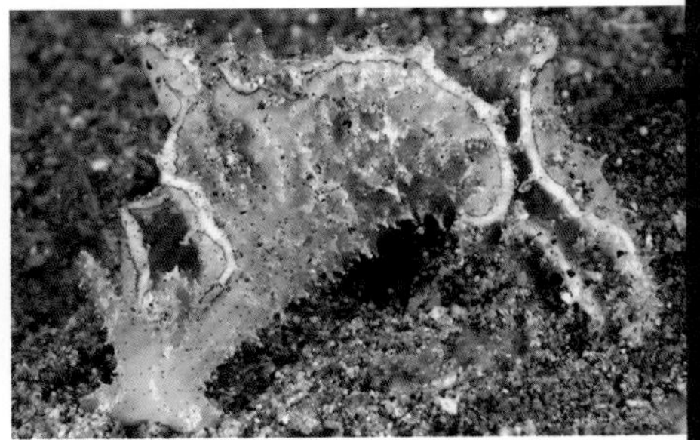

Hairy Elysia / *Elysia tomentosa*

毛海天牛分布于印度洋-太平洋海域，50 mm。身上有乳头状突起。生活在蕨藻上。

Shaggy Elysia / *Elysia* cf. *tomentosa*

毛海天牛（近似种）分布于印度洋–太平洋海域，50 mm。身体呈绿色，体表有乳头状突起。

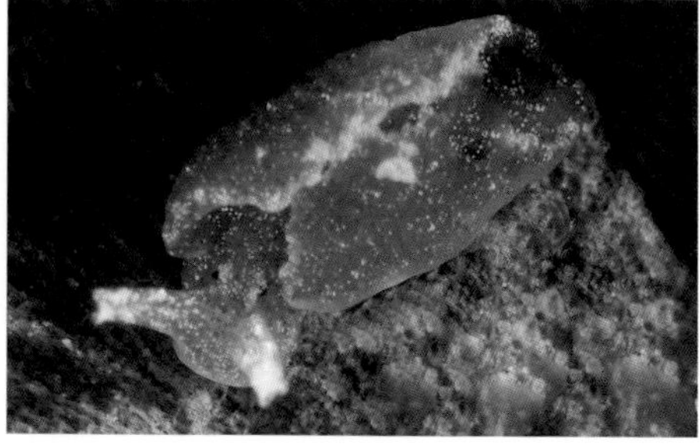

White-Margin Elysia / *Elysia* sp.

海天牛（未定种）分布于菲律宾海域，6 mm。身体呈绿色，侧足边缘有白斑。

Yaeyama Elysia / *Elysia yaeyamana*

八重山海天牛分布于西太平洋中部海域，70 mm。身体呈浅褐色，侧足边缘呈橘色。

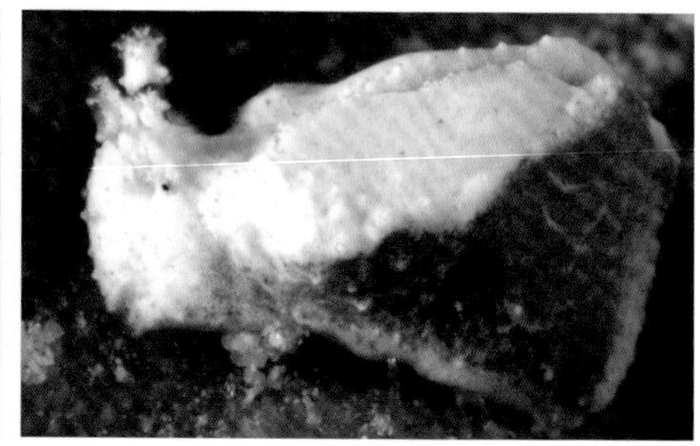

Red-Wing Elysia / *Elysia* sp.

海天牛（未定种）分布于菲律宾海域，4 mm。侧足上有红斑，侧足边缘呈白色。

Ocellate Plakobranchus / *Plakobranchus ocellatus*

眼斑多叶鳃分布于印度洋–太平洋海域，60 mm。体表有眼状斑，眼状斑周围有一深色环纹。

Dark Plakobranchus / *Plakobranchus* sp.

多叶鳃（未定种）分布于西太平洋海域，20 mm。身体呈深绿色，局部呈蓝色。

Papuan Plakobranchus / *Plakobranchus papua*

巴布亚多叶鳃分布于西太平洋海域，40 mm。身体呈赭石色，体表有白色斑点。嗅角呈黑色。

Not-Ocellated Plakobranchus / *Plakobranchus* sp.

多叶鳃（未定种）分布于西太平洋海域，26 mm。身上无明显眼状斑，嗅角和尾部末端呈黑色。

Cream Plakobranchus / *Plakobranchus* sp.

多叶鳃（未定种）分布于菲律宾海域，30 mm。身体呈乳黄色，嗅角无紫色尖端。

Greenish Plakobranchus / *Plakobranchus* sp.

多叶鳃（未定种）分布于印度尼西亚海域，25 mm。身上有黑色和绿色斑纹。

White-Pimple Thuridilla / *Thuridilla albopustulosa*

白疣平鳃海蛞蝓分布于印度洋–西太平洋海域，25 mm。身体呈蓝色，疣突呈白色，嗅角呈橘色。

Carlson's Thuridilla / *Thuridilla carlsoni*

卡尔森平鳃海蛞蝓分布于西太平洋中部海域，30 mm。身体呈浅绿色，体表密布深绿色斑点。

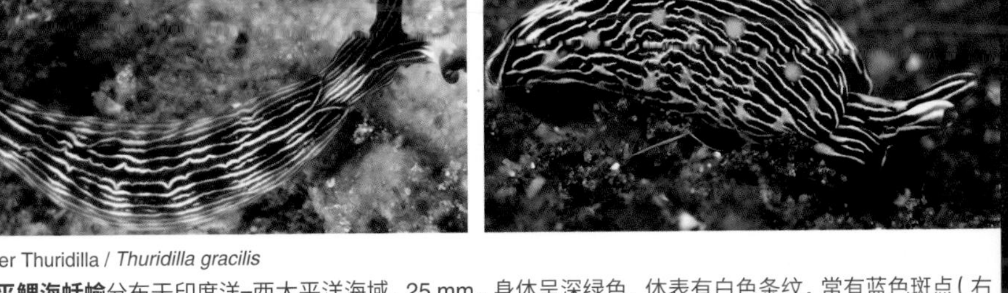

Slender Thuridilla / *Thuridilla gracilis*

细长平鳃海蛞蝓分布于印度洋–西太平洋海域，25 mm。身体呈深绿色，体表有白色条纹，常有蓝色斑点（右图）。嗅角尖端呈橘色。

Yellow-Spotted Thuridilla / *Thuridilla avomaculata*

黄斑平鳃海蛞蝓分布于西太平洋海域，22 mm。身体呈褐色，体表有黄色斑点。

Kathe's Thuridilla / *Thuridilla kathae*

凯瑟平鳃海蛞蝓分布于印度洋–太平洋海域，15 mm。身体呈绿色，体表有白色斑点，侧足边缘有白色条带。

Hoff's Thuridilla / *Thuridilla hoffae*

赫夫平鳃海蛞蝓分布于西太平洋海域，20 mm。身体整体上呈黑色，局部呈蓝色。侧足边缘呈橘色。

Undulated Thuridilla / *Thuridilla undula*

波纹平鳃海蛞蝓分布于印度洋–西太平洋海域，15 mm。身体呈浅蓝色，侧足边缘呈褐色条带。

Red-Margin Thuridilla / *Thuridilla indopacifica*

印度太平洋平鳃海蛞蝓分布于印度洋–太平洋海域，18 mm。身体呈蓝色或浅紫色，局部呈白色。侧足边缘呈橘色。

Lined Thuridilla / *Thuridilla lineolata*

线纹平鳃海蛞蝓分布于西太平洋海域，30 mm。身体整体上呈蓝色，局部呈红褐色和黑色。

Spotted Thuridilla / *Thuridilla vatae*

点斑平鳃海蛞蝓分布于印度洋–太平洋海域，10 mm。身体呈灰色，体表有白色和黑色斑点。

Extraordinary Sea Hare / *Aplysia extraordinaria*

非凡海兔分布于印度洋–西太平洋海域，400 mm。体表有白色斑点以及白色和褐色线纹。左图中为亚成体。右图中为幼体，其侧足平滑。

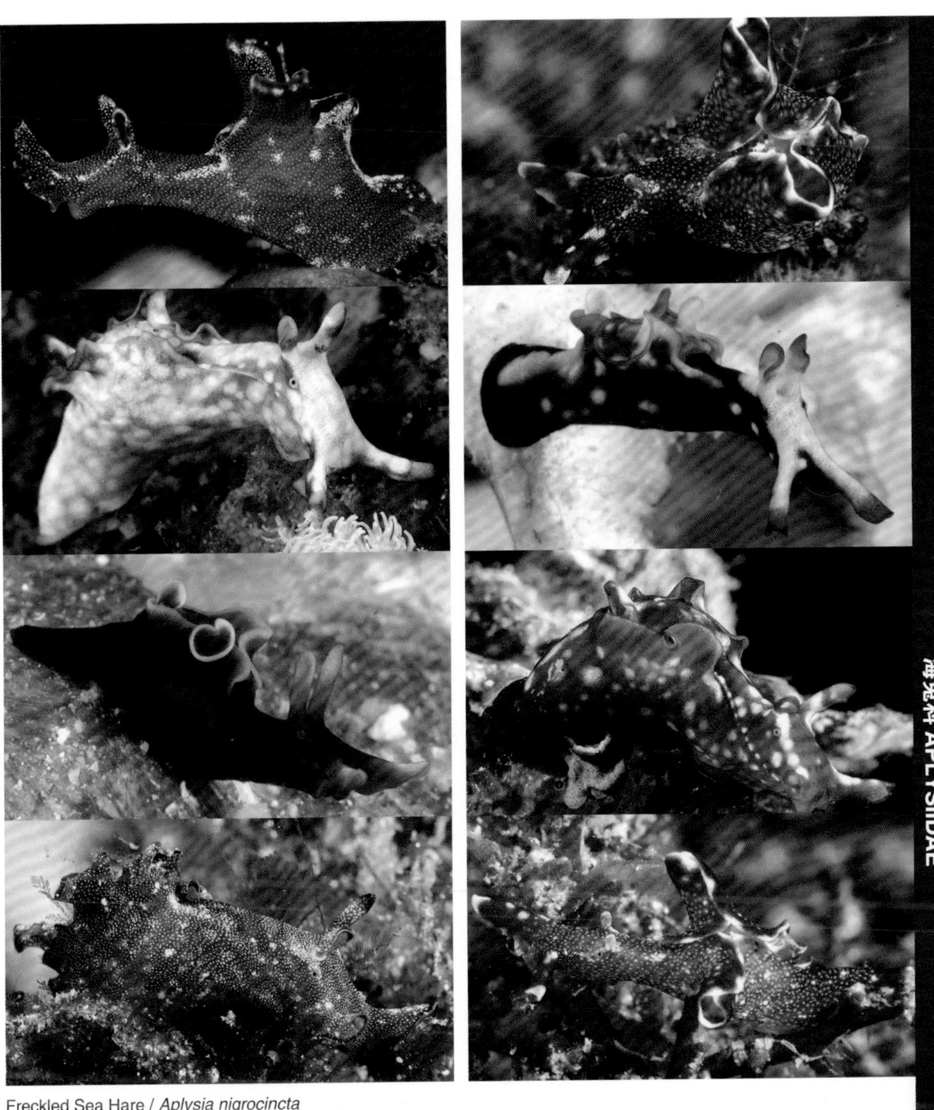

Freckled Sea Hare / *Aplysia nigrocincta*

斑点海兔环热带海域分布，70 mm。体色多变，侧足边缘呈黑色。可能为复合种。以红藻为食。

Black Ringed Sea Hare / *Aplysia argus*

黑环海兔分布于印度洋–太平洋海域，200 mm。身体浅绿色与浅褐色相间，体表有黑色线纹。

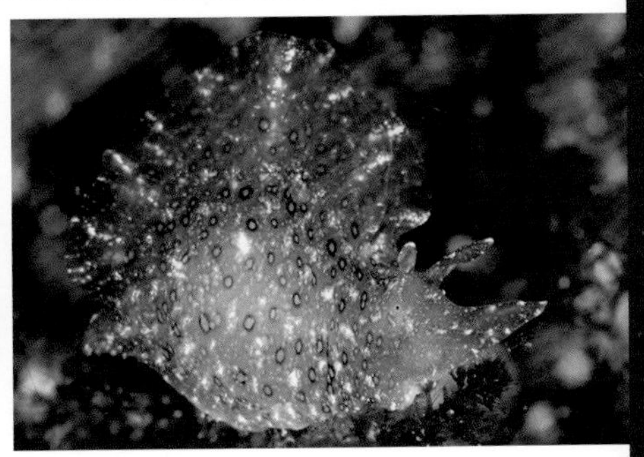

Eyed Sea Hare / *Aplysia oculifera*

眼斑海兔分布于印度洋–太平洋海域，80 mm。体色多变，体表有黑色环纹和白斑。

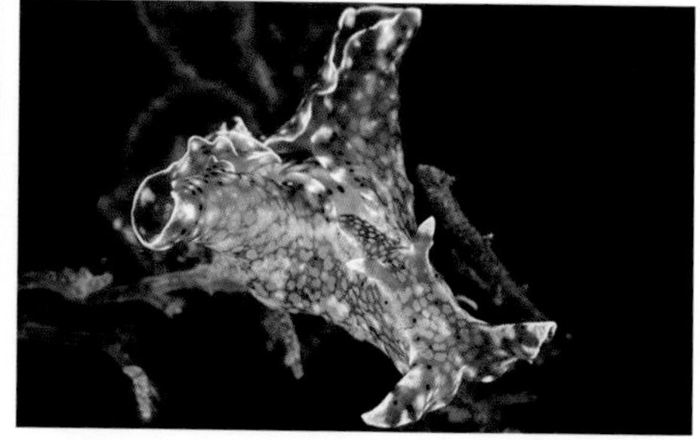

Black-Spotted Sea Hare / *Aplysia* sp.

海兔（未定种）分布于西太平洋中部海域，70 mm。身体呈褐色，体表密布白色斑点。侧足边缘有黑色斑点。

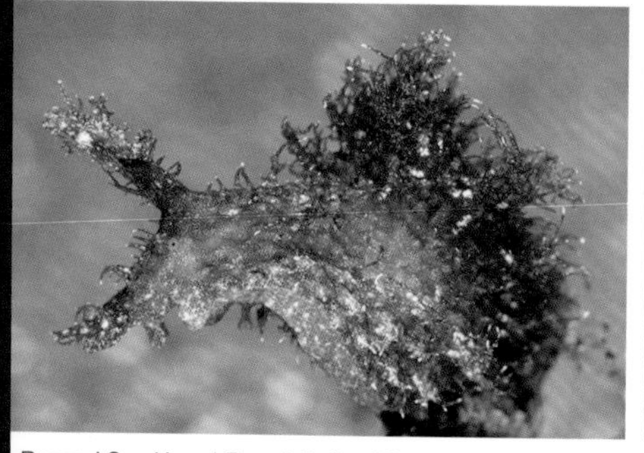

Ragged Sea Hare / *Bursatella leachii*

褐海兔环热带海域分布，150 mm。身体呈灰褐色，体表有蓝色眼状斑和细长、带分枝的乳头状突起。以蓝藻为食。左图中为幼体。

Wedge Sea Hare / *Dolabella auricularia*

楔形斧壳海兔分布于印度洋–太平洋海域，500 mm。身体呈浅褐色，体表密布疣突和皮褶。夜行性生物，以多种绿藻和红藻为食。

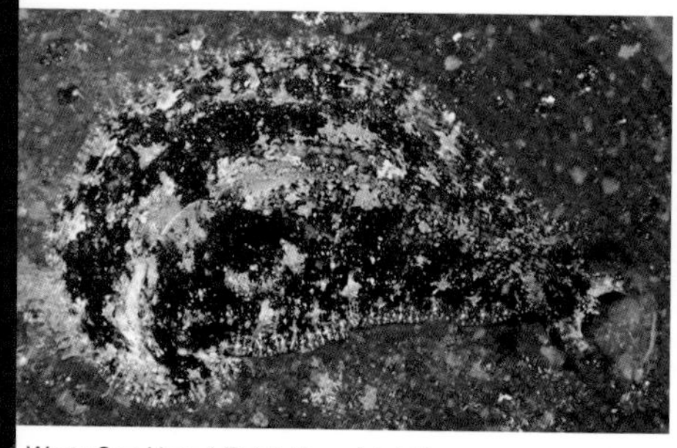
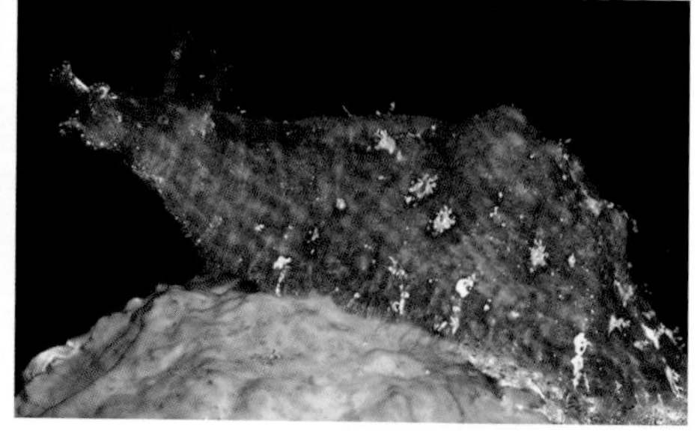

Warty Sea Hare / *Dolabrifera dolabrifera*

斧壳海兔环热带海域分布，60 mm。体色多变，从粉色至红褐色均有。体表有短小的白色乳头状突起。

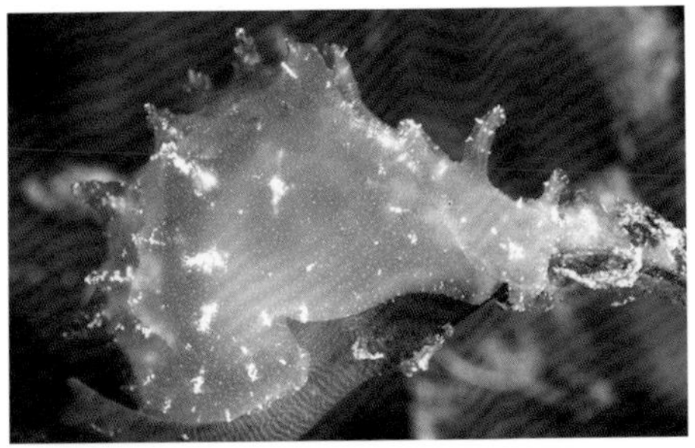

Indian Sea Hare / *Notarchus indicus*

戎衣背肛海兔分布于印度洋-太平洋海域，35 mm。体色从黄褐色至浅绿色均有。体表有大疣突以及黑色和白色斑点。

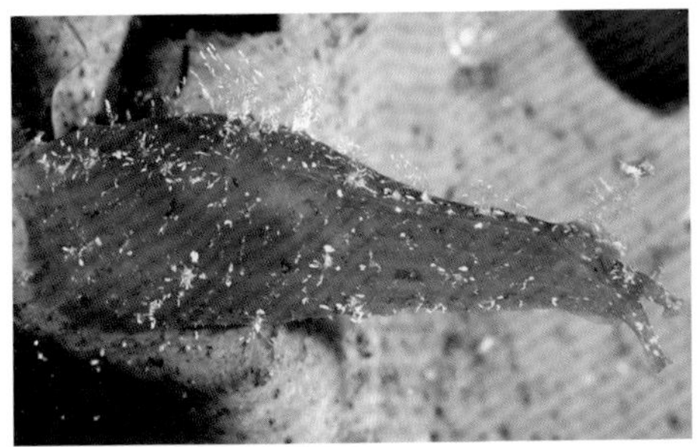

Sargassum Sea Hare / *Petalifera* cf. *edmundsi*

爱德蒙兹叶海兔（近似种）分布于印度洋-西太平洋海域，35 mm。生活在马尾藻上。

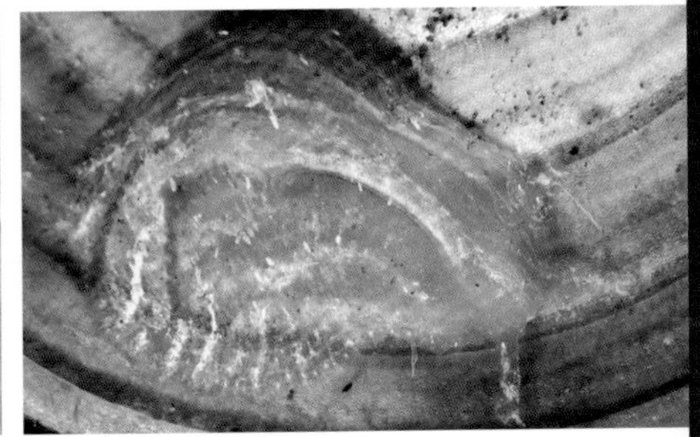

Lafont's Sea Hare / *Petalifera lafonti*

拉方丹叶海兔环热带海域分布，25 mm。常躲在扇藻中，以硅藻为食。

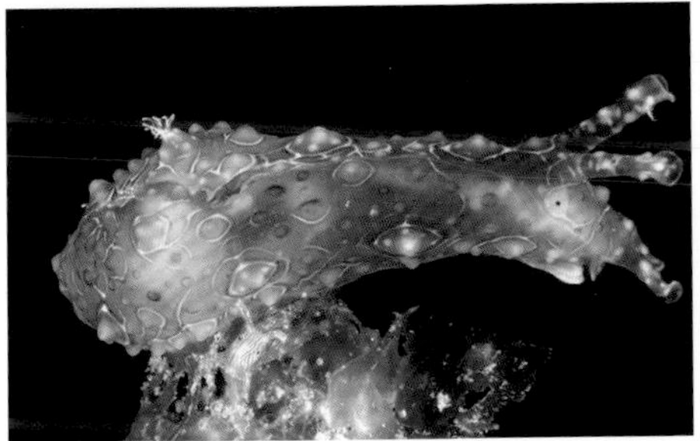

Ramose Sea Hare / *Petalifera ramosa*

枝叶海兔环热带海域分布，70 mm。体表有圆形宝石状疣突。生活在马尾藻上。

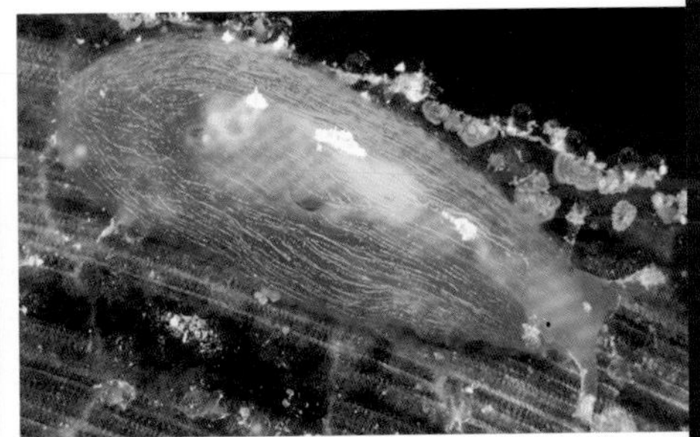

Glass Blade Sea Hare / *Phyllaplysia* sp.

海兔（未定种）分布于西太平洋海域，60 mm。身体呈绿色，体表有白色线纹和斑块。

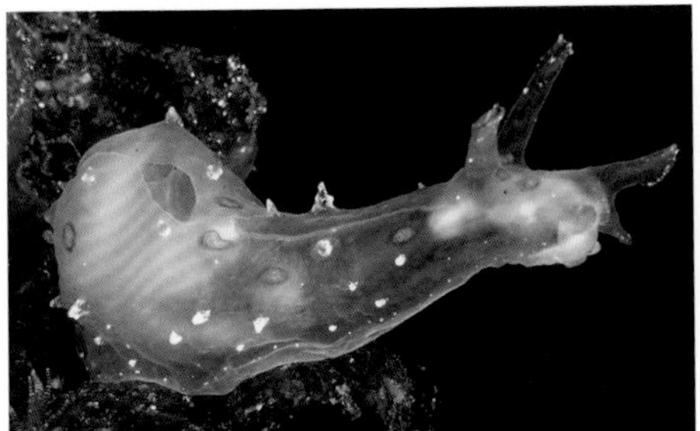

Long-Tail Sea Hare / *Stylocheilus longicauda*

长尾海兔环热带海域分布，30 mm。生活在马尾藻上。体表有边缘呈橘色的蓝色斑点和白色疣突。

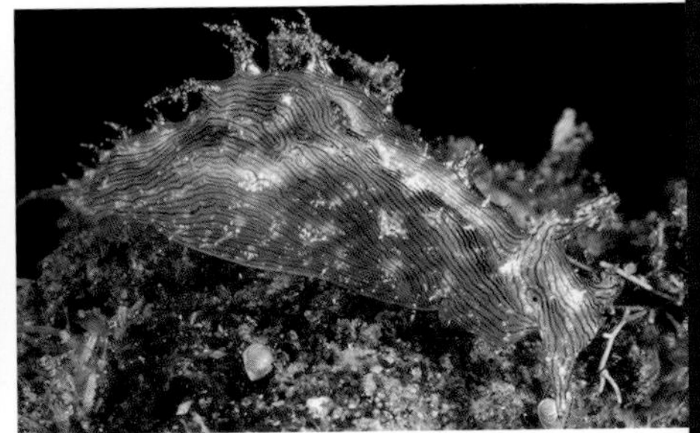

Lined Sea Hare / *Stylocheilus striatus*

线纹海兔环热带海域分布，50 mm。身体呈灰褐色。

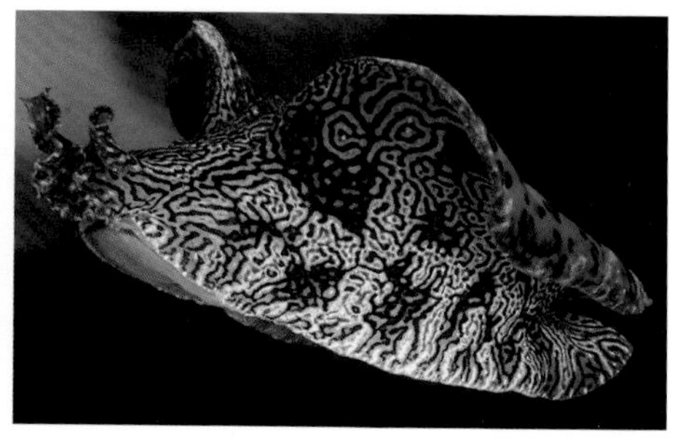

Geographic Sea Hare / *Syphonota geographica*

几何海兔环热带海域分布，100 mm。体表有由深绿色条纹和浅色“岛”字形斑组成的地图状斑纹，2个嗅角紧挨在一起。以喜盐草为食。

Umbrella Slug / *Umbraculum umbraculum*

中华伞螺环热带海域分布，120 mm。

Yellow Umbrella Slug / *Tylodina* sp.

伞螺（未定种）分布于菲律宾海域，20 mm。

Marten's Berthella / *Berthella martensi*

马腾侧鳃海蛞蝓分布于印度洋-太平洋海域，60 mm。体色多变，从白色至橘色和褐色均有。体表有圆形大突起。同其他侧鳃海蛞蝓一样，以海绵为食。

White-Patched Berthella / *Berthella* sp.

侧鳃海蛞蝓（未定种）分布于西太平洋海域，40 mm。身体呈灰褐色，体表有白色环状斑。

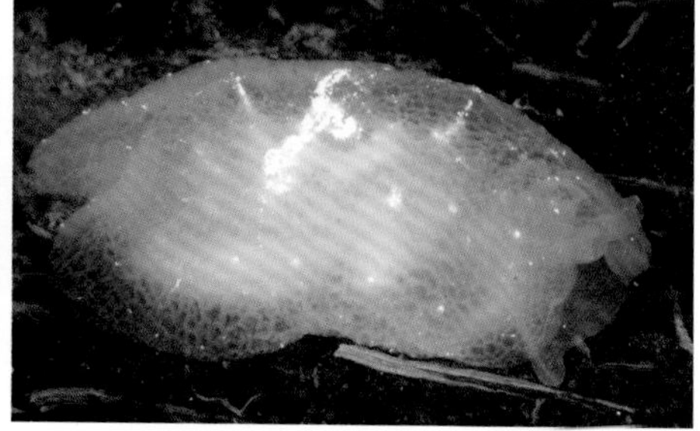

Starry Berthella / *Berthella stellata*

星斑侧鳃海蛞蝓环热带海域分布，25 mm。体表有大块白斑。

Delicate Berthellina / *Berthellina delicata*

纤细侧鳃海蛞蝓分布于印度洋–太平洋海域，40 mm。体色从黄色至深橘色均有。

Harald's Pleurehdera / *Pleurehdera haraldi*

哈拉尔德侧鳃海蛞蝓分布于西太平洋中部海域，40 mm。身体呈浅粉色，体表有网纹和小疣突。

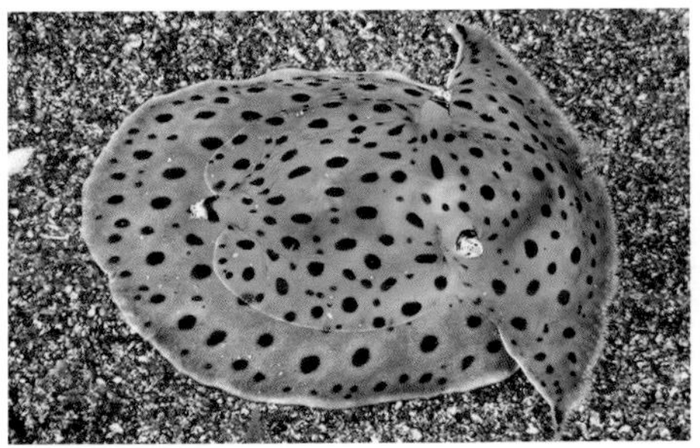

Moon-Headed Sidegill Slug / *Euselenops luniceps*

明月侧鳃海蛞蝓分布于印度洋–太平洋海域，70 mm。体色从白色至灰色均有，体表有褐色斑点。口幕大，边缘有具感知功能的乳头状突起。右图中为幼体。

Brock's Pleurobranch / *Pleurobranchaea brockii*

尾棘无壳侧鳃海蛞蝓分布于印度洋–西太平洋海域，120 mm。体色从白色至棕褐色均有，体表有褐色网纹。口幕边缘有具感知功能的乳头状突起。以其他海蛞蝓和管海葵为食。右图中为罕见的褐色体色型个体。

White-Spotted Pleurobranchus / *Pleurobranchus albiguttatus*

白斑无壳侧鳃海蛞蝓分布于印度洋–太平洋海域，65 mm。疣突呈深褐色，上面有成排的白色三角形斑纹。足的前半部有黄色条带（右图）。

白斑无壳侧鳃海蛞蝓的粉色体色型个体。

Forsskal's Pleurobranch / *Pleurobranchus forskalii*

福氏侧鳃海蛞蝓分布于印度洋-西太平洋海域，300 mm。成体身体呈深红褐色，体表有白色弧形纹。

左图中为**福氏侧鳃海蛞蝓**的幼体，60 mm。右图中为**福氏侧鳃海蛞蝓**的亚成体，120 mm。

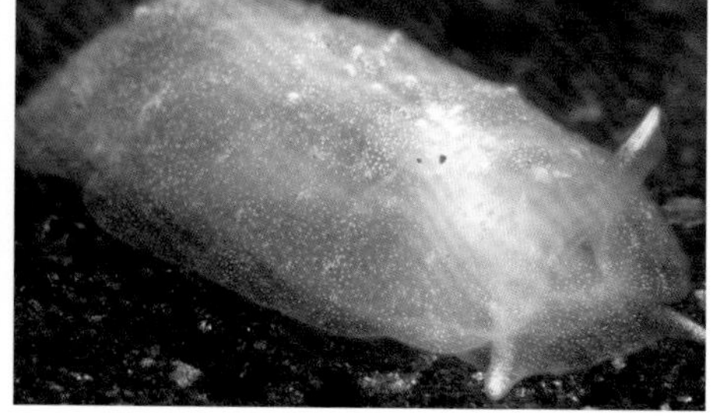

Variable Pleurobranch / *Pleurobranchus varians*

多色侧鳃海蛞蝓分布于西太平洋中部海域，60 mm。体色多变，体表散布白斑。右图中为幼体，10 mm。

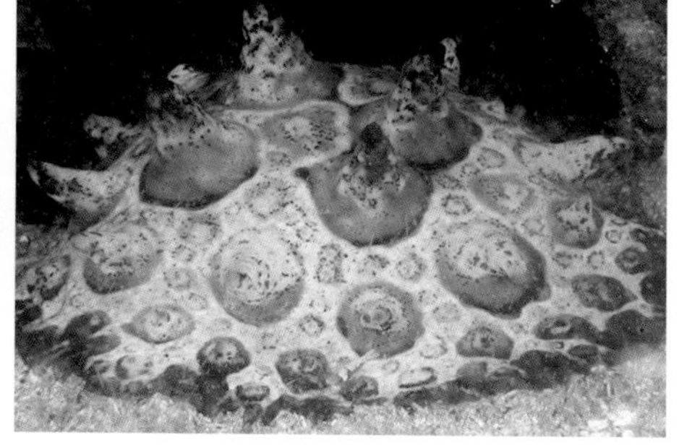

Nippled Pleurobranch / *Pleurobranchus mamillatus*

乳突侧鳃海蛞蝓分布于印度洋-西太平洋海域，500 mm。有些个体身体呈黑色，体表有紫色线纹（左图）。有些个体体色发白（右图）。

乳突侧鳃海蛞蝓的亚成体，150 mm。

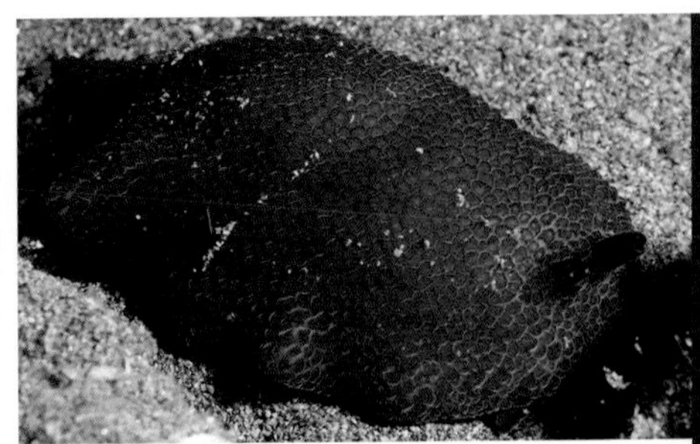

Peron's Pleurobranch / *Pleurobranchus peronii*

贝隆侧鳃海蛞蝓分布于印度洋-太平洋海域，60 mm。身体呈深红色或橘色，背部有疣突。

Grand Pleurobranch / *Pleurobranchus grandis*

壮丽侧鳃海蛞蝓分布于印度洋-西太平洋海域，200 mm。身体底色为白色，体表有形状不规则的褐色斑纹。图①中为幼体，5 mm；图②中为幼体，1.5 mm；图③中为亚成体，130 mm；图④中为成体。

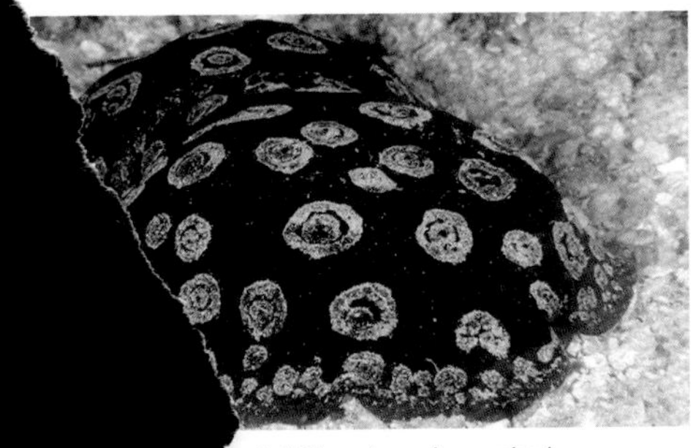

ranch / *Pleurobranchus weberi*

蛞蝓分布于西太平洋海域，200 mm。成体（左图）身体呈黑色，体表有黑白相间的环纹。幼

身体呈红褐色，体表有白褐相间的环纹。

致 谢

感谢特伦斯·M. 戈斯利内、安杰尔·瓦尔德斯和戴维·W. 贝伦斯，他们所著的《裸鳃类和海蛞蝓识别图鉴》（*Nudibranch and Sea Slug Identification - IP*）对我们鉴定裸鳃类生物有很大的帮助。我和安德鲁·瑞安斯基都为这本《裸鳃类和海蛞蝓识别图鉴》提供了照片。

我们尤其要感谢以下几位，包括卡丽莎·希普曼、林昕宜、英戈·布格哈特、马利·韦克林、罗恩·西尔弗、特朗德·R. 奥斯卡斯和维·班雅拉春。感谢他们对本书中1000多种裸鳃类生物的名称、特征等进行了审订，帮助我们完善了这本书。

感谢我们的专业潜导及最佳商业合作伙伴佩里·帕莱拉西奥、威廉·门多萨、约翰·韦恩、韦恩·埃达·拉塔、阿尔菲·索利亚诺。我们还要感谢几位出色的潜伴，包括斯科特·约翰逊、珍妮特·约翰逊、艾丽西亚·埃莫西利罗、克里斯蒂亚娜·瓦尔德里希和伯纳德·皮克顿，在他们的帮助下，安德鲁·瑞安斯基学到了很多关于裸鳃类生物的知识。

感谢法国国家自然历史博物馆的菲利普·布歇邀请安德鲁·瑞安斯基参加“重新审视我们的地球”（La Planète Revisitée）探险项目。

感谢巴厘岛图蓝本玛塔哈里潜水度假村（Matahari Tulamben Dive Resort）和它的所有者科曼·苏西先生，他为我们提供了探索裸鳃类生物的宝贵机会。

感谢安吉·特顿帮助我们完成了这本书中的许多文字工作。

最后，安德鲁·瑞安斯基要感谢他的妻子伊琳娜·赫洛普诺娃在完成这本书的过程中给予他的支持。

尤里·日瓦诺